*p*進解析入門

*p*進数からゼータ関数まで

ニール・コブリッツ 著

長岡昇勇 訳

丸善出版  Springer

p-ADIC NUMBERS, p-ADIC ANALYSIS, AND ZETA-FUNCTIONS

SECOND EDITION

by

Neal Koblitz

First published in English under the title *p-adic Numbers, p-adic Analysis, and Zeta-Functions* by Neal Koblitz, edition: 2. Copyright © Springer Science+Business Media New York, 1984. This edition has been translated and published under licence from Springer Science+Business Media, LLC, part of Springer Nature. Springer Science+Business Media, LLC, part of Springer Nature takes no responsibility and shall not be made liable for the accuracy of the translation.

This edition has been translated and published under licence from Springer Science+Business Media, LLC, part of Springer Nature, through Japan UNI Agency, Inc., Tokyo.

第2版への序文

　今回の改訂で最も重要な点は，以下の通りである：(1) 第 IV 章の p 進関数の扱いを拡大し，岩澤対数関数や p 進ガンマ関数を追加した．(2) 練習問題の配置換えと，いくつかの追加を行った．(3) 初版では，練習問題に対する解答がないことが，多くの読者の不満の種だったようである．このため，練習問題の解答とヒントを追加の附録として与えた．(4) 読者から著者に寄せられた手紙で提案されたことに基づき，多く修正とその説明がなされた．第 IV 章と第 V 章の明確化は，ロシア語版の翻訳者である V. V. ショクロフ氏によるものである．これらすべての読者の助力に感謝する．とくに，ミスプリントと不明瞭な点の体系的リストを与えてくれた R. バウアーと K. コンラッド両氏に深く感謝する．

　私はまた，シュプリンガー社のスタッフの質の高い制作と，この本や他のプロジェクトで過去数年にわたり協力してくれた協調の精神に感謝の意を表したいと思う．

シアトル，ワシントン　　　　　　　　　　　　　　　　　　　　　　　　　　　　N. I. K.

第1版への序文

　この講義ノートは，p 進解析の初級レベルでの入門を目的としている．このため予備知識はできるだけ少なくて済むように考慮されている．約 3 学期分の解析学の知識に加えて，学生が否定的な反応を示さない範囲で，より抽象的な数学，たとえば実数以外の有理数体の拡大体の元を成分にもつ行列や，位相空間の連続写像の概念に少しではあるが触れている．

　この本の目的は 2 つある．p 進解析のいくつかの基本的アイデアを展開することと，教育上効果的であると同時に歴史的にこの分野への関心を刺激するような 2 つの顕著な応用を提示することである．最初の応用は，$\mathbb{Q}_p$ の基本的な性質のみが要求されるので，第 II 章で与えられている．これは久保田−レオポルトの p 進ゼータ関数の p 進積分によるメイザーの構成法であり，リーマンのゼータ関数の負整数での値の「p 進補間 (p-adic interpolation)」である．ここでの取り扱いは，メイザーのブルバキノート（未発表）を基にしている．次に，この本は主題に戻り，$\mathbb{Q}_p$ の代数拡大への p 進絶対値の拡張の証明，複素数体の p 進類似の構成，p 進べき級数の理論の展開などを論ずる．ここでの取り扱いにおいては，通常の解析学の身近な概念や例との対比が強調されている．主要な応用の 2 番目は，ドゥオークによる有限体上の方程式系のゼータ関数の有理性の証明で，これは有名なヴェイユ予想の一部である（第 V 章）．ここで与えたものは，「ブルバキセミナー」にあるセールの解説に拠っている．

　この本は，p 進解析への完全な入門書といえるものではない．省略した話題としては，ハッセ−ミンコフスキーの定理（これは，ボレビッチ−シャファレビッチの本『数論 (*Number Theory*)』の第 I 章）とテイトの学位論文（これも教科書の中に見ることができる．たとえばラングの『代数的数論 (*Algebraic Number The-*

ory)』）が挙げられる．さらに，この本では結果を，最も一般的な形で提示しようとする試みはなされていない．たとえば，ディリクレ指標に対応する p 進 L 関数は，第 II 章で付加的にのみ論じられている．この本の目的は，学部生または大学院生が 1 学期のコースで消化できるような題材を選択し提示することである．

演習問題は，ほとんどの場合，難しいものではなく，受動的な理解を題材の真の把握に変換するために重要なものである．豊富な演習により，多くの学生が最小限の手引きで，主題を自分で勉強し，自分自身をテストし，問題に取り組むことで理解を固めることができる．

p 進解析は，いくつかの理由で学生の関心を引く可能性がある．まず第一に，数論や表現論など数学的研究の多くの分野で，p 進的手法が重要な位置を占めていることが挙げられる．もっと素朴にいえば，解析学を学んだばかりの学生にとって，非アルキメデス解析の「すばらしき新世界 (brave new world)」は，古典解析学の世界に興味深い視点を提供してくれる．p 進解析は，古典解析学に足を踏み入れ，代数と数論に足を踏み入れている，これらの分野に関心のある学生に，貴重な視点を提供する．

何年にもわたって助力と励ましを与えてくれた M. カッツ教授と Yu. I. マニン教授に感謝する．彼らは，彼らの教育と著作を通じて，学生たちが模範とすべき教育的見識のモデルを提供してくれた．

章の間の従属関係

ケンブリッジ，マサチューセッツ　　　　　　　　　　　　　　　　　　　　N. I. K.

3進単位円板のイメージ図：A. T. フォメンコ（モスクワ国立大学）作図.

目次

第 I 章　p 進数 ... **1**
1. 基本概念 ... 1
2. 有理数上の距離関数 ... 2
   練習問題 ... 9
3. 複素数の構築についての復習 ... 10
4. p 進数体 ... 12
5. $\mathbb{Q}_p$ における算術 ... 19
   練習問題 ... 24

第 II 章　リーマンのゼータ関数の p 進補間 ... **27**
1. $\zeta(2k)$ に関するある公式 ... 28
2. 関数 $f(s) = a^s$ の p 進補間 ... 33
   練習問題 ... 37
3. p 進分布 ... 40
   練習問題 ... 44
4. ベルヌーイ分布 ... 44
5. 測度と積分 ... 47
   練習問題 ... 53
6. メイザー–メリン変換としての p 進 ζ-関数 ... 55
7. 簡単な概観（証明なし）... 63
   練習問題 ... 67

第 III 章　Ω の構成　　69

1. 有限体 69
   練習問題 75
2. ノルムの拡張 76
   練習問題 87
3. $\mathbb{Q}_p$ の代数閉包 88
4. Ω 95
   練習問題 98

第 IV 章　p 進べき級数　　101

1. 初等関数 101
   練習問題 111
2. 対数関数，ガンマ関数，アルティン–ハッセ指数関数 ... 115
   練習問題 127
3. 多項式に対するニュートン多角形 129
4. べき級数に対するニュートン多角形 131
   練習問題 142

第 V 章　有限体上の方程式の集合に対するゼータ関数の有理性　　145

1. 超曲面とそのゼータ関数 145
   練習問題 152
2. 指標とその持ち上げ 154
3. べき級数のなすベクトル空間上のある線形写像 ... 157
4. ゼータ関数についての p 進解析的表示 162
   練習問題 166
5. 証明の終結 167

文　献　　173

練習問題の解答とヒント　　177

訳者あとがき　　191

索　引　　193

第I章　p進数

1. 基本概念

　X を空ではない集合としたとき，X 上の距離，または**距離関数**とは，X の元の対 (x, y) の集合から，非負実数の集合への関数で次の条件を満たすものである．

(1) $d(x, y) = 0$ と $x = y$ であることとは同値．
(2) $d(x, y) = d(y, x)$.
(3) $d(x, y) \leq d(x, z) + d(z, y)$ がすべての $z \in X$ について成立．

距離関数 d をもつ集合 X は，**距離空間**（計量空間）と呼ばれる．すぐにわかるように，同じ集合 X から多くの異なる距離空間 (X, d) が生じる可能性がある．

　ここで扱う集合 X は，ほとんどの場合が体である．体 F とは，2 つの演算 $+$ と $\cdot$ をもつ集合で，F が $+$ について可換群，$F - \{0\}$ が演算 $\cdot$ について可換群，さらに分配法則が成り立つものであることを思い出そう．この時点で念頭に置いておくべき体の例は，有理数体 $\mathbb{Q}$ と実数体 $\mathbb{R}$ である．

　ここで扱う距離関数 d は体 F の**ノルム** (norm) から得られるもので，ノルム $\| \ \|$ とは，F から非負実数の集合への写像で，次の条件を満たすものである．

(1) $\|x\| = 0$ と $x = 0$ は同値．
(2) $\|x \cdot y\| = \|x\| \cdot \|y\|$.
(3) $\|x + y\| \leq \|x\| + \|y\|$.

距離関数 d が，ノルム $\| \ \|$ から「導かれる」（または「誘導される」）とは，d が $d(x, y) = \|x - y\|$ で定義されることを意味する．$\| \ \|$ がノルムであるとき，d が

距離関数の定義を満たすことを確かめるのは，簡単な演習問題である．

有理数体 $\mathbb{Q}$ 上のノルムの基本的な例の一つは，絶対値 $|\ |$ である．これから導かれる距離関数 $d(x,y) = |x-y|$ は，数直線上の通常の距離の概念である．

われわれが，距離の抽象的な定義から始めた理由は，われわれの研究対象全体の出発点が，距離関数の定義の (1)–(3) を満たすような新しいタイプの距離であり，通常の直観的な概念とは根本的に異なるからである．われわれが，体の抽象的な定義を思い出した理由は，$\mathbb{Q}$ だけでなく，$\mathbb{Q}$ を含むさまざまな「拡大体」を扱う必要性がすぐに出てくるからである．

2. 有理数上の距離関数

われわれは，$\mathbb{Q}$ 上の距離関数を一つ知っている．それは通常の絶対値から導かれるものである．他にも存在するか？ 以下に述べることは，すべての基本になるものである．

定義． $p \in \{2, 3, 5, 7, 11, 13, \ldots\}$ を任意の素数とする．0 ではない任意の整数 a に対して，a の **p 進序数** (p-adic ordinal) を，a を割る p の最高べき指数として定義し，$\mathrm{ord}_p a$ で表す[1]．すなわち，$a \equiv 0 \pmod{p^m}$ となる最大の m を表すものとする．（記号 $a \equiv b \pmod{c}$ は，c が $a-b$ を割り切ることを意味する．）たとえば

$$\mathrm{ord}_5 35 = 1, \quad \mathrm{ord}_5 250 = 3, \quad \mathrm{ord}_2 96 = 5, \quad \mathrm{ord}_2 97 = 0.$$

（$a=0$ のときは，$\mathrm{ord}_p 0 = \infty$ と理解する．）関数 ord_p は対数関数のような挙動をすることに注意せよ：$\mathrm{ord}_p(a_1 a_2) = \mathrm{ord}_p a_1 + \mathrm{ord}_p a_2$．

ここで任意の有理数 $x = a/b$ に対して，$\mathrm{ord}_p x$ を $\mathrm{ord}_p a - \mathrm{ord}_p b$ で定義する．この表示は x のみに依存して決まり，a と b には依存しないことに注意しておく．すなわち $x = ac/bc$ と書いても，同じ値 $\mathrm{ord}_p x = \mathrm{ord}_p ac - \mathrm{ord}_p bc$ が得られるからである．

さらに $\mathbb{Q}$ 上の写像 $|\ |_p$ を次のように定義する：

---

[1] 通常，p 進加法付値と呼ばれているものである．以下，本書の脚注はすべて訳者注である．

$$|x|_p = \begin{cases} \dfrac{1}{p^{\operatorname{ord}_p x}} & x \neq 0 \text{ のとき}; \\ 0, & x = 0 \text{ のとき}. \end{cases}$$

命題. $|\ |_p$ は $\mathbb{Q}$ 上のノルムである.

証明. ノルムの性質 (1) と (2) は簡単に確かめられるので，練習問題とする．性質 (3) を確かめる．

$x = 0$ または $y = 0$ のとき，あるいは $x + y = 0$ のときは，(3) は自明であるので，x, y と $x+y$ はすべて 0 でないと仮定する．$x = a/b, y = c/d$ と表す．すると $x + y = (ad + bc)/bd$ であり，$\operatorname{ord}_p(x+y) = \operatorname{ord}_p(ad+bc) - \operatorname{ord}_p b - \operatorname{ord}_p d$ となる．一般に，2 つの数の和を割る p の最高べきは，最初の数を割る p の最高べきと 2 番目の数を割る p の最高べきの小さい方以上である．よって次を得る．

$$\begin{aligned}
\operatorname{ord}_p(x+y) &\geq \min(\operatorname{ord}_p ad, \operatorname{ord}_p bc) - \operatorname{ord}_p b - \operatorname{ord}_p d \\
&= \min(\operatorname{ord}_p a + \operatorname{ord}_p d, \operatorname{ord}_p b + \operatorname{ord}_p c) - \operatorname{ord}_p b - \operatorname{ord}_p d \\
&= \min(\operatorname{ord}_p a - \operatorname{ord}_p b, \operatorname{ord}_p c - \operatorname{ord}_p d) \\
&= \min(\operatorname{ord}_p x, \operatorname{ord}_p y).
\end{aligned}$$

よって $|x+y|_p = p^{-\operatorname{ord}_p(x+y)} \leq \max(p^{-\operatorname{ord}_p x}, p^{-\operatorname{ord}_p y}) = \max(|x|_p, |y|_p)$ となり，これは $\leq |x|_p + |y|_p$ である． □

われわれは実際には，性質 (3) よりも強い不等式を証明した．この強い不等式が，p 進解析の**基本的定義**につながる．

定義. ノルム $\|\ \|$ は，不等式 $\|x+y\| \leq \max(\|x\|, \|y\|)$ がつねに成立するとき，**非アルキメデス的** (non-Archimedean) であると呼ばれる．距離関数 d について $d(x,z) \leq \max(d(x,z), d(z,y))$ がつねに成り立つとき**非アルキメデス的**であるという：とくに，距離関数が非アルキメデス的なノルムから導かれるものであれば，非アルキメデスである．なぜなら，その場合 $d(x,y) = \|x-y\| = \|(x-z)+(z-y)\| \leq \max(\|x-z\|, \|z-y\|) = \max(d(x,z), d(z,y))$ となるからである．

したがって $|\ |_p$ は非アルキメデス的である．

非アルキメデス的ではないノルム（または距離関数）は**アルキメデス的**であるという．$\mathbb{Q}$ 上の通常の絶対値はアルキメデス的ノルムである．

任意の距離空間 X において，X の元からなる**コーシー列** (Cauchy sequence)[2] $\{a_1, a_2, a_3, \ldots\}$ の概念が定義される．これは次を意味する．任意の $\varepsilon > 0$ に対して，ある数 $N > 0$ が存在して，$m > N$ かつ $n > N$ であるならば $d(a_m, a_n) < \varepsilon$ が成立する．

一つの集合 X 上に 2 つの距離関数 d_1 と d_2 が存在したとする．X の数列が d_1 に関してコーシー列であることと d_2 に関してコーシー列であることが同値であるとき，d_1 と d_2 は**同値**であるという．2 つのノルムは，それらが同値な距離関数を導くとき，**同値**であるという．

前に述べた $|\ |_p$ の定義において，$(1/p)^{\mathrm{ord}_p x}$ の代わりに，任意の $\rho \in (0,1)$ をとり，$1/p$ を ρ で置き換え，$\rho^{\mathrm{ord}_p x}$ と書き換えることができる．このようにして同値な非アルキメデス的ノムルが得られる（練習問題 5, 6 を見よ）．ρ として，通常 $\rho = 1/p$ をとることが最も便利な選択である理由は，後の練習問題 18 にある公式（積公式）に関係する．

また通常の絶対値 $|\ |$ に対して，$0 < \alpha \leq 1$ である数 α を用いて $|\ |^\alpha$ とすることにより，$|\ |$ に同値なノルムの族が得られる（練習問題 8）．

通常の絶対値を $|\ |_\infty$ で表すこともある．これは，あくまでも慣例であり，$|\ |_\infty$ と $|\ |_p$ の直接的な関係を示唆するものではない．

「自明な」ノルムとは，$\|0\| = 0$ かつ，$x \neq 0$ であるすべての x について $\|x\| = 1$ として定義されるノルム $\|\ \|$ を意味するものとする．

定理 1（オストロフスキ[3]）．$\mathbb{Q}$ 上の，自明でないノルムは，ある素数に対する $|\ |_p$ か $|\ |_\infty$ に同値である．

証明．ケース (i)．$\|n\| > 1$ となる正の整数が存在する場合．n_0 をそのような整数 n のうち最小のものとする．$\|n_0\| > 1$ であるから $\|n_0\| = n_0^\alpha$ を満たす正の実数 α が存在する．そこで，任意の正の整数 n を n_0 を底として書き表す．すなわち，

$$n = a_0 + a_1 n_0 + a_2 n_0^2 + \cdots + a_s n_0^s, \quad \text{ここで } 0 \leq a_i < n_0, \text{ かつ } a_s \neq 0$$

---

[2] A. L. Cauchy (1789–1857). フランスの数学者．解析学の各分野に多くの貢献をした．その他，天文学，光学，流体力学などへの貢献も多い．コーシー列を基本列と呼ぶこともある．
[3] A. Ostrowski. ロシア出身の数学者．オストロフスキの定理は 1916 年に公表された．

と表す．すると
$$\|n\| \leq \|a_0\| + \|a_1 n_0\| + \|a_2 n_0^2\| + \cdots + \|a_s n_0^s\|$$
$$= \|a_0\| + \|a_1\| \cdot n_0^\alpha + \|a_2\| \cdot n_0^{2\alpha} + \cdots + \|a_s\| \cdot n_0^{s\alpha}$$

が得られる．すべての a_i は $< n_0$ であるから，n_0 の取り方から $\|a_i\| \leq 1$ となり

$$\|n\| \leq 1 + n_0^\alpha + n_0^{2\alpha} + \cdots + n_0^{s\alpha}$$
$$= n_0^{s\alpha}(1 + n_0^{-\alpha} + n_0^{-2\alpha} + \cdots + n_0^{-s\alpha})$$
$$\leq n^\alpha \left[\sum_{i=0}^{\infty} (1/n_0^\alpha)^i \right]$$

が得られる．なぜなら $n \geq n_0^s$ となるからである．括弧の中は一つの正定数であり，われわれは，これを C で表すことにする．したがって，すべての正の整数 n に対して

$$\|n\| \leq Cn^\alpha$$

となる．そこで，任意の n と十分大きな任意の N をとり，上の不等式における n を n^N で置き換える．すると N 乗根をとることにより

$$\|n\| \leq \sqrt[N]{C} n^\alpha$$

となる．固定した n に対して $N \to \infty$ とすることにより $\|n\| \leq n^\alpha$ が得られる．

不等号が逆向きの不等式が次のようにして得られる．前のように n を n_0 を底として書き表すと $n_0^{s+1} > n \geq n_0^s$ を得る．$\|n_0^{s+1}\| = \|n + n_0^{s+1} - n\| \leq \|n\| + \|n_0^{s+1} - n\|$ であるから

$$\|n\| \geq \|n_0^{s+1}\| - \|n_0^{s+1} - n\|$$
$$\geq n_0^{(s+1)\alpha} - (n_0^{s+1} - n)^\alpha$$

が得られる．ここで $\|n_0^{s+1}\| = \|n_0\|^{s+1} = n_0^{s+1}$ と引き算の部分に，第一の不等式（すなわち $\|n\| \leq n^\alpha$）を用いている．したがって，

$$\|n\| \geq n_0^{(s+1)\alpha} - (n_0^{s+1} - n_0^s)^\alpha \quad (n \geq n_0^s \text{ だから})$$
$$= n_0^{(s+1)\alpha}\left[1 - \left(1 - \frac{1}{n_0}\right)^\alpha\right]$$
$$\geq C' n^\alpha.$$

ここで C' は n_0 と α のみに依存し，n には依存しない，ある定数である．前の議論のように，この不等式を n^N について適用し，$N \to \infty$ とすれば，最終的に $\|n\| \geq n^\alpha$ が得られる．

以上により，$\|n\| = n^\alpha$ が得られた．ノルムの定義の性質 (2) より，すべての $x \in \mathbb{Q}$ について $\|x\| = |x|^\alpha$ となることが，容易に導かれる．後で述べられる練習問題 8 は，このようなノルムが絶対値と同値であることを主張しており，これを考慮に入れると，上で述べた事実は，ケース (i) の場合に定理が証明されたことを示している．

ケース (ii)．すべての正の整数 n に対して $\|n\| \leq 1$ と仮定する．n_0 を $\|n\| < 1$ となる正の整数のうち最小のものとする．このような n_0 は，$\|\ \|$ が非自明と仮定しているので，必ず存在する．

この n_0 は，素数でなければならない．実際，もし $n_0 = n_1 \cdot n_2$ で，n_1 と n_2 がともに $< n_0$ と仮定すると，$\|n_1\| = \|n_2\| = 1$ で $\|n_0\| = \|n_1\| \cdot \|n_2\| = 1$ となるからである．素数 n_0 を p で表す．

われわれは，p とは異なる素数 q については $\|q\| = 1$ となることを示そう．そうでないと仮定すると $\|q\| < 1$ であり，十分大きい N について，$\|q^N\| = \|q\|^N < \frac{1}{2}$ となる．一方，十分大きいある M について，$\|p^M\| < \frac{1}{2}$ となる．p^M と q^N は互いに素であるから，整数 m, n で $mp^M + nq^N = 1$ となるものが存在する（練習問題 10 を見よ）．ノルムの定義の性質 (2) と (3) により

$$1 = \|1\| = \|mp^M + nq^N\| \leq \|mp^M\| + \|nq^N\| = \|m\|\|p^M\| + \|n\|\|q^N\|$$

となる．しかし，$\|m\|, \|n\| \leq 1$ であるから

$$1 \leq \|p^M\| + \|q^N\| < \frac{1}{2} + \frac{1}{2} = 1$$

となり，矛盾が生じる．よって $\|q\| = 1$ である．

われわれの証明は，これで事実上完成している．理由は以下の通りである．任意の正の整数 a は，素因数分解 $a = p_1^{b_1} p_2^{b_2} \cdots p_r^{b_r}$ をもち，$\|a\| = \|p_1\|^{b_1} \cdot \|p_2\|^{b_2} \cdots$

$\|p_r\|^{b_r}$ となる．p_i たちの一つを p とすれば，$\|p_i\|$ で 1 とならないものは $\|p\|$ である．対応する b_i を $\mathrm{ord}_p a$ で表すことにする．よって，$\rho = \|p\| < 1$ とすれば

$$\|a\| = \rho^{\mathrm{ord}_p a}$$

を得る．ノルムの定義の性質 (2) を使えば，a を 0 でない任意の有理数 x で置き換えても，同じ等式が成立することが，容易にわかる．後に述べる練習問題 5 は，このようなノルムは $|\ |_p$ と同値であることを主張するものであるが，これを考慮すれば，オストロフスキの定理の証明は完結する． □

距離に関するわれわれの直観は，もちろんアルキメデス的距離 $|\ |_\infty$ に基づいている．非アルキメデス的距離 $|\ |_p$ のいくつかの特性は，最初はとても奇妙に感じられ，慣れるのに時間がかかるであろう．ここでは 2 つの例を挙げる．

任意の距離関数に対して，性質 (3) $d(x, y) \leq d(x, z) + d(z, y)$ は「三角不等式」として知られている．なぜなら，複素数体 $\mathbb{C}$ (距離 $d(a + bi, c + di) = \sqrt{(a-c)^2 + (b-d)^2}$ をもつ）において，これは複素数平面における三角形の 2 辺の和が他の辺より大きいことを主張しているからである．（図を参照．）

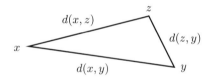

体上の非アルキメデス的ノルムついてどうなるかを見てみよう．簡単のために，$z = 0$ と考える．すると非アルキメデス的不等式は $\|x - y\| \leq \max(\|x\|, \|y\|)$ を主張する．まず，x の「辺」と y の「辺」が異なる「長さ」をもつ場合，すなわち $\|x\| < \|y\|$ となる場合を考える．すると，3 番目の辺 $x - y$ は長さ

$$\|x - y\| \leq \|y\|$$

をもつ，しかし

$$\|y\| = \|x - (x - y)\| \leq \max(\|x\|, \|x - y\|)$$

である．$\|y\|$ は $\leq \|x\|$ ではありえないので，$\|y\| \leq \|x - y\|$ とならねばならない．

したがって，$\|y\| = \|x-y\|$ が得られる．このようにして，2つの辺 x, y が異なる「長さ」をもてば，長い方は3番目の辺の長さと一致することがわかる．すべての「三角形」は二等辺三角形である！

これが $\mathbb{Q}$ 上の $|\ |_p$ の場合に何を主張しているのかを考えてみると，これは本当に驚くべきこととはいえない．それは，すなわち2つの有理数が p の異なるべきで割り切れるとき，それらの差は，きっちりと p のべきの「低い方」で割り切れる（これは2つの大きい方と同じ「サイズ」であることを意味する）からである．

今後，不等式 $\|x \pm y\| \leq \max(\|x\|, \|y\|)$ において，$\|x\| \neq \|y\|$ のとき等号が成立する，というこの非アルキメデス体の基本的性質を，「二等辺三角形原理 (isosceles triangle principle)」と呼ぶことにする．

2番目の例として，a（a は体 F の元）を中心とした半径 r の**開円板** (open disc) を

$$D(a, r^-) = \{x \in F \mid \|x-a\| < r\}$$

で定義する（r は正の実数）．ノルム $\|\ \|$ は非アルキメデス的ノルムとする．b を $D(a, r^-)$ 内の**任意**の元とする．すると

$$D(a, r^-) = D(b, r^-)$$

となる．すなわち，円板内の任意の点が中心点である！　これはどうしてか？　実際

$$\begin{aligned}
x \in D(a, r^-) &\implies \|x-a\| < r \\
&\implies \|x-b\| = \|(x-a)+(a-b)\| \\
&\qquad\quad \leq \max(\|x-a\|, \|a-b\|) \\
&\qquad\quad < r \\
&\implies x \in D(b, r^-)
\end{aligned}$$

となり，逆の包含関係も同じ方法で示される[4]．

a を中心とした半径 r の**閉円板** (closed disc) を

---

[4] 非アルキメデス体では，複素関数論における「円板による解析接続」の考え方が，そのままでは適用できないことがわかる．

$$D(a,r) = \{x \in F \mid \|x-a\| \leq r\}$$

で定義すると，同様に $D(a,r)$ のすべての点が中心となることが示される．

練習問題

1. 体 F 上のノルムに対して，加法，乗法および，加法と乗法における逆元をとる写像は連続であることを証明せよ．これは次を意味する：(1) 任意の $x, y \in F$ と任意の $\varepsilon > 0$ に対して，ある $\delta > 0$ が存在して，$\|x'-x\| < \delta$, $\|y'-y\| < \delta$ ならば $\|(x'+y')-(x+y)\| < \varepsilon$ となる；(2) 同じ主張が $\|(x'+y')-(x+y)\| < \varepsilon$ を $\|x'y'-xy\| < \varepsilon$ で置き換えて成立する；(3) 任意の零でない $x \in F$ と任意の $\varepsilon > 0$ に対して，ある $\delta > 0$ が存在して，$\|x'-x\| < \delta$ ならば $\|(1/x')-(1/x)\| < \varepsilon$ が成り立つ；(4) 任意の $x \in F$ と任意の $\varepsilon > 0$ に対して，ある $\delta > 0$ が存在して，$\|x'-x\| < \delta$ ならば $\|(-x')-(-x)\| < \varepsilon$ が成り立つ．

2. $\|\ \|$ を体 F 上の任意のノルムとしたとき，$\|-1\| = \|1\| = 1$ を示せ．もし $\|\ \|$ が非アルキメデス的ノルムならば，任意の整数 n について $\|n\| \leq 1$ となることを示せ．（ここで，「n」とは，体 F において，1 を n 回加えたもの $1+1+\cdots+1$ を意味する．）

3. 逆に，任意の整数 n について $\|n\| \leq 1$ となるようなノルム $\|\ \|$ は非アルキメデス的であることを示せ．

4. 体 F 上のノルム $\|\ \|$ が非アルキメデス的であることと，次が同値であることを示せ．

$$\{x \in F \mid \|x\| < 1\} \cap \{x \in F \mid \|x-1\| < 1\} = \emptyset.$$

5. $\|\ \|_1$ と $\|\ \|_2$ を体 F 上の 2 つのノルムであるとする．$\|\ \|_1 \sim \|\ \|_2$ であることと，ある正の実数 α が存在して，すべての $x \in F$ に対して $\|x\|_1 = \|x\|_2^\alpha$ となることとは同値であることを示せ．

6. $0 < \rho < 1$ とする．すると $x \in \mathbb{Q}$ に対して，$x \neq 0$ のとき，$\rho^{\mathrm{ord}_p x}$, $x=0$ のときは 0 として定義される関数は，非アルキメデス的ノルムとなることを示せ．前問より，それは $|\ |_p$ と同値であることに注意せよ．$\rho = 1$ のときはどうなるか？ $\rho > 1$ のときは？

7. p_1 と p_2 を異なる素数とするとき，$|\ |_{p_1}$ と $|\ |_{p_2}$ は同値ではないことを示せ．

8. 正の実数 α を固定する．$x \in \mathbb{Q}$ に対して $\|x\| = |x|^\alpha$ と定義する．ここで $|\ |$ は通常の絶対値を表す．$\|\ \|$ がノルムであることと，$\alpha \leq 1$ となることとは同値であることを示せ．またこの場合，それはノルム $|\ |$ と同値であることを示せ．

9. 体 F 上の 2 つの同値なノルムは，ともに非アルキメデス的であるか，ともにアルキメデス的であるかいずれかであることを示せ．

10. N と M を互いに素な整数とするとき，整数 n と m で $nN + mM = 1$ を満たすものが存在することを示せ．

11. 次を計算せよ：

   (i) $\mathrm{ord}_3 54$　　　(ii) $\mathrm{ord}_2 128$　　　(iii) $\mathrm{ord}_3 57$
   (iv) $\mathrm{ord}_7(-700/197)$　(v) $\mathrm{ord}_2(128/7)$　(vi) $\mathrm{ord}_3(7/9)$
   (vii) $\mathrm{ord}_5(-0.0625)$　(viii) $\mathrm{ord}_3(10^9)$　(ix) $\mathrm{ord}_3(-13.23)$
   (x) $\mathrm{ord}_7(-13.23)$　(xi) $\mathrm{ord}_5(-13.23)$　(xii) $\mathrm{ord}_{11}(-13.23)$
   (xiii) $\mathrm{ord}_{13}(-26/169)$　(xiv) $\mathrm{ord}_{103}(-1/309)$　(xv) $\mathrm{ord}_3(9!)$

12. 等式 $\mathrm{ord}_p((p^N)!) = 1 + p + p^2 + \cdots + p^{N-1}$ を証明せよ．

13. $0 \leq a \leq p-1$ のとき，等式 $\mathrm{ord}_p((ap^N)!) = a(1 + p + p^2 + \cdots + p^{N-1})$ を証明せよ．

14. $n = a_0 + a_1 p + a_2 p^2 + \cdots + a_s p^s$ を n を p を底として展開したものとする．すなわち $0 \le a_i \le p-1$ とする．$S_n = \sum a_i$ (p を底としたときの各位の数字の和) としたとき，次の等式を示せ：
$$\mathrm{ord}_p(n!) = \frac{n - S_n}{p - 1}.$$

15. 次の場合に，$|a-b|_p$ の値，すなわち a と b の p 進距離を計算せよ：

(i) $a = 1, b = 26, p = 5$ (ii) $a = 1, b = 26, p = \infty$
(iii) $a = 1, b = 26, p = 3$ (iv) $a = 1/9, b = -1/16, p = 5$
(v) $a = 1, b = 244, p = 3$ (vi) $a = 1, b = 1/244, p = 3$
(vii) $a = 1, b = 1/243, p = 3$ (viii) $a = 1, b = 183, p = 13$
(ix) $a = 1, b = 183, p = 7$ (x) $a = 1, b = 183, p = 2$
(xi) $a = 1, b = 183, p = \infty$ (xii) $a = 9!, b = 0, p = 3$
(xiii) $a = (9!)^2/3^9, b = 0, p = 3$ (xiv) $a = 2^{2^N}/2^N, b = 0, p = 2$
(xv) $a = 2^{2^N}/(2^N)!, b = 0, p = 2$.

16. 有理数 x が $|x|_p \le 1$ を満たすということはどういうことか，言葉で言い表せ．

17. $x \in \mathbb{Q}$ に対して，$\lim_{i \to \infty} |x^i/i!|_p = 0$ であることと，$p \ne 2$ のとき $\mathrm{ord}_p x \ge 1$，$p = 2$ のとき $\mathrm{ord}_p x \ge 2$ であることとが同値であることを示せ．

18. x を零でない有理数とする．$|x|_p$ の ∞ を含む「すべての」p に関する積が 1 であることを示せ．(ここで，この「無限積」は，実際には 1 ではない項を有限個しか含まないことに注意せよ．) 記号的には $\prod_p |x|_p = 1$ で表される．

19. 任意の $p (\ne \infty)$ に対して，任意の整数の列は，$|\ |_p$ に関するコーシー部分列をもつことを示せ．

20. $x \in \mathbb{Q}$ がすべての素数 p に対して $|x|_p \le 1$ を満たせば，$x \in \mathbb{Z}$ であることを示せ．

3. 複素数の構築についての復習

われわれは 2 つの有理数間の距離についての新しい概念を手にしている：2 つの有理数は，もしそれらの差が固定された素数 p の高いべきで割り切れると，距離が近いと考えられる．このいわゆる「p 進距離」を扱うためには，有理数体 $\mathbb{Q}$ から，古典的なアルキメデス的距離 $|\ |$ によって実数体 $\mathbb{R}$ や複素数体 $\mathbb{C}$ が構成された方法の類似をたどって $\mathbb{Q}$ を拡大しなければならない．それでは，これがどのように行われたのかをおさらいしてみよう．

論理的にも歴史的にも，$\mathbb{Q}$ よりもさらに遡ってみよう．自然数の集合 $\mathbb{N} = \{1, 2, 3, \ldots\}$ に立ち戻る．$\mathbb{N}$ から $\mathbb{C}$ へ至る各ステップは，次の 2 つの事柄を実行したいという「欲求の立場」から分析することができる：

(1) 多項式方程式（多項式 = 0 の形の方程式）を解く．
(2) コーシー列の極限を見つける．つまり，すべてのコーシー列が，新しい数体系

で，極限をもつような「穴のない」数体系に「完備化」する．

最初に，整数 $\mathbb{Z}$（$0, -1, -2, \ldots$ を含む）は

$$a + x = b, \quad a, b \in \mathbb{N}$$

の形の方程式の解として導入される．次に有理数は

$$ax = b, \quad a, b \in \mathbb{Z}$$

の形の方程式の解として導入することができる．ここまでは距離の概念は用いていない．

実数の正確な定義を与えるために考えられる方法の一つは，有理数のコーシー列の集合 S を考えることである[5]．2つのコーシー列 $s_1 = \{a_j\} \in S$ と $s_2 = \{b_j\} \in S$ は，$j \to \infty$ のとき $|a_j - b_j| \to 0$ となるなら，同値であるといい，$s_1 \sim s_2$ で表すことにする．これは明らかに同値関係となる．すなわち，(1) 任意の s はそれ自身同値である：$s \sim s$；(2) $s_1 \sim s_2$ ならば $s_2 \sim s_1$ である；(3) $s_1 \sim s_2$ かつ $s_2 \sim s_3$ ならば $s_1 \sim s_3$ である．このとき，$\mathbb{R}$ を，有理数のコーシー列の「同値類」の集合として定義する．その加法，乗法そして加法，乗法の逆は，コーシー列の加法，乗法，それらの逆として定義できることは容易にわかり，$\mathbb{R}$ は体となる．この定義は，一見抽象的でかなり扱いにくいように見えるが，視覚的にわかりやすい，昔ながらの実数直線と同じものであることがわかる．

通常の絶対値 $|\ |$ の代わりに $|\ |_p$ を用いれば，同様のことが起こる．$\mathbb{Q}$ の p 進完備化の抽象的定義から出発して，われわれが p 進体と呼ぶ，極めて実際的な数体系 $\mathbb{Q}_p$ が得られる．

歴史的な概観に戻ると，実数体 $\mathbb{R}$ まで出てきた．次に，最初の方法——方程式を解く——に戻る．数学者は $x^2 + 1 = 0$ のような方程式を解くことができる「数」を用意できればよいと考えた．（これは物事を論理的な順序で扱っている．歴史的にいえば，複素数の定義は，コーシー列による実数の厳密な定義よりも前に行われた．）その後，驚くべきことが起こった！ $i = \sqrt{-1}$ が導入され，$a + bi, a, b \in \mathbb{R}$ の形で複素数が定義されると，すぐに以下が明らかになった：

(1) $\mathbb{C}$ に係数をもつ「すべての」多項式方程式は $\mathbb{C}$ に解をもつ——これは有名な

---

[5] 他の有名な方法としては「デデキントの切断」によるものがある．

「代数学の基本定理」である．（簡潔にいえば，$\mathbb{C}$ は**代数閉体**である．）

(2) $\mathbb{C}$ は，$\mathbb{R}$ 上のノルム $|\ |$ を拡張した唯一のノルム（これは $|a+bi| = \sqrt{a^2+b^2}$ で与えられる）に関して，「完備」である．すなわち，任意のコーシー列 $\{a_j + b_j i\}$ は，$a + bi$ の形の極限値をもつ．（なぜなら，$\{a_j\}$，$\{b_j\}$ は，$\mathbb{R}$ 内のコーシー列だから，その極限値を a, b とすればよい．）

したがって，$\mathbb{R}$ の唯一の「2次拡大」（すなわち，2次方程式 $x^2 + 1 = 0$ の解を添加して得られる体）である $\mathbb{C}$ でプロセスは停止する．複素数体 $\mathbb{C}$ は「アルキメデス的距離に関して完備な代数閉体」である．

しかし残念なことに！ $|\ |_p$ の場合には，そのようなことはない．$\mathbb{Q}$ を $|\ |_p$ に関して完備化した $\mathbb{Q}_p$ が得られた後，それに高次の（2次ではない）方程式の解を添加して得られる拡大体の「無限」列が形成される．さらに困ったことに，結果として得られる代数閉体（ここでは $\overline{\mathbb{Q}_p}$ で表す）は「完備ではない」．そこで，この巨大な体を「穴埋め」して，さらに大きな体 Ω を得る．

その後はどうなるのであろうか？ Ω に係数をもつ多項式が解けるように，Ω を拡大する必要があるのだろうか？ このプロセスは，この先，持って回った抽象化という恐ろしいスパイラルに陥っていくのであろうか．幸いなことに，Ω については p 進解析の守護天使が介入し，Ω はすでに代数的に閉じており，かつ完備であることがわかり，非アルキメデス的数体の探索は終了する．

しかし，この Ω は微分積分学や解析学の p 進類似を研究する上では，便利な数体系となるが，$\mathbb{C}$ に比べてはるかに理解されていない．I. M. ゲルファント[6]が指摘したように，最も簡単な問題，すなわち Ω の $\mathbb{Q}_p$-線形体自己同型写像の特徴付けすら，まだ解答が得られていない．

それでは Ω への旅を始めよう．

4. p 進数体

この章の残りでは，素数 $p \neq \infty$ を固定しておく．

S を有理数列 $\{a_i\}$ で，次の条件を満たすものからなる集合とする：任意に与えられた $\varepsilon > 0$ に対して，ある N が存在して，$i, i' > N$ なら $|a_i - a_{i'}|_p < \varepsilon$（**コー**

---

[6] I. M. Gelfand (1913–2009). ウクライナ出身のロシアの数学者．関数解析学と表現論を中心に多くの業績を挙げた．

シー列)．そのような 2 つのコーシー列 $\{a_i\}$ と $\{b_i\}$ は，$|a_i - b_i|_p \to 0\ (i \to \infty)$ となるとき，同値であると呼び，$\{a\} \sim \{b\}$ で表す．われわれは，$\mathbb{Q}_p$ を，コーシー列の同値類の集合として定義する．

$x \in \mathbb{Q}$ に対して，$\{x\}$ ですべての項が x である「定数」コーシー列を表すものとする．明らかに $\{x\} \sim \{x'\}$ が成り立つことと $x = x'$ であることとは同値である．$\{0\}$ が含まれる同値類を単に 0 で表す．

同値類 a のノルム $|\ |_p$ を，$\lim_{i \to \infty} |a_i|_p$ で定義する．ここで $\{a_i\}$ は a の任意の代表元である．その極限が存在することは，以下に述べる事実からわかる．

(1) $a = 0$ ならば，定義により $\lim_{i \to \infty} |a_i|_p = 0$.
(2) $a \neq 0$ ならば，ある $\varepsilon > 0$ に対して，任意の N について，ある $i_N > N$ が存在して $|a_{i_N}|_p > \varepsilon$.

N を，$i, i' > N$ なら $|a_i - a_{i'}|_p < \varepsilon$ となるように，十分大きくとれば，すべての $i > N$ について

$$|a_i - a_{i_N}|_p < \varepsilon$$

となる．$|a_{i_N}|_p > \varepsilon$ であるから，「二等辺三角形原理」より $|a_i|_p = |a_{i_N}|_p$ となる．したがって，すべての $i > N$ について $|a_i|_p$ は定数値 $|a_{i_N}|_p$ をもつ．この定数が $\lim_{i \to \infty} |a_i|_p$ である．

$\mathbb{Q}$ を完備化して $\mathbb{R}$ を得るプロセスとの一つの重要な差異に注意すべきである．$\mathbb{Q}$ を $\mathbb{R}$ へ拡張する場合，$|\ | = |\ |_\infty$ のとりうる値は，非負実数全体を含むように拡張される．しかしながら $\mathbb{Q}$ から $\mathbb{Q}_p$ へいく場合は，$|\ |_p$ のとりうる値は同じまま，すなわち $\{p^n\}_{n \in \mathbb{Z}} \cup \{0\}$ のままである．

コーシー列の 2 つの同値類 a と b に対して，それぞれの代表元 $\{a_i\} \in a$, $\{b_i\} \in b$ を任意にとり，$a \cdot b$ をコーシー列 $\{a_i b_i\}$ で代表される同値類として定義する．もし代表元として，$\{a'_i\} \in a, \{b'_i\} \in b$ を選んだ場合

$$|a'_i b'_i - a_i b_i|_p = |a'_i(b'_i - b_i) + b_i(a'_i - a_i)|_p$$
$$\leq \max(|a'_i(b'_i - b_i)|_p, |b_i(a'_i - a_i)|_p)$$

が得られ，$i \to \infty$ としたとき，最初の表示は，$|a|_p \cdot \lim |b'_i - b_i|_p = 0$ に近づき，2 番目の表示も $|b|_p \cdot \lim |a'_i - a_i|_p = 0$ に近づく．よって，$\{a'_i b'_i\} \sim \{a_i b_i\}$ である．

同様にして，コーシー列の 2 つの同値類の和も，各類からコーシー列をとり，

各項の和として定義されるコーシー列が含まれる同値類として定義され，この同値類が代表元の取り方によらず類のみに依存して決まることが示される．加法の逆もまた明らかな方法で定義される．

乗法の逆については，少し注意しなければならない．それは，コーシー列の中に零の項が現れる可能性があるからである．任意のコーシー列は，零でない項をもつものに同値であることが容易にわかる（たとえば，もし $a_i = 0$ ならば，a_i を $a'_i = p^i$ で置き換える）．そこで $\{1/a_i\}$ をとる．この列は $|a_i|_p \to 0$「でない限り」，すなわち $\{a_i\} \sim \{0\}$ でない限り，コーシー列となる．さらに，$\{a_i\} \sim \{a'_i\}$ かつ a_i も a'_i も 0 でない限り，$\{1/a_i\} \sim \{1/a'_i\}$ が容易に示される．

このようにして，コーシー列の同値類の集合 $\mathbb{Q}_p$ が，上で定義した加法，乗法と逆に関して体となることが容易に示される．たとえば，分配律については次のようにして示される：$\{a_i\}, \{b_i\}, \{c_i\}$ を $a, b, c \in \mathbb{Q}_p$ の代表元とする．すると $a(b+c)$ は

$$\{a_i(b_i + c_i)\} = \{a_i b_i + a_i c_i\}$$

が含まれる同値類であり，したがって $ab + ac$ は，この列が含まれる同値類となる．

$\mathbb{Q}$ は，定数コーシー列を含む同値類からなる $\mathbb{Q}_p$ の「部分体」と同一視される．この同一視のもとで，$\mathbb{Q}_p$ 上の $|\ |_p$ の制限が通常の $\mathbb{Q}$ 上の $|\ |_p$ となっている．

最後に，$\mathbb{Q}_p$ が完備であることが容易に示される：$\{a_j\}_{j=1,2,...}$ を同値類の列で $\mathbb{Q}_p$ 内のコーシー列となるものとし，各 a_j に対して $\{a_{ji}\}_{i=1,2,...}$ を有理数の代表コーシー列で，各 j について，$i, i' \geq N_j$ なら $|a_{ji} - a_{ji'}|_p < p^{-j}$ となるものとする．すると，$\{a_{jN_j}\}_{j=1,2,...}$ の含まれる同値類が a_j の極限値となることが容易に示される．詳細は読者に任せる．

どのようなコースやセミナーにおいても，このような面倒な構成法を一通り学んでおくと，すべての基礎となる公理的な土台をすっかり忘れてしまうということはないであろう．この特別なケースでは，抽象的なアプローチにより，p 進数体の構成と実数体の構成を比較し，その手順が局所的に同じであることを確認する機会も得られる．しかし，次の定理を学んだ後は「コーシー列の同値類」については，できるだけ早く忘れ，より具体的な表現で考えるようにすることが賢明であろう．

定理 2. $|a|_p \leq 1$ となる $\mathbb{Q}_p$ の任意の同値類 a は，次の条件を満たす，ただ一つのコーシー列の代表元 $\{a_i\}$ をもつ：

(1) $0 \leq a_i < p^i$ $(i = 1, 2, 3, \ldots)$.

(2) $a_i \equiv a_{i+1} \pmod{p^i}$ $(i = 1, 2, 3, \ldots)$.

証明. はじめに一意性を示す. $\{a_i'\}$ を (1) と (2) を満たし, $\{a_i\}$ とは異なるコーシー列とする. $a_{i_0} \neq a_{i_0}'$ とすれば $a_{i_0} \not\equiv a_{i_0}' \pmod{p^{i_0}}$ となる. なぜなら, a_{i_0} と a_{i_0}' はともに 0 と p^{i_0} の間にあるからである. しかしながら, $i \geq i_0$ であるすべての i について $a_i \equiv a_{i_0} \not\equiv a_{i_0}' \equiv a_i' \pmod{p^{i_0}}$ が得られ, すなわち $a_i \not\equiv a_i' \pmod{p^{i_0}}$ となる. したがって, すべての $i \geq i_0$ について

$$|a_i - a_i'|_p > 1/p^{i_0}$$

となり, $\{a_i\} \not\sim \{a_i'\}$ が得られる.

（同値類 a 内の）一つのコーシー列 $\{b_i\}$ を考える. われわれは, このコーシー列に同値で (1) と (2) を満たすものを見つけたい. このために次の簡単な補題を用いる.

補題. $x \in \mathbb{Q}$ かつ $|x|_p \leq 1$ とする. すると, 任意の i に対して $|\alpha - x|_p \leq p^{-i}$ を満たすような整数 $\alpha \in \mathbb{Z}$ が存在する. この整数 α は, 集合 $\{0, 1, 2, \ldots, p^i - 1\}$ の中からとることができる.

補題の証明. x を既約分数 $x = a/b$ の形に書き表す. $|x|_p \leq 1$ だから, b は p で割り切れず, よって b と p^i は互いに素であることがわかる. したがって, 整数 m, n で $mb + np^i = 1$ となるものが存在する. そこで整数 α を $\alpha = am$ とおく. アイデアは, 整数 mb が 1 と異なり, p 進的に 1 に十分近い値をとるのを示すこと, すなわち m が $1/b$ とよい近似をもち, したがって $\alpha = am$ が $x = a/b$ と十分よい近似をもつのを示すことである. より正確には次が得られる:

$$|\alpha - x|_p = |am - (a/b)|_p = |a/b|_p |mb - 1|_p$$
$$\leq |mb - 1|_p = |np^i|_p = |n|_p / p^i \leq 1/p^i.$$

最後に, 整数 α に p^i の適当な整数倍を加えたものを考えることにより, 0 と p^i の間の整数 α で, $|\alpha - x|_p \leq p^{-i}$ がそのまま成立するものが得られる. これで補題は示された. □

定理の証明に戻り, 同値類 a 内の列 $\{b_i\}$ に注目し, 任意の $j = 1, 2, 3, \ldots$ に対し, 自然数 $N(j)$ を, $i, i' \geq N(j)$ ならば $|b_i - b_{i'}|_p \leq p^{-j}$ となるようなもの

として定義する．（われわれは $N(j)$ を j に関して，強い意味で単調増加，とくに $N(j) \geq j$ としてよい．）まず，$i \geq N(1)$ なら $|b_i|_p \leq 1$ となることに注意せよ．なぜなら $i' \geq N(1)$ について

$$|b_i|_p \leq \max(|b_{i'}|_p, |b_i - b_{i'}|_p)$$
$$\leq \max(|b_{i'}|_p, 1/p)$$

であり，$i' \to \infty$ のとき，$|b_{i'}|_p \to |a|_p \leq 1$ となるからである．

ここで補題を用いると，整数 a_j の列で，$0 \leq a_j < p^j$ かつ

$$|a_j - b_{N(j)}|_p \leq 1/p^j$$

となるものを見出すことができる．$\{a_j\}$ が求める数列であることを示す．$a_{j+1} \equiv a_j \pmod{p^j}$ と $\{b_i\} \sim \{a_i\}$ を示すことが残されている．

最初の主張は次より導かれる．

$$|a_{j+1} - a_j|_p = |a_{j+1} - b_{N(j+1)} + b_{N(j+1)} - b_{N(j)} - (a_j - b_{N(j)})|_p$$
$$\leq \max(|a_{j+1} - b_{N(j+1)}|_p, |b_{N(j+1)} - b_{N(j)}|_p, |a_j - b_{N(j)}|_p)$$
$$\leq \max(1/p^{j+1}, 1/p^j, 1/p^j)$$
$$= 1/p^j.$$

2 番目の主張は，次の事実から導かれる：与えられた任意の j と $i \geq N(j)$ に対して

$$|a_i - b_i|_p = |a_i - a_j + a_j - b_{N(j)} - (b_i - b_{N(j)})|_p$$
$$\leq \max(|a_i - a_j|_p, |a_j - b_{N(j)}|_p, |b_i - b_{N(j)}|_p)$$
$$\leq \max(1/p^j, 1/p^j, 1/p^j)$$
$$= 1/p^j$$

が成り立ち，$i \to \infty$ のとき $|a_i - b_i|_p \to 0$ となるからである．定理はこれで証明された． □

もし，考えた p 進数 a が，$|a|_p \leq 1$ を満たさない場合はどうなるのであろうか？そのとき a に p のべき p^m を乗じ，p 進数 $a' = ap^m$ が $|a'|_p \leq 1$ を満たすように

できる．すると a' は定理にあるように，代表列 $\{a'_i\}$ をもち，$a = a'p^{-m}$ は $a_i = a'_i p^{-m}$ で定義される列 $\{a_i\}$ を代表元にもつ．

ここでは，a' に対する列に現れるすべての a'_i を，p を底とした級数展開で書き表すのが便利である．すなわち

$$a'_i = b_0 + b_1 p + b_2 p^2 + \cdots + b_{i-1} p^{i-1}$$

と書き表す．ここで b_i は「位の数（i 位の数）」で $\{0, 1, \ldots, p-1\}$ 内の整数である．条件 $a'_i \equiv a'_{i+1} \pmod{p^i}$ は，ちょうど

$$a'_{i+1} = b_0 + b_1 p + b_2 p^2 + \cdots + b_{i-1} p^{i-1} + b_i p^i$$

を意味する．ここで b_0 から b_{i-1} までの位の数は，a'_i のものと「同じ」である．したがって a' は右に無限に広がる p を底とした展開で得られる数，すなわち a'_i から a'_{i+1} に移るたびに，新しい桁を追加して得られる級数として考えることできる．

もともとの a は「小数点の右側」の桁の数（すなわち，ここでは p の負のべきに対応する部分，しかし実際は左から出発して書き表す）が有限であり，p の正のべきは無限個の桁をもつような p 進小数と考えることができる：

$$a = \frac{b_0}{p^m} + \frac{b_1}{p^{m-1}} + \cdots + \frac{b_{m-1}}{p} + b_m + b_{m+1} p + b_{m+2} p^2 + \cdots.$$

ここで右辺の式は当分の間，数列 $\{a_i\}$（$a_i = b_0 p^{-m} + \cdots + b_{i-1} p^{i-1-m}$）を表す略記法にすぎない．すなわち数列 $\{a_i\}$ を一挙に考えるのに便利な方法と考える．われわれはこの等式が，正確な意味で**本当**の等式であることをすぐに理解するであろう．この等式は，a の「p 進展開」と呼ばれる．

$\mathbb{Z}_p = \{a \in \mathbb{Q}_p \mid |a|_p \leq 1\}$ とおく．これは，その p 進展開が p の負べきの部分をもたないような $\mathbb{Q}_p$ の元全体の集合である．$\mathbb{Z}_p$ の元は「p 進整数 (p-adic integer)」と呼ばれる．（以後 $\mathbb{Z}$ 内の，これまでの意味での整数を「有理整数」と呼ぶことにする．）$\mathbb{Z}_p$ の 2 つの元の和，差，積は $\mathbb{Z}_p$ に含まれ，したがって $\mathbb{Z}_p$ は体 $\mathbb{Q}_p$ の「部分環」と呼ばれるものになっている．

$a, b \in \mathbb{Q}_p$ が $|a - b|_p \leq p^{-n}$ を満たすとき，$a \equiv b \pmod{p^n}$ と書き表す．これは $(a-b)/p^n \in \mathbb{Z}_p$，すなわち $a - b$ の p 進展開を考えたとき，p^n のところより前の部分が現れないことと同値である．a と b が $\mathbb{Q}_p$ 内というだけでなく $\mathbb{Z}$ に入っているとき（すなわち，有理整数であるとき），この定義は以前定義した $a \equiv b \pmod{p^n}$ と一致する．

集合 $\mathbb{Z}_p^\times$ を $\{x \in \mathbb{Z}_p \mid 1/x \in \mathbb{Z}_p\}$ で定義する．これは，$\{x \in \mathbb{Z}_p \mid x \not\equiv 0 \pmod{p}\}$，また $\{x \in \mathbb{Z}_p \mid |x|_p = 1\}$ で定義することとも同値である．$\mathbb{Z}_p^\times$ 内の p 進整数，すなわち p 進展開の最初の項が零でないものは，時により「p 進単数 (p-adic unit)」と呼ばれる．

$\{b_i\}_{i=-m}^\infty$ を p 進整数の列として次の和を考える．

$$S_N = \frac{b_{-m}}{p^m} + \frac{b_{-m+1}}{p^{m-1}} + \cdots + b_0 + b_1 p + b_2 p^2 + \cdots + b_N p^N.$$

この部分和の列は明らかにコーシー列である：$M > N$ なら $|S_N - S_M|_p < 1/p^N$. それゆえ $\mathbb{Q}_p$ のある元に収束する．実数の無限列のように $\sum_{i=-m}^\infty b_i p^i$ は，$\mathbb{Q}_p$ 内のこの数列の極限として定義される．

より一般に，$\{c_i\}$ を $|c_i|_p \to 0 \ (i \to \infty)$ を満たすような，p 進整数からなる「任意の列」とする．すると部分和 $S_N = c_1 + c_2 + \cdots + c_N$ の列は極限をもつ．これは $\sum_{i=1}^\infty c_i$ と書かれる．極限をもつ理由は $|S_M - S_N|_p = |c_{N+1} + c_{N+2} + \cdots + c_M|_p \leq \max(|c_{N+1}|_p, |c_{N+2}|_p, \ldots, |c_M|_p)$ で，これは $N \to \infty$ のとき，$\to 0$ となるからである．したがって，収束のチェックに関しては，p 進無限級数は実数からなる無限級数より容易である．**$\mathbb{Q}_p$ においては，級数が収束することと，その各項が 0 に近づくこととが同値である．**実数の調和級数 $1 + \frac{1}{2} + \frac{1}{3} + \frac{1}{4} + \cdots$ のように，各項が 0 に近づいても発散するようなものはない．このようなことが起こりうる理由が，$p \neq \infty$ すなわち，非アルキメデス的なときは，和の $|\ |_p$ が $|\ |_p$ の和ではなくて「max」で抑えられるからである，ということを思い出そう．

p 進展開に戻って，p 進展開の定義の右辺の無限級数

$$\frac{b_0}{p^m} + \frac{b_1}{p^{m-1}} + \cdots + \frac{b_{m-1}}{p} + b_m + b_{m+1} p + b_{m+2} p^2 + \cdots$$

（ここで，$b_i \in \{0, 1, 2, \ldots, p-1\}$）は，$a$ に収束する．したがって，前に述べた等式は無限級数の和の意味で捉えられる．

定理 2 の一意性に関する主張はアルキメデス的な場合には成り立たないことに注意せよ．すなわち有限桁の小数はまた，9 を繰り返す小数でも表示できる：$1 = 0.9999\cdots$. しかし，2 つの p 進展開が $\mathbb{Q}_p$ の同じ数に収束すれば，それらは（級数として）同じ，すなわち，すべての位の数が同じである．

最後に，以下の注意を与えよう．以上の議論において用いた集合 $\{0, 1, 2, \ldots, p-1\}$ の代わりに，$i = 1, 2, \ldots$ に対して $\alpha_i \equiv i \pmod{p}$ となる性質をもつ p 進整数の集合 $S = \{\alpha_0, \alpha_1, \ldots, \alpha_{p-1}\}$ を選択し，議論を進めることができたし，p 進展開を

$\sum_{i=-m}^{\infty} b_i p^i$ で定義することもできた．ただし，ここで「位の数」b_i は $\{0, 1, 2, \ldots, p-1\}$ ではなく，集合 S からとってきたものである．ほとんどの用途では，集合 $\{0, 1, 2, \ldots, p-1\}$ が最も便利なものである．しかしながら，いわゆる「タイヒミュラー代表元」と呼ばれるもう一つの集合 S があり（練習問題13後半部），それはある意味でさらに自然な選択といえる．

5. $\mathbb{Q}_p$ における算術

p 進数に関する 加法，減法，乗法 そして 除法 の四則演算の手続きは，小学校3年次[7]で学ぶ10進法での計算法に非常によく似ている．異なるところは，「桁上げ（繰り上げ）」，「桁降し（繰り下げ）」，「長い掛け算」などで，（10進法のように）右から左に計算していくのとは異なり，左から右に計算を進めていく．ここでは $\mathbb{Q}_7$ の場合に，いくつかの例を紹介する．

$$
\begin{array}{r}
3 + 6 \times 7 + 2 \times 7^2 + \cdots \\
\times\, 4 + 5 \times 7 + 1 \times 7^2 + \cdots \\ \hline
5 + 4 \times 7 + 4 \times 7^2 + \cdots \\
1 \times 7 + 4 \times 7^2 + \cdots \\
3 \times 7^2 + \cdots \\ \hline
5 + 5 \times 7 + 4 \times 7^2 + \cdots
\end{array}
\qquad
\begin{array}{r}
2 \times 7^{-1} + 0 \times 7^0 + 3 \times 7^1 + \cdots \\
-\, 4 \times 7^{-1} + 6 \times 7^0 + 5 \times 7^1 + \cdots \\ \hline
5 \times 7^{-1} + 0 \times 7^0 + 4 \times 7^1 + \cdots
\end{array}
$$

$$
\begin{array}{r}
5 + 1 \times 7 + 6 \times 7^2 + \cdots \\
3 + 5 \times 7 + 1 \times 7^2 + \cdots \overline{\big)\, 1 + 2 \times 7 + 4 \times 7^2 + \cdots} \\
1 + 6 \times 7 + 1 \times 7^2 + \cdots \\ \hline
3 \times 7 + 2 \times 7^2 + \cdots \\
3 \times 7 + 5 \times 7^2 + \cdots \\ \hline
4 \times 7^2 + \cdots \\
4 \times 7^2 + \cdots
\end{array}
$$

もう一つの例として，$\sqrt{6}$ を $\mathbb{Q}_5$ の中で開平してみよう．すなわち $0 \leq a_i \leq 4$ となる $a_0, a_1, a_2, \ldots$ で

$$(a_0 + a_1 \times 5 + a_2 \times 5^2 + \cdots)^2 = 1 + 1 \times 5$$

を満たすものを見つけたい．両辺の $1 = 5^0$ の係数を比較することにより $a_0^2 \equiv 1$

---

[7] ここではアメリカの Elementary School の3年次．

(mod 5) が得られて，$a_0 = 1$ または 4 となることがわかる．$a_0 = 1$ としてみよう．すると両辺の 5 の係数を比較することにより，$2a_1 \times 5 \equiv 1 \times 5 \pmod{5^2}$ が得られる．すなわち $2a_1 \equiv 1 \pmod 5$ となり，$a_1 = 3$ が得られる．次のステップでは

$$1 + 1 \times 5 \equiv (1 + 3 \times 5 + a_2 \times 5^2)^2 \equiv 1 + 1 \times 5 + 2a_2 \times 5^2 \pmod{5^3}$$

が得られる．よって $2a_2 \equiv 0 \pmod 5$ で $a_2 = 0$ となる．この方法を続けることにより，級数

$$a = 1 + 3 \times 5 + 0 \times 5^2 + 4 \times 5^3 + a_4 \times 5^4 + a_5 \times 5^5 + \cdots$$

が得られる．ここで a_0 以降の a_i は一意的に決定される．

しかし a_0 の選択肢としては，2 つの可能性，すなわち 1 と 4 があったことを思い出そう．もし上でとった 1 ではなく 4 を選んでいたらどうなるであろうか？ そのときは

$$-a = 4 + 1 \times 5 + 4 \times 5^2 + 0 \times 5^3$$
$$+ (4 - a_4) \times 5^4 + (4 - a_5) \times 5^5 + \cdots$$

が得られたはずである．この事実は，a_0 が 2 つの選択肢をもち，いったん a_0 を選択すれば $a_0, a_1, a_2, a_3, \ldots$ の取り方はただ一つに決まり，$\mathbb{Q}$ や $\mathbb{R}$，$\mathbb{Q}_p$ のような体の中の零でない元が，その体に平方根をもつ場合，つねにちょうど 2 つの平方根をもつという事実を反映しているにすぎない．

$\mathbb{Q}_5$ 内の数はすべて（$\mathbb{Q}_5$ 内に）平方根をもつのであろうか？ 数 6 がもつことは，すでに見たが，7 はどうであろうか？ もし

$$(a_0 + a_1 \times 5 + \cdots)^2 = 2 + 1 \times 5$$

とすれば $a_0^2 \equiv 2 \pmod 5$ となる．しかしながら，これは不可能である．なぜなら実際 a_0 に 0, 1, 2, 3, 4 を代入してチェックしてみても成立しないからである．$\mathbb{Q}_p$ 内の平方根を，より組織的に調べるには，練習問題 6–12 を参照のこと．

$\mathbb{Q}_5$ の中で，方程式 $x^2 - 6 = 0$ を解く方法，すなわち合同式 $a_0^2 - 6 \equiv 0 \pmod 5$ を解き，残りの a_i を段階的に解いていくというこの方法は，次の重要な補題で示されるように，実は非常に一般的なものである．補題のこの形での述べ方は，

1952 年のラング[8]の学位論文（*Annals of Mathematics*, 55 巻, 380 ページ）で, はじめて与えられたようである.

定理 3（ヘンゼルの補題[9]）. $F(x) = c_0 + c_1 x + \cdots + c_n x^n$ を p 進整数を係数にもつ多項式とし, $F'(x) = c_1 + 2c_2 x + 3c_3 x^2 + \cdots + nc_n x^{n-1}$ を $F(x)$ の導関数とする. a_0 を p 進整数で $F(a_0) \equiv 0 \pmod{p}$ かつ $F'(a_0) \not\equiv 0 \pmod{p}$ となるものとする. すると p 進整数 a で

$$F(a) = 0 \quad \text{かつ} \quad a \equiv a_0 \pmod{p}$$

となるものが, ただ一つ存在する.

（注意：上で扱った場合は, $F(x) = x^2 - 6$, $F'(x) = 2x$, $a_0 = 1$ となる特別な場合である.）

ヘンゼルの補題の証明. まず次の「主張」を証明する. 有理整数の列 $a_1, a_2, a_3, \ldots$ で, すべての $n \geq 1$ に対して次の条件を満たすものがただ一組存在する：

(1) $F(a_n) \equiv 0 \pmod{p^{n+1}}$.
(2) $a_n \equiv a_{n-1} \pmod{p^n}$.
(3) $0 \leq a_n < p^{n+1}$.

われわれは, そのような a_n が存在し, それらが一意的に決まることを, n に関する帰納法で示そう.

$n = 1$ のとき, まず $\widetilde{a}_0$ を, $\mathrm{mod}\ p$ で a_0 と合同となるような $\{0, 1, \ldots, p-1\}$ 内の唯一の整数とする. (2) と (3) を満たすような任意の a_1 は $\widetilde{a}_0 + b_1 p$（ただし $0 \leq b_1 \leq p-1$）の形でなければならない. ここで $F(\widetilde{a}_0 + b_1 p)$ に注目して, この多項式を展開する. これが $\mathrm{mod}\ p^2$ で 0 となることを示すという目標を念頭に置き, p^2 で割り切れるような項は無視しよう：

---

[8] S. Lang (1927–2005). アメリカの数学者. 整数論の分野の研究者で, 多くの教科書を執筆したこととでも知られる.
[9] K. W. S. Hensel (1861–1941). p 進数を研究に導入したことで知られるドイツの数学者.

$$F(a_1) = F(\widetilde{a}_0 + b_1 p)$$
$$= \sum c_i(\widetilde{a}_0 + b_1 p)^i$$
$$= \sum (c_i \widetilde{a}_0^i + i c_i \widetilde{a}_0^{i-1} b_1 p + p^2 \text{ で割り切れる項})$$
$$\equiv \sum c_i \widetilde{a}_0^i + \left(\sum i c_i \widetilde{a}_0^{i-1}\right) b_1 p \pmod{p^2}$$
$$= F(\widetilde{a}_0) + F'(\widetilde{a}_0) b_1 p.$$

(微分積分学における, テイラー級数の1次近似との類似性に注意:$F(x+h) = F(x) + F'(x)h + $高次の項.) 仮定より, $F(a_0) \equiv 0 \pmod{p}$ であるから, ある $\alpha \in \{0, 1, \ldots, p-1\}$ により $F(\widetilde{a}_0) \equiv \alpha p \pmod{p^2}$ と書くことができる. $F(a_1) \equiv 0 \pmod{p^2}$ を得ることが目標であるから, $\alpha p + F'(\widetilde{a}_0) b_1 p \equiv 0 \pmod{p^2}$, すなわち $\alpha + F'(\widetilde{a}_0) b_1 \equiv 0 \pmod{p}$ を示さねばならない. しかし仮定から $F'(\widetilde{a}_0) \not\equiv 0 \pmod{p}$ であるから, この方程式は未知数 b_1 について解くことができる. すなわち, 定理2の証明内にある補題を用いて $b_1 \in \{0, 1, \ldots, p-1\}$ をうまく選んで $b_1 \equiv -\alpha/F'(\widetilde{a}_0) \pmod{p}$ とすることができる. 明らかに, この $b_1 \in \{0, 1, \ldots, p-1\}$ は, この条件によって一意に決まる.

帰納法を進めて, $a_1, a_2, \ldots, a_{n-1}$ まで得られたものと仮定する. a_n を見つけたい. (2)と(3)より, $b_n \in \{0, 1, \ldots, p-1\}$ で $a_n = a_{n-1} + b_n p^n$ とならねばならない. $n=1$ の場合に実行したように $F(a_{n-1} + b_n p^n)$ を展開する. この場合は p^{n+1} で割り切れる項を無視する. これより

$$F(a_n) = F(a_{n-1} + b_n p^n) \equiv F(a_{n-1}) + F'(a_{n-1}) b_n p^n \pmod{p^{n+1}}.$$

帰納法の仮定より $F(a_{n-1}) \equiv 0 \pmod{p^n}$ だから $F(a_{n-1}) \equiv \alpha' p^n \pmod{p^{n+1}}$ と書くことができ, 求めている条件 $F(a_n) \equiv 0 \pmod{p^{n+1}}$ は

$$\alpha' p^n + F'(a_{n-1}) b_n p^n \equiv 0 \pmod{p^{n+1}}, \quad \text{すなわち}$$

$$\alpha' + F'(a_{n-1}) b_n \equiv 0 \pmod{p}$$

となる. ここで $a_{n-1} \equiv a_0 \pmod{p}$ だから $F'(a_{n-1}) \equiv F'(a_0) \not\equiv 0 \pmod{p}$ が導かれ, 求めるべき $b_n \in \{0, 1, \ldots, p-1\}$ が得られる. すなわち, これは, b_1 の場合と同様に, ちょうど $b_n \equiv -\alpha'/F'(a_{n-1}) \pmod{p}$ として解くことができる. これにより帰納法のステップは完結し「主張」は証明された.

定理は「主張」から直ちに導かれる. $a = \widetilde{a}_0 + b_1 p + b_2 p^2 + \cdots$ とおいてみよう.

すべての n に対して $F(a) \equiv F(a_n) \equiv 0 \pmod{p^{n+1}}$ となるから，p 進数 $F(a)$ は 0 とならなければならない．逆に，任意の $a = \widetilde{a}_0 + b_1 p + b_2 p^2 + \cdots$ は「主張」にあるような列 a_n を与え，その列の一意性から a の一意性が導かれる．以上でヘンゼルの補題は証明された．　　　□

ヘンゼルの補題は，しばしば **p 進ニュートン補題** と呼ばれる．なぜなら，その証明で用いられた近似方法が，実数係数をもつ多項式方程式の**実解**を求めるニュートンの方法と同じであるからである．実数体の場合のニュートンの方法（図 I.1）では，$f'(a_{n-1}) \neq 0$ ならば

$$a_n = a_{n-1} - \frac{f(a_{n-1})}{f'(a_{n-1})}$$

ととる．補正項 $-f(a_{n-1})/f'(a_{n-1})$ は，ヘンゼルの補題の証明における「補正項」

$$b_n p^n \equiv -\frac{\alpha' p^n}{F'(a_{n-1})} \equiv -\frac{F(a_{n-1})}{F'(a_{n-1})} \pmod{p^{n+1}}$$

とよく似ている．

p 進ニュートン法（ヘンゼルの補題）は，ある点では実数体のニュートン法よりずっと優れている．p 進数体の場合，多項式の根への収束は「保証」されている．

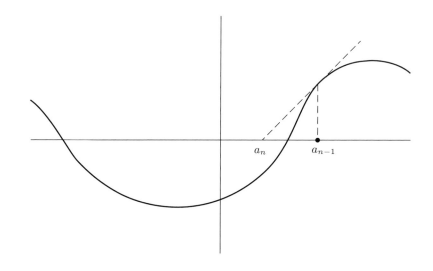

図 I.1　実数体の場合のニュートンの方法．

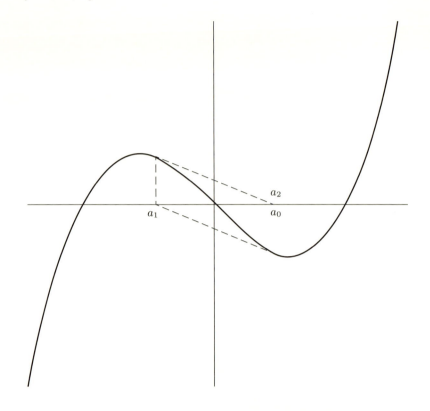

図 I.2　実数体の場合のニュートンの方法の失敗例.

実数体の場合のニュートンの方法では「通常は」収束するが，「つねに」というわけではない．例として $f(x) = x^3 - x$ とし，「不幸な」選択 $a_0 = 1/\sqrt{5}$ を考える．すると

$$a_1 = 1/\sqrt{5} - [1/5\sqrt{5} - 1/\sqrt{5}]/(3/5 - 1)$$
$$= 1/\sqrt{5}[1 - (1/5 - 1)(3/5 - 1)] = -1/\sqrt{5};$$
$$a_2 = 1/\sqrt{5}; \quad a_3 = -1/\sqrt{5}, \quad \text{など.}$$

(図 I.2 を参照.) $\mathbb{Q}_p$ では，そのような「手に負えない」事態は起こり得ない．

練習問題

1. $a \in \mathbb{Q}_p$ の p 進展開が $a_{-m}p^{-m} + a_{-m+1}p^{-m+1} + \cdots + a_0 + a_1 p + \cdots$ であるとき，$-a$

の p 進展開はどうなるか？
2. 次の p 進展開を求めよ．

   (i) $(6+4\times 7+2\times 7^2+1\times 7^3+\cdots)(3+0\times 7+0\times 7^2+6\times 7^3+\cdots)$ を $\mathbb{Q}_7$ 内で 4 桁まで
   (ii) $\mathbb{Q}_5$ 内で $1/(3+2\times 5+3\times 5^2+1\times 5^3+\cdots)$ を 4 桁まで
   (iii) $\mathbb{Q}_{11}$ 内で $9\times 11^2 - (3\times 11^{-1}+2+1\times 11^1+3\times 11^2+\cdots)$ を 4 桁まで
   (iv) $\mathbb{Q}_2$ 内で $2/3$　　(v) $\mathbb{Q}_7$ 内で $-1/6$　　(vi) $\mathbb{Q}_{11}$ 内で $1/10$
   (vii) $\mathbb{Q}_{13}$ 内で $-9/16$　(viii) $\mathbb{Q}_5$ 内で $1/1000$　(ix) $\mathbb{Q}_3$ 内で $6!$
   (x) $\mathbb{Q}_3$ 内で $1/3!$　　(xi) $\mathbb{Q}_2$ 内で $1/4!$　　(xii) $\mathbb{Q}_5$ 内で $1/5!$

3. 零でない $a\in\mathbb{Q}_p$ が有限の桁数をもつ (すなわち, ある N について, N より大きいすべての i について $a_i=0$) ことと, a が正の有理数で, その分母が p のべきであることとは同値であることを証明せよ．

4. $a\in\mathbb{Q}_p$ の p 進展開があるところで循環する (すなわち, ある N について, N より大きいすべての i と, ある r について $a_{i+r}=a_i$) ことと, $a\in\mathbb{Q}$ であることとは同値であることを証明せよ．

5. $\mathbb{Z}_p$ の濃度 (cardinality) は何か？ その答えを証明せよ．

6. 次に述べるヘンゼルの補題の一般化を証明せよ：$F(x)$ を $\mathbb{Z}_p$ に係数をもつ多項式とする．$a_0\in\mathbb{Z}_p$ は $F'(a_0)\equiv 0\pmod{p^M}$ を満たすが $F'(a_0)\not\equiv 0\pmod{p^{M+1}}$ であり, $F(a_0)\equiv 0\pmod{p^{2M+1}}$ を満たすものとする．すると $a\in\mathbb{Z}_p$ で, $F(a)=0$ かつ $a\equiv a_0\pmod{p^{M+1}}$ となるものが, ただ一つ存在する．

7. 上の練習問題 6 の証明を用いて, $\mathbb{Q}_2$ 内の -7 の平方根を 5 桁まで求めよ．

8. 次に挙げる 11 進数のうち, $\mathbb{Q}_{11}$ の中で平方根をもつものはどれか？

   (i) 5　　　　　　　　(ii) 7　　　　　　　　(iii) -7
   (iv) $5+3\times 11+9\times 11^2+1\times 11^3$
   (v) $3\times 11^{-2}+6\times 11^{-1}+3+0\times 11+7\times 11^2$
   (vi) $3\times 11^{-1}+6+3\times 11+0\times 11^2+7\times 11^3$
   (vii) 1×11^7　　　　　　(viii) $7-6\times 11^2$
   (ix) $5+11^{-2}+\sum_{n=0}^{\infty}n\times 11^n$

9. $\mathbb{Q}_5$ 内で $\pm\sqrt{-1}$ を, $\mathbb{Q}_7$ 内で $\pm\sqrt{-3}$ をそれぞれ 4 桁まで求めよ．

10. 素数 $p=2,3,5,7,11,13,17,19$ の中で, $\mathbb{Q}_p$ 内に -1 の平方根が存在するものはどれか？

11. p を 2 以外の素数とし, $\alpha\in\mathbb{Q}_p$ かつ $|\alpha|_p=1$ と仮定する．α が $\mathbb{Q}_p$ 内に平方根をもつかどうかの検定法を記述せよ．$|\alpha|_p\neq 1$ の場合はどうであろうか？ 4 つの数 $\alpha_1,\alpha_2,\alpha_3,\alpha_4\in\mathbb{Q}_p$ が存在して, すべての零でない $\alpha\in\mathbb{Q}_p$ に対して $\alpha_1\alpha,\alpha_2\alpha,\alpha_3\alpha,\alpha_4\alpha$ のうち, ちょうど一つが平方根をもつことを証明せよ．(p を ∞ で置き換え, $\mathbb{Q}_p$ を $\mathbb{R}$ で置き換えた場合, 「2 個」の数があり (たとえば ± 1), 任意の零でない $\alpha\in\mathbb{R}$ に対して $1\cdot\alpha$ と $-1\cdot\alpha$ のうち, ちょうど一つが $\mathbb{R}$ で平方根をもつ.)

12. $p=2$ のときの練習問題 11 と同じであるが, 今度は「8 個」の数 $\alpha_1,\ldots,\alpha_8\in\mathbb{Q}_2$ が存在し, すべての零でない $\alpha\in\mathbb{Q}_2$ に対して $\alpha_1\alpha,\ldots,\alpha_8\alpha$ のうち, ちょうど一つが $\mathbb{Q}_2$ で平方根をもつ．このような $\alpha_1,\ldots,\alpha_8$ を見つけよ (それらの選択は, もちろん「一意的ではない」).

13. $\mathbb{Q}_5$ 内で 1 の 4 乗根をすべて (4 桁まで) 求めよ．$\mathbb{Q}_p$ は, つねに方程式 $x^p-x=0$ の p 個の解 $a_0,a_1,\ldots,a_{p-1}$ で $a_i\equiv i\pmod{p}$ となるものをもつ．これら p 個の数は

$\{0,1,2,\ldots,p-1\}$ の「タイヒミュラー代表元」と呼ばれ，しばしば $\{0,1,2,\ldots,p-1\}$ の代わりに，p 進数の位の数として使われる．$p>2$ の場合，どのタイヒミュラー代表元が有理数であるか？

14. $a_i \in \mathbb{Z}_p$ を係数にもつ多項式 $f(x) = a_0 + a_1 x + \cdots + a_n x^n$ に関して，次に述べる「アイゼンシュタインの既約判定規準」を証明せよ：$i = 0, 1, 2, \ldots, n-1$ について $a_i \equiv 0 \pmod{p}$，かつ $a_n \not\equiv 0 \pmod{p}$，かつ $a_0 \not\equiv 0 \pmod{p^2}$ であれば，$f(x)$ は $\mathbb{Q}_p$ 上既約である．すなわち，低い次数の 2 つの $\mathbb{Q}_p$ 係数多項式の積では表せない．

15. $p>2$ とする．練習問題 14 を用いて，$\mathbb{Q}_p$ は 1 以外に 1 の p 乗根をもたないことを証明せよ．$p>2$ のとき，$\mathbb{Q}_p$ 内の 1 の根は，零ではないタイヒミュラー代表元のみであり，$\mathbb{Q}_2$ では 1 の根は ± 1 のみであることを証明せよ．

16. $\mathbb{Q}_p$ 内で無限和 $1+p+p^2+p^3+\cdots$ は $1/(1-p)$ に収束する．$1-p+p^2-p^3+p^4-p^5+\cdots$ はどうか？ $1+(p-1)p+p^2+(p-1)p^3+p^4+(p-1)p^5+\cdots$ はどうか？

17. 次を示せ．(a) 任意の $x \in \mathbb{Z}_p$ は，$x = a_0 + a_1(-p) + a_2(-p)^2 + \cdots + a_n(-p)^n + \cdots$ ($a_i \in \{0,1,\ldots,p-1\}$) の形の一意的な展開をもつ．(b) この展開が有限和であることと $x \in \mathbb{Z}$ であることとは同値である．

18. n を（正または負の）整数で，p で割り切れないものとし，$\alpha \equiv 1 \pmod{p}$ と仮定する．このとき α は $\mathbb{Q}_p$ に n 乗根をもつことを示せ．$n = p$ のとき，反例を与えよ．$\alpha \equiv 1 \pmod{p^2}$ かつ $p \neq 2$ のとき，α は p 乗根をもつことを示せ．

19. $\alpha \in \mathbb{Z}_p$ とする．$M = 1, 2, 3, 4, \ldots$ に対して $\alpha^{p^M} \equiv \alpha^{p^{M-1}} \pmod{p^M}$ を証明せよ．列 $\{\alpha^{p^M}\}$ は $\mathbb{Q}_p$ 内に極限値をもち，この極限値は mod p で α と合同なタイヒミュラー代表元であることを証明せよ．

20. $\mathbb{Z}_p$ が点列コンパクトであること，すなわち，p 進整数の任意の点列は，収束する部分列をもつことを証明せよ．

21. $\mathbb{Q}_p$ の元を成分にもつ行列に対して，実数体の場合のように，それらの和，積，行列式を定義せよ．$M = \{\mathbb{Z}_p$ に成分をもつ $r \times r$ 行列$\}$，$M^\times = \{A \in M \mid A$ は M 内に逆元をもつ$\}$（この条件が $\det A \in \mathbb{Z}_p^\times$ と同値であることは容易にわかる），$pM = \{A \in M \mid A = pB \ (B \in M)\}$ とおく．$A \in M^\times$ かつ $B \in pM$ であるとき，$X^2 - AX + B = 0$ を満たす，ただ一つの $X \in M^\times$ が存在することを示せ．

第II章　リーマンのゼータ関数の p 進補間

　この章は，論理的には以降の章とは独立であり，Ω^1に至る途上であるこの時点で，抽象化のレベルからすれば変化のない部分 (plateau) として提示されている．すなわちこの章では，すべてが $\mathbb{Q}$, $\mathbb{Q}_p$, $\mathbb{R}$ 内で行われる．

　リーマンの ζ-関数は 1 より大きい実数に対して

$$\zeta(s) \overset{\text{定義}}{=} \sum_{n=1}^{\infty} \frac{1}{n^s}$$

で定義される関数である．（固定された $s>1$ に対する積分 $\int_1^{\infty}(dx/x^s) = 1/(s-1)$ と比較することにより）この和が $s>1$ のとき，収束することが容易にわかる．

　p を任意の素数とする．この章の目的は，$k=1,2,3,\ldots$ に対する数 $\zeta(2k)$ が「p 進的連続性」をもつことを示すことにある．詳しく述べれば，数

$$f(2k) = (1-p^{2k-1})\frac{c_k}{\pi^{2k}}\zeta(2k), \quad \text{ここで } c_k = (-1)^k\frac{(2k-1)!}{2^{2k-1}}$$

を考え，さらに変数 $2k$ を正の偶数で mod $(p-1)$ で同じ合同類に入るもの全体を走らせたときの集合を考える．$f(2k)$ は実は有理数であることがわかり，さらにそのような $2k$ の値が p 進的に近ければ（すなわち，それらの差が p の高いべきで割り切れれば），対応する $f(2k)$ の値も p 進的に近いことがわかるであろう．（われわれはまた，$2k$ が $p-1$ で割り切れないことも仮定しなければならない．）これは関数 f（の定義域）が整数から p 進数に一意的に拡張され，拡張された関数が **p 進変数をもち，$\mathbb{Q}_p$ に値をもつ連続関数**であることを意味する．（この場合の「連

---

[1] 第I章, §3 で導入された $\mathbb{Q}_p$ の代数閉包 $\overline{\mathbb{Q}}_p$ を完備化した体．

続関数」とは，実数の場合と同じく，p 進整数の列 $\{x_n\}$ が p 進的に x に近づくとき，$\{f(x_n)\}$ が $f(x)$ に p 進的に近づくことを意味する．)

これが p 進「補間」が意味するところである．この手続きは，たとえば関数 $f(x) = a^x$ (a は固定された正の実数) を定義する古典的な手順と類似している：まず分数（有理数）x について $f(x)$ を定義し，次に分数 x の近くの値が a^x の近くの値を与えることを証明する．そして最後に無理数 x に対する a^x を x に収束する有理数 x_n の列に対して，a^{x_n} の極限値として定義する．

S を，たとえば正の偶数の集合とする．S 上の関数 f は，$\mathbb{Z}_p$ ($p \neq 2$) 上の連続関数として，たかだか一通りの方法で拡張されることに注意せよ．これは S が，$\mathbb{Z}_p$ 内で「稠密 (dense)」であるからである．すなわち，任意の $x \in \mathbb{Z}_p$ は，正の偶数 x_n の極限として書ける．f が連続であるならば，$f(x) = \lim_{n \to \infty} f(x_n)$ とならなければならない．実数の場合は，有理数の集合は $\mathbb{R}$ で稠密「である」が，集合 S は稠密ではない．正の偶数の集合上の関数を補間するような実数値連続関数を論ずるのは意味がない．そのような関数は，つねに無限個存在する．（しかしながら，補間性をもつ一意的な実数値連続関数で，さらに便利な特性をもつものが存在する可能性がある．たとえば，ガンマ関数 $\Gamma(x+1)$ は $x = k$ が負でない整数のとき，$k!$ を補間し[2]，すべての実数 x に対して $\Gamma(x+1) = x\Gamma(x)$ を満たす．そして，その対数は $x > 0$ に対して凸関数となり，ガンマ関数はこれらの性質によって一意的に特徴付けられる．)

1. $\zeta(2k)$ に関するある公式

k 番目の**ベルヌーイ数** (Bernoulli number) B_k は，次のテイラー級数の k 番目の展開係数を $k!$ 倍したものである：

$$\frac{t}{e^t - 1} = \frac{1}{1 + t/2! + t^2/3! + t^3/4! + \cdots + t^n/(n+1)! + \cdots}$$
$$\stackrel{\text{定義}}{=} \sum_{k=0}^{\infty} B_k t^k / k!.$$

B_k の最初のいくつかは，次の通りである：

---

[2]　負でない整数 k に対して $\Gamma(k+1) = k!$ が成り立つ．

$$B_0 = 1, \quad B_1 = -1/2, \quad B_2 = 1/6, \quad B_3 = 0,$$
$$B_4 = -1/30, \quad B_5 = 0, \quad B_6 = 1/42, \quad \ldots.$$

次の等式を導こう．
$$\zeta(2k) = (-1)^k \pi^{2k} \frac{2^{2k-1}}{(2k-1)!} \left(-\frac{B_{2k}}{2k}\right), \quad (k = 1, 2, 3, \ldots).$$

「双曲線正弦関数（ハイパボリック・サイン）」の定義を思い出そう．ここでは sinh と略記する（"sinch"（シンチ）と発音する）：
$$\sinh x = \frac{e^x - e^{-x}}{2}.$$

これはテイラー級数展開
$$\sinh x = x + \frac{x^3}{3!} + \frac{x^5}{5!} + \cdots + \frac{x^{2k+1}}{(2k+1)!} + \cdots$$

をもち，このことは e^x と $-e^{-x}$ のテイラー級数展開から得られる．このテイラー級数は，符号の交代がないことを除いて $\sin x$ と同じであることに注意せよ．

命題．すべての実数 x に対して，無限積
$$\pi x \prod_{n=1}^{\infty} \left(1 + \frac{x^2}{n^2}\right)$$

は収束し，$\sinh(\pi x)$ に一致する．

証明．無限積の収束については，次のように，対数をとること (logarithm test) により，直ちに導かれる：
$$\sum_{n=1}^{\infty} \left|\log\left(1 + \frac{x^2}{n^2}\right)\right| \leq \sum_{n=1}^{\infty} \frac{x^2}{n^2} < \infty \quad (x \in \mathbb{R}).$$

$\sin x$ に対する無限積表示を導くことから始めよう．

補題．$n = 2k+1$ を正の奇数とする．すると整数係数多項式 P_n, Q_{n-1} が存在して
$$\sin(nx) = P_n(\sin x)$$
$$\cos(nx) = \cos x \, Q_{n-1}(\sin x)$$

と書くことができる[3]．ここで P_n, Q_{n-1} はそれぞれ，たかだか n 次，$n-1$ 次の整係数多項式としてとれる．

補題の証明． k に関する帰納法を使う．補題の主張は $k=0$ のとき（すなわち $n=1$ のとき），明らかである．$k-1$ に対して成立すると仮定する．すると

$$\begin{aligned}\sin[(2k+1)x] &= \sin[(2k-1)x + 2x] \\ &= \sin(2k-1)x \cos 2x + \cos(2k-1)x \sin 2x \\ &= P_{2k-1}(\sin x)(1 - 2\sin^2 x) \\ &\quad + \cos x\, Q_{2k-2}(\sin x)\, 2\sin x \cos x\end{aligned}$$

であり，これは求める $P_{2k+1}(\sin x)$ の形をしている．$\cos(2k+1)x = \cos x\, Q_{2k}(\sin x)$ についても，まったく同様に証明されるので読者に任せる． □

命題の証明に戻る．$\sin(nx) = P_n(\sin x)$ において，$x=0$ とおけば P_n の定数項が 0 であることがわかる．次に $\sin(nx) = P_n(\sin x)$ の両辺を x について微分することにより

$$n\cos(nx) = P_n'(\sin x)\cos x$$

を得る．ここで $x=0$ とおけば，$n = P_n'(0)$，すなわち P_n の最初の項の係数が n であることがわかる．したがって，次のように書くことができる：

$$\frac{\sin(nx)}{n\sin x} = \widetilde{P}_{2k}(\sin x) = 1 + a_1 \sin x + a_2 \sin^2 x + \cdots$$
$$\cdots + a_{2k}\sin^{2k} x \qquad (n = 2k+1).$$

ここで a_i は有理数である．左辺は $x = \pm(\pi/n), \ldots, \pm(k\pi/n)$ で 0 となることに注意せよ．しかし，$2k$ 個の値 $y = \pm\sin(\pi/n), \pm\sin(2\pi/n), \ldots, \pm\sin(k\pi/n)$ は，すべて異なる数で，これらの点で多項式 $\widetilde{P}_{2k}(y)$ は 0 となる．$\widetilde{P}_{2k}$ の次数は $2k$ であり，定数項は 1 だから

---

[3] $T_n(x) = \cos(nt)$, $x = \cos t$ で定義される多項式 $T_n(x)$ は（第一種）チェビシェフ多項式と呼ばれている．

$$\widetilde{P}_{2k}(y) = \left(1 - \frac{y}{\sin \pi/n}\right)\left(1 - \frac{y}{-\sin \pi/n}\right)\left(1 - \frac{y}{\sin 2\pi/n}\right)\left(1 - \frac{y}{-\sin 2\pi/n}\right)\cdots$$
$$\cdots \left(1 - \frac{y}{\sin k\pi/n}\right)\left(1 - \frac{y}{-\sin k\pi/n}\right)$$
$$= \prod_{r=1}^{k}\left(1 - \frac{y^2}{\sin^2 r\pi/n}\right)$$

となる．したがって

$$\frac{\sin(nx)}{n\sin x} = \widetilde{P}_{2k}(\sin x) = \prod_{r=1}^{k}\left(1 - \frac{\sin^2 x}{\sin^2 r\pi/n}\right)$$

を得る．x を $\pi x/n$ で置き換えることにより

$$\frac{\sin \pi x}{n\sin(\pi x/n)} = \prod_{r=1}^{k}\left(1 - \frac{\sin^2(\pi x/n)}{\sin^2(\pi r/n)}\right)$$

が得られる．ここで両辺の極限 $n = 2k+1 \to \infty$ をとる．左辺は $(\sin \pi x)/\pi x$ に近づく．右辺の積において n より小さい r について，r 番目の項は $1 - ((\pi x/n)/(\pi r/n))^2 = 1 - (x^2/r^2)$ に近づく．よって積は $\prod_{r=1}^{\infty}(1 - (x^2/r^2))$ に収束することが導かれる．（議論の厳密な正当化は容易なので，練習問題として残しておく．）

$\sin$ のテイラー展開を用いることにより，次が結論付けられる：

$$\prod_{n=1}^{\infty}\left(1 - \frac{x^2}{n^2}\right) = \frac{\sin(\pi x)}{\pi x} = 1 - \frac{\pi^2 x^2}{3!} + \frac{\pi^4 x^4}{5!} - \frac{\pi^6 x^6}{7!} + \frac{\pi^8 x^8}{9!} - \cdots.$$

しかしながら

$$\frac{\sinh(\pi x)}{\pi x} = 1 + \frac{\pi^2 x^2}{3!} + \frac{\pi^4 x^4}{5!} + \frac{\pi^6 x^6}{7!} + \frac{\pi^8 x^8}{9!} + \cdots$$

である[4]．$\sin(\pi x)/(\pi x)$ のテイラー展開の負の係数の項は，無限積の展開における奇数個の x^2/n^2 の積の和に対応している．したがって，その無限積の符号の「$-$」を「$+$」に変えたものは，テイラー展開の符号をすべて $+$ に変えたものになり，求めている無限積表示を得る．（この最後のステップの「一層優れた」考え方（扱い方）については，練習問題 3 の後半を見よ．）   □

---

[4] 2つの展開を比較すると，偶数番目の項の符号だけが異なる．

次の定理を証明する準備が整った．

定理 4. 次の等式が成立する：
$$\zeta(2k) = (-1)^k \pi^{2k} \frac{2^{2k-1}}{(2k-1)!} \left(-\frac{B_{2k}}{2k}\right).$$

証明． まず，等式
$$\sinh(\pi x) = \pi x \prod_{n=1}^{\infty}\left(1 + \frac{x^2}{n^2}\right), \quad (x > 0),$$

の両辺の対数をとる．左辺より次を得る．
$$\log \sinh(\pi x) = \log[(e^{\pi x} - e^{-\pi x})/2] = \log[(e^{\pi x}/2)(1 - e^{-2\pi x})]$$
$$= \log(1 - e^{-2\pi x}) + \pi x - \log 2.$$

右辺から（$0 < x < 1$ に対して），次が得られる．
$$\log \pi + \log x + \sum_{n=1}^{\infty} \log(1 + x^2/n^2) = \log \pi + \log x + \sum_{n=1}^{\infty}\sum_{k=1}^{\infty}(-1)^{k+1}\frac{x^{2k}}{k\, n^{2k}}.$$

ここで $\log(1+x)$ のテイラー級数展開を用いている．2 重級数は，$0 < x < 1$ に対して絶対収束するので，和の順序が交換できて，次の等式が得られる：

$$\log(1 - e^{-2\pi x}) + \pi x - \log 2 = \log \pi + \log x + \sum_{k=1}^{\infty}\left[(-1)^{k+1}\frac{x^{2k}}{k}\sum_{n=1}^{\infty}\frac{1}{n^{2k}}\right]$$
$$= \log \pi + \log x + \sum_{k=1}^{\infty}(-1)^{k+1}\frac{x^{2k}}{k}\zeta(2k).$$

ここで両辺を x に関して微分する．任意の $\varepsilon > 0$ に対して，右辺の級数は $0 < x < 1 - \varepsilon$ で一様収束するから項別微分できる．したがって

$$\frac{2\pi e^{-2\pi x}}{1 - e^{-2\pi x}} + \pi = \frac{1}{x} + 2\sum_{k=1}^{\infty}(-1)^{k+1}x^{2k-1}\zeta(2k)$$

が得られる．両辺に x を掛けて，x を $x/2$ で置き換えれば

$$\frac{\pi x}{e^{\pi x}-1}+\frac{\pi x}{2}=1+\sum_{k=1}^{\infty}\frac{(-1)^{k+1}\zeta(2k)}{2^{2k-1}}x^{2k}$$

となる．左辺は $(\pi x)/2 + \sum_{k=0}^{\infty} B_k(\pi x)^k/k!$ と変形できる．x の偶数べきの係数を比較して $\pi^{2k}B_{2k}/(2k)! = ((-1)^{k+1}/2^{2k-1})\zeta(2k)$ が得られ，定理の主張が示された．

□

例として次が得られる．

$$\zeta(2)=\frac{\pi^2}{6}, \quad \zeta(4)=\frac{\pi^4}{90}, \quad \zeta(6)=\frac{\pi^6}{945}.$$

定理 4 の主張に $\zeta(2k)$ の公式を配置したのは，意図的なものである．われわれは $(-B_{2k}/2k)$ を「本質的な」部分と考え，$(-1)^k \pi^{2k} 2^{2k-1}/(2k-1)!$ を余分な因子と考える．本質的な部分は，結局 p 進的に補間することになる部分である．全体ではなく $(-B_{2k}/2k)$ をとることの正当性は，後で説明される (§7)．超越的な実数は，合理的な方法で p 進的に扱うことができないので，p 進的に値を補間する場合，少なくとも π^{2k} 因子は除かなければならないことを指摘しておこう．（それらに対して「p 進位数」は，どのような意味をもつのであろうか？）

2. 関数 $f(s) = a^s$ の p 進補間

この節は，その後の理論展開の役割を担っていくことになる．この節の内容は，この後展開する p 進補間の特性を動機付けるための「予行演習 (dry run)」として収録したもので，やや特異に見えるかもしれない．

以前に述べたように，固定された正の実数 a に対して，実数変数の連続関数 $f(s) = a^s$ が，次のように定義されるのであった．まず，有理数 s に対して定義し，そして「補間する」こと，または「連続性により拡張する」ことにより，実数に対して定義する．これらは，それぞれ有理数の列の極限として表示される．

ここで $a = n$ を固定した正の整数としよう．n を $\mathbb{Q}_p$ の元と考える．負でない任意の整数 s に対して，整数 n^s は $\mathbb{Z}_p$ に含まれる．$\mathbb{Q}$ が $\mathbb{R}$ で稠密であるように，負でない整数全体は $\mathbb{Z}_p$ で稠密になっている．言い換えると，任意の p 進整数は，負でない整数の列の極限値となる（たとえば，その p 進展開の部分和をとればよい）．したがって，関数 $f(s) = a^s$ の定義域を負でない整数から，連続性によって

p 進整数へ拡張するという試みが可能になる.

これを実行するために, 2 つの負ではない整数 s と s' が近いとき, たとえば, ある十分大きい N について $s' = s + p^N$ であるとき, n^s と $n^{s'}$ が近いことを確かめなければならない. いくつかの例を見ると, 必ずしもそうはなっていないことがわかる:

(1) $n = p$, $s = 0$ のとき: N にかかわらず $|n^s - n^{s'}|_p = |1 - p^{p^N}|_p = 1$.

(2) $1 < n < p$ のとき: フェルマーの小定理 (第 III 章 §1, とくに定理 9 の証明の最初の段落を見よ) により, $n \equiv n^p \pmod{p}$ となり, したがって $n \equiv n^p \equiv n^{p^2} \equiv \cdots \equiv n^{p^N} \pmod{p}$ となる. よって $n^s - n^{s+p^N} = n^s(1 - n^{p^N}) \equiv n^s(1-n) \pmod{p}$. これより n にかかわらず $|n^s - n^{s'}|_p = 1$ となる.

しかしながら, これらの例が示すほどには状況は深刻ではない. n を $n \equiv 1 \pmod{p}$ を満たすようにとってみる. $n = 1 + mp$ とする. $|s - s'|_p \leq 1/p^N$ とすると, ある $s'' \in \mathbb{Z}$ により $s' = s + s'' p^N$ と書ける. すると次が得られる (ただし $s' > s$ とする):

$$|n^s - n^{s'}|_p = |n^s|_p |1 - n^{s'-s}|_p = |1 - n^{s'-s}|_p = |1 - (1+mp)^{s'' p^N}|_p.$$

しかし展開

$$(1+mp)^{s'' p^N} = 1 + (s'' p^N) mp + \frac{s'' p^N (s'' p^N - 1)}{2}(mp)^2 + \cdots + (mp)^{s'' p^N}$$

を見ると, $1 - (1+mp)^{s'' p^N}$ の各項は, 少なくとも p^{N+1} で割り切れることがわかる. このようにして, 次が得られる:

$$|n^s - n^{s'}|_p \leq |p^{N+1}|_p = \frac{1}{p^{N+1}}.$$

言い換えれば, $s - s'$ が p^N で割り切れれば $n^s - n^{s'}$ は p^{N+1} で割り切れる.

したがって, $n \equiv 1 \pmod{p}$ のときは, **任意の p 進整数** s に対して, s に収束する非負整数の列 s_i (たとえば, s の p 進展開の部分列) をとり, s_i を動かしたときの n^{s_i} の極限値として得られる p 進整数を n^s として, $f(s) = n^s$ を定義することは正当化される. すると $f(s)$ は $\mathbb{Z}_p$ から $\mathbb{Z}_p$ の連続関数となる.

n が p で割り切れないという仮定のもとで, s と s' が p の高いべきで合同であるというだけでなく, $\bmod (p-1)$ でも合同であるという仮定を加えると, もう少しうまく議論を進めることができる. すなわち, 非負整数 s 全体に対して, n^s を考

えるのではなく，ある $s_0 \in \{0, 1, 2, 3, \ldots, p-2\}$ を固定し，s_0 と mod $(p-1)$ で合同であるような非負整数 s 全体を考える（$s \equiv s' \pmod{p-1}$）．$s = s_0 + (p-1)s_1$ とする．任意の非負整数 s_1 について $n^{s_0+(p-1)s_1}$ に注目する．これに対して

$$n^s = n^{s_0}(n^{p-1})^{s_1}$$

であり，p で割り切れない n について $n^{p-1} \equiv 1 \pmod{p}$ となる．前の段落の設定で，n の代わりに n^{p-1} を，s の代わりに s_1 とおける（「定数」項 n^{s_0} は添えておく）．

この関数を表示するもう一つの方法があり，それは次のように述べられる．S_{s_0} を mod $(p-1)$ で s_0 と合同であるような非負整数全体の集合とする．S_{s_0} は $\mathbb{Z}_p$ の中で稠密な部分集合である（練習問題 7）．$f(s) = n^s$ で定義される関数 $f\colon S_{s_0} \to \mathbb{Z}_p$ は，連続性により，関数 $f\colon \mathbb{Z}_p \to \mathbb{Z}_p$ に拡張される．関数 f は，n とともに s_0 にも依存していることに注意せよ．しかしながら $p = 2$ のときは，$s_0 = 0$ となり，n が奇数ならば，n^s は負でないすべての整数上の関数として連続となる．

$n \equiv 0 \pmod{p}$ のときは，うまくいかない．これは「任意の」非負整数の増大列 s_i に対して，p 進的に $n^{s_i} \to 0$ となるからである．$s \in \mathbb{Z}_p$ で，それ自身は非負整数ではないとき，p 進的に s に近づく「任意の」非負整数の列は任意に大きな整数を含まねばならない．このことより，n^s の候補は零関数しかないということが導かれる．これは不合理である．

最後の注意：上記の議論は，関数 $1/n^s$ の場合にも逐語的に当てはまる（練習問題 8）．

リーマンのゼータ関数

$$\zeta(s) = \sum_{n=1}^{\infty} \frac{1}{n^s} \quad (s > 1)$$

を見てみよう．$\zeta(s)$ を p 進的に補間する素朴な方法の一つは，各項を個別に補間し，その結果をすべて加えることである．これはうまくはいかない．なぜなら，補間できる項（$p \nmid n$ となる項）だけでも $\mathbb{Z}_p$ で発散する無限和を形成するからである．しかし，それはひとまず忘れて，項を一つひとつ見ていこう．

まず，n が p で割り切れるような項 $1/n^s$ を取り除くことから始める．次のようにする：

$$\zeta(s) = \sum_{n=1, p\nmid n}^{\infty} \frac{1}{n^s} + \sum_{n=1, p\mid n}^{\infty} \frac{1}{n^s} = \sum_{n=1, p\nmid n}^{\infty} \frac{1}{n^s} + \sum_{n=1}^{\infty} \frac{1}{p^s n^s}$$
$$= \sum_{n=1, p\nmid n}^{\infty} \frac{1}{n^s} + \frac{1}{p^s} \zeta(s);$$
$$\zeta(s) = \frac{1}{1 - (1/p^s)} \sum_{n=1, p\nmid n}^{\infty} \frac{1}{n^s}.$$

最後の和

$$\zeta^*(s) \stackrel{\text{定義}}{=} \sum_{n=1, p\nmid n}^{\infty} \frac{1}{n^s} = \left(1 - \frac{1}{p^s}\right) \zeta(s)$$

が後に扱うことになるものである．このプロセスは「p-オイラー因子を取り去ること」として知られている．その理由は，$\zeta(s)$ が有名な展開

$$\zeta(s) = \prod_{q:\,\text{素数}} \frac{1}{1 - (1/q^s)}$$

(練習問題 1 を見よ) をもつことによる[5]．素数 q に対応する因子 $1/[1 - (1/q^s)]$ は「q-オイラー因子」と呼ばれる．$\zeta(s)$ に $[1 - (1/p^s)]$ を掛ければ，p-オイラー因子を取り除いた

$$\zeta^*(s) = \prod_{q:\,\text{素数}\,\neq p} \frac{1}{1 - (1/q^s)}$$

となる．

$\zeta(s)$ を補間する際の 2 番目の試みは，次に述べるものである．$s_0 \in \{0, 1, 2, \ldots, p-2\}$ を固定し，s を $S_{s_0} = \{s \in \mathbb{Z} \mid s \geq 0,\ s \equiv s_0 \pmod{p-1}\}$ 全体にわたって動かしてみる．

§1 で，計算の末に行き着いた数 $-(B_{2k}/2k)$ は，$(1 - p^{2k-1})$ を掛けることにより，$2k \in S_{2s_0}$ ($2s_0 \in \{0, 2, 4, \ldots, p-3\}$) に対して補間されることがわかる．ここで，掛ける因子としては，期待される $[1 - (1/p^{2k})]$ ではなく，$2k$ を $1 - 2k$ に置き換えたオイラー因子を掛けたことに注意せよ：$1 - (1/p^{1-2k}) = 1 - p^{2k-1}$．この置き換え

---

[5] 「オイラー積」と呼ばれているものである．「関数等式」とともに，ゼータ関数のもつ特質の一つである．

$2k \leftrightarrow 1-2k$ が自然である理由については，§7 で論じられる．（$\zeta(2k)$ の「本質的な因子」$-B_{2k}/2k$ が[6]，実際 $\zeta(1-2k)$ と一致することがわかる．すなわち，$\zeta(x)$ と $\zeta(1-x)$ は「関数等式」で結び付けられている．）

より正確に述べれば，次の通りである：$2k, 2k' \in S_{2k_0}$ とする．（ここで，$2k_0 \in \{2, 4, \ldots, p-3\}$ とする．$k_0 = 0$ の場合は，少し複雑である．）このとき $k \equiv k' \pmod{p^N}$ ならば

$$(1-p^{2k-1})(-B_{2k}/2k) \equiv (1-p^{2k'-1})(-B_{2k'}/2k') \pmod{p^{N+1}}$$

が成り立つ（§6 を見よ）．この合同式は，一世紀も前にクンマーによって発見された[7]．しかし，そのリーマンゼータ関数の p 進補間としての解釈は，1964 年に久保田–レオポルトによって発見されたばかりである[8]．

練習問題

1. 次を証明せよ：
$$\zeta(s) = \prod_{q:\text{素数}} \frac{1}{(1-q^{-s})} \quad (s > 1).$$

2. 次を証明せよ：
$$\prod_{r=1}^{k} \frac{(1-\sin^2(\pi x/n)/\sin^2(\pi r/n))}{(1-x^2/r^2)} \longrightarrow 1 \quad (n = 2k+1 \longrightarrow \infty).$$

3. e の複素数べきに対する関係式 $e^{ix} = \cos x + i\sin x$ を用いて，$\sinh x = -i\sin ix$ を示せ[9]．$\sinh x$ の無限積が $\sin x$ の無限積から導かれることについて，別の論証をせよ．

4. 1 より大きい奇数 k について，$B_k = 0$ となることを示せ．

5. $\zeta(2k)$ の公式とスターリング[10]の漸化式 $n! \sim \sqrt{2\pi n}\, n^n e^{-n}$（ここで，$\sim$ は $n \to \infty$ のとき，両辺の比が $\to 1$ となることを意味する）を用いて，B_{2k} の通常のアルキメデス的絶対値に対する漸近的評価を求めよ．

6. §2 における n^s に対する議論を用いて，次の数を p^4 の位まで計算せよ．

---

[6] §1 の最後の段落で，$\zeta(2k)$ の「本質的な因子」$-B_{2k}/2k$ と「余分な因子」$(-1)^k \pi^{2k} 2^{2k-1}/(2k-1)!$ について言及した．

[7] E. E. Kummer (1810–1893). ドイツ（プロイセン王国）の数学者．代数的整数論に多くの業績を残した．ワイエルシュトラス，クロネッカーとともにベルリン大学の三大数学者と呼ばれた．「クンマーの合同式」は 1851 年に公表された．

[8] 久保田富雄 (1930–2020). 日本の数学者．整数論の研究者で，久保田–レオポルトの p 進 L 関数で知られる．H. W. Leopoldt (1927–2011). ドイツの数学者．久保田–レオポルトの p 進 L 関数，並びに p 進単数基準 (regulator) に対するレオポルト予想で知られる．久保田–レオポルトの論文の出版は，この本の原書の初版の出版より 13 年前である．

[9] $e^{ix} = \cos x + i\sin x$ は「オイラーの公式」と呼ばれている．

[10] J. Stirling (1692–1770). スコットランドの数学者．スターリング数，スターリング順列，およびスターリング近似などで知られる．

(i) $\mathbb{Q}_5$ における $11^{1/601}$ (ii) $\mathbb{Q}_3$ における $\sqrt{1/10}$
(iii) $\mathbb{Q}_7$ における $(-6)^{2+4\cdot 7+3\cdot 7^2+7^3+\cdots}$

7. 固定された任意の $s_0 \in \{0, 1, \ldots, p-2\}$ に対して，$\mathrm{mod}\ (p-1)$ で s_0 に合同な非負整数全体の集合が $\mathbb{Z}_p$ で稠密であること，すなわち $\mathbb{Z}_p$ の任意の元が，そのような集合の数で近似できることを示せ．

8. §2 における議論で，正となる整数 n の代わりに $n \in \mathbb{Z}_p$ をとるとどうなるか？ 関数 $f(s) = n^s$ を $f(s) = 1/n^s$ に置き換えるとどうなるか？ これは f を拡張する $\mathbb{Z}_p$ の稠密な部分集合を定義する際の「非負の整数」を「非正の整数」に置き換えることと同じであることに注意せよ．

9. χ を次で定義される正整数上の関数とする：
$$\chi(n) = \begin{cases} 1, & n \equiv 1 \ (\mathrm{mod}\ 4) \text{ のとき}; \\ -1, & n \equiv 3 \ (\mathrm{mod}\ 4) \text{ のとき}; \\ 0, & 2 \mid n \text{ のとき}. \end{cases}$$

$$L_\chi(s) \stackrel{\text{定義}}{=} \sum_{n=1}^{\infty} (\chi(n)/n^s) = 1 - (1/3^s) + (1/5^s) - (1/7^s) + \cdots$$

と定義する．$L_\chi(s)$ は $s > 1$ のとき，絶対収束し，$s > 0$ のとき条件収束することを示せ．また $L_\chi(1)$ の値を求めよ．$L_\chi(s)$ に対するオイラー積と

$$L_\chi^*(s) \stackrel{\text{定義}}{=} \sum_{n=1, p \nmid n}^{\infty} (\chi(n)/n^s)$$

に対するオイラー積を求めよ．($L_\chi(2k+1)$ に対する（すなわち，偶数ではなく奇数に対する）定理 4 と同様な公式は，B_n を

$$B_{\chi,n} \stackrel{\text{定義}}{=} n! \cdot \left(\frac{te^t}{e^{4t}-1} - \frac{te^{3t}}{e^{4t}-1} \right) \text{ の } t^n \text{ の係数}$$

で置き換えることにより得られることがわかっている．)

注意 練習問題 9 は，次で述べられる設定の特別な場合である．N を正の整数とする．$(\mathbb{Z}/N\mathbb{Z})^\times$ を $\mathrm{mod}\ N$ で N と素な合同類のなす乗法群とする．$\chi: (\mathbb{Z}/N\mathbb{Z})^\times \to \mathbb{C}^\times$ を $(\mathbb{Z}/N\mathbb{Z})^\times$ から零でない複素数全体のなす乗法群への群準同型写像とする．（χ の像が $\mathbb{C}$ 内の 1 の根の集合に含まれることは簡単にわかる．）χ は次の意味で「原始的」であると仮定する．すなわち，次のような N の約数 M は存在しないものとする：$1 \le M < N$ で，$(\mathbb{Z}/N\mathbb{Z})^\times$ の元に対する χ の値は，$\mathrm{mod}\ M$ での値に依存して決まる[11]．$\chi(n)$ を正の整数上の関数で，n と N が互いに素の場合は $\chi(n) = \chi(n\ \mathrm{mod}\ N)$ とし，n と N が 1 より大きい公約数をもつとき $\chi(n) = 0$ とする．χ は「導手 (conductor) N の指標」と呼ばれる．

---

[11] すなわち，χ が合成写像
$$(\mathbb{Z}/N\mathbb{Z})^\times \longrightarrow (\mathbb{Z}/M\mathbb{Z})^\times \stackrel{\chi_1}{\longrightarrow} \mathbb{C}^\times$$
で得られるとき，χ は χ_1 から「誘導される」といい，このとき χ は「非原始的」と呼ばれる．このような M, χ_1 が存在しないとき「原始的」という．

そこで
$$L_\chi(s) \stackrel{定義}{=} \sum_{n=1}^\infty \frac{\chi(n)}{n^s}$$
と定義する[12]．自明でない χ に対して，定理 4 と同様の公式が，B_n を
$$B_{\chi,n} \stackrel{定義}{=} n! \cdot \left(\sum_{a=1}^{N-1} \frac{\chi(a) t e^{at}}{e^{Nt} - 1} \text{ の } t^n \text{ の係数} \right)$$
で置き換えることにより得られることが示される[13]．この公式は，$\chi(-1) = 1$ のときは偶数に対して，$\chi(-1) = -1$ のときは奇数に対して与えられる．(Iwasawa, *Lectures on p-adic L-functions* を見よ[14]．)

加えて次の公式が得られる．
$$L_\chi(1) = \sum_{n=1}^\infty \frac{\chi(n)}{n} = \begin{cases} -\dfrac{\tau(\chi)}{N} \displaystyle\sum_{a=1}^{N-1} \overline{\chi}(a) \log \sin \frac{a\pi}{N} & \chi(-1) = 1 \text{ のとき}; \\ \dfrac{\pi i \tau(\chi)}{N^2} \displaystyle\sum_{a=1}^{N-1} \overline{\chi}(a) \cdot a & \chi(-1) = -1 \text{ のとき}. \end{cases}$$

ここで χ の上のバーは，複素共役指標 $\overline{\chi}(a) \stackrel{定義}{=} \overline{\chi(a)}$ を表し，
$$\tau(\chi) \stackrel{定義}{=} \sum_{a=1}^{N-1} \chi(a) e^{2\pi i a/N}$$
である（これは「ガウス和」として知られている）．（証明については Borevich and Shafarevich, *Number Theory*, 332–336 ページを見よ[15]．）

10. 上の注意で述べた $L_\chi(1)$ に対する公式を用いて，練習問題 9 の中の $L_\chi(1)$ の値を求め，併せて次を証明せよ．

    (a) $\dfrac{1}{1} - \dfrac{1}{2} + \dfrac{1}{4} - \dfrac{1}{5} + \dfrac{1}{7} - \dfrac{1}{8} + \dfrac{1}{10} - \dfrac{1}{11} + \cdots + \dfrac{1}{3k+1} - \dfrac{1}{3k+2} + \cdots$
    $= \dfrac{\pi}{3\sqrt{3}}$

    (b) $\dfrac{1}{1} - \dfrac{1}{3} - \dfrac{1}{5} + \dfrac{1}{7} + \dfrac{1}{9} - \dfrac{1}{11} - \dfrac{1}{13} + \dfrac{1}{15} + \dfrac{1}{17} - \dfrac{1}{19} - \dfrac{1}{21} + \dfrac{1}{23} + \cdots$
    $= \dfrac{\log(1 + \sqrt{2})}{\sqrt{2}}$

---

[12] $L_\chi(s)$ はディリクレ (Dirichlet) の L 関数と呼ばれている．
[13] $B_{\chi,n}$ は「一般化されたベルヌーイ数 (generalized Bernoulli number)」と呼ばれている．
[14] 岩澤健吉 (1917–1995)．日本の数学者．整数論に大きな業績を残した．「岩澤理論」の創始者．
[15] Z. I. Borevich (1922–1995)．ロシアの数学者．ホモロジー代数，代数的整数論の分野で業績を挙げた．I. R. Shafarevich (1923–2017)．ロシアの数学者．代数学全般に業績を挙げた．数論幾何学にも Tate–Shafarevich 群と彼の名前のついた概念がある．彼らの本 *Number Theory* は整数論の分野の定評のある教科書で日本語訳もある（『整数論』上・下，佐々木義雄訳，吉岡書店）．

3. p 進分布

距離空間 $\mathbb{Q}_p$ は,$a \in \mathbb{Q}_p$ と $N \in \mathbb{Z}$ について $a + p^N \mathbb{Z}_p = \{x \in \mathbb{Q}_p \mid |x-a|_p \leq (1/p^N)\}$ の形の集合全体からなる「開集合の基」をもつ.これは $\mathbb{Q}_p$ の任意の開集合が,このタイプの開部分集合の和集合として表せることを意味する.われわれは,この章では時々 $a + p^N \mathbb{Z}_p$ を略して $a + (p^N)$ と表し,このタイプの集合を「区間 (interval)」と呼ぶ(他の文脈では,その集合はしばしば「円板 (disc)」と呼ばれる).すべての区間は開集合であるとともに閉集合にもなることに注意せよ.これは $a + (p^N)$ の補集合が,$a' \notin a + (p^N)$ としたときの,開集合 $a' + (p^N)$ 全体の和集合となることによる.

$\mathbb{Z}_p$ が点列コンパクト (sequentially compact),すなわち,p 進整数からなる任意の点列が収束部分列をもつことを思い出そう(第 I 章,§5 の練習問題 20 を見よ).同じことが,任意の区間または区間の有限和についても成り立つ.距離空間 X においては,集合 $S \subset X$ の点列コンパクト性は,単に「コンパクト性」と呼ばれる次の性質と同値である:S が開集合の和集合に含まれるとき,つねにそれらのうちの有限個の和集合に含まれる(「任意の開被覆は有限開被覆をもつ」).(この同値性については,Simmons, *Introduction to Topology and Modern Analysis*, §24 を見よ.なお,この本は一般トポロジーの他の概念についても,標準的なよい参考書である.) これより $\mathbb{Q}_p$ の開集合がコンパクトであることと,それが区間の有限和集合であることとは同値であることが導かれる(練習問題 1 を見よ).「**コンパクト-開 (compact-open)**」と呼ばれるこのタイプの開集合は,この節で繰り返し現れるものである.

定義. X と Y を 2 つの位相空間とする.写像 $f: X \to Y$ が**局所定数** (locally constant) であるとは,任意の点 $x \in X$ に対して,x の近傍 U で $f(U)$ が Y の唯一の元となるものが存在することをいう.

局所定数関数は,明らかに連続関数である.

局所定数関数の概念は,古典的な設定においては,あまり意味があるとはいえない.なぜなら定数関数を除けば,通常は存在しないからである.これは X が連結,すなわち $\mathbb{R}$ や $\mathbb{C}$ であれば,つねにそうである.

しかし,われわれの場合,X は $\mathbb{Q}_p$ のコンパクト-開部分集合(通常は $\mathbb{Z}_p$ または $\mathbb{Z}_p^\times = \{x \in \mathbb{Z}_p \mid |x|_p = 1\}$)である.すると X は多くの自明でない局所定数関数

をもつ．実際，$f\colon X \to \mathbb{Q}_p$ は，f がコンパクト-開集合の特性関数 (characteristic function) の有限一次結合であるとき，局所定数関数となる（練習問題 4 を見よ）．

$X = \mathbb{R}$ のとき，リーマン和によって積分を定義するとき，階段関数 (step function) が重要な役割を果たした．局所定数関数は p 進 X に対して同様の役割を果たす．

そこで X を $\mathbb{Z}_p$ や $\mathbb{Z}_p^\times$ のような $\mathbb{Q}_p$ のコンパクト-開部分集合とする．

定義． X 上の **p 進分布** (p-adic distribution) μ とは，X 上の局所定数関数のなす $\mathbb{Q}_p$-ベクトル空間から $\mathbb{Q}_p$ への $\mathbb{Q}_p$-線形写像（$\mathbb{Q}_p$-ベクトル空間としての準同型写像）のことである．$f\colon X \to \mathbb{Q}_p$ が局所定数関数のとき，μ の f での値 $\mu(f)$ の代わりに，通常 $\int f\mu$ で表す．

同値な定義（練習問題 4 を見よ）．X 上の p 進分布 μ とは，X 内のコンパクト-開集合の集合から $\mathbb{Q}_p$ への加法的写像である．すなわち，これは次を意味する．$U \subset X$ がコンパクト-開である共通部分のない集合 $U_1, U_2, \ldots, U_n$ の和集合ならば

$$\mu(U) = \mu(U_1) + \mu(U_2) + \cdots + \mu(U_n)$$

が成り立つ．

「同値な定義」とは，2 番目の意味での任意の μ は，最初の意味での μ に一意的に「拡張」され，最初の意味での任意の μ を「制限」すれば，2 番目の意味での μ が得られることを意味する．正確に述べると以下の通りである．最初の意味での分布 μ が与えられれば，任意のコンパクト-開集合 U に対して

$$\mu(U) = \int (U \text{ の特性関数})\mu$$

とすることにより，2 番目の定義の意味での分布（同じ μ で表す）が得られる．もし 2 番目の定義の意味での分布 μ が与えられれば，まず

$$\int (U \text{ の特性関数})\mu = \mu(U)$$

とし，局所定数関数 f に対しては，f を特性関数の一次結合で表すことにより $\int f\mu$ が定義される．

命題． μ は X に含まれる区間の集合から $\mathbb{Q}_p$ への写像で $a + (p^N) \subset X$ となるときはつねに

$$\mu(a+(p^N)) = \sum_{b=0}^{p-1} \mu(a+bp^N+(p^{N+1}))$$

を満たすものする．このような写像 μ は，すべて X 上の p 進分布に一意的に拡張される．

証明． 任意のコンパクト-開集合 $U \subset X$ は，共通部分のない区間の和集合として書き表すことができる：$U = \bigcup I_i$（練習問題 1 を見よ）．そこで $\mu(U) \stackrel{\text{定義}}{=} \sum \mu(I_i)$ と定義する．（これは μ が加法的である場合 $\mu(U)$ は，この値しかありえない．）値 $\mu(U)$ が U の区間への分割の仕方に依存しないことを確かめるため，まず，U の共通部分のない 2 つの分割 $U = \bigcup I_i$ と $U = \bigcup I'_i$ は，（2 つのものより「細かな」）共通の部分分割 $I_i = \bigcup_j I_{ij}$ をもつことに注意せよ．ここで $I_i = a+(p^N)$ のとき，I_{ij} はある固定された $N' > N$ と $\equiv a \pmod{p^N}$ となる変数 a' について，区間 $a'+(p^{N'})$ 全体を動く．すると命題で述べられている等式を繰り返し適用することにより

$$\mu(I_i) = \mu(a+(p^N)) = \sum_{j=0}^{p^{N'-N}-1} \mu(a+jp^N+(p^{N'})) = \sum_j \mu(I_{ij})$$

を得る．よって $\sum_i \mu(I_i) = \sum_{i,j} \mu(I_{ij})$，したがって，$\sum_i \mu(I_i) = \sum_i \mu(I'_i)$ を得る．なぜなら両辺は，共通の部分分割に関する和であるからである．μ が加法的であることは明らかである．実際 U を共通部分のない U_i の和集合とするとき，各 U_i を共通部分のない区間 I_{ij} の和集合で表す：$U_i = \bigcup_{i,j} I_{ij}$．すると

$$\mu(U) = \sum_{i,j} \mu(I_{ij}) = \sum_i \sum_j \mu(I_{ij}) = \sum_i \mu(U_i)$$

を得る． □

ここで，p 進分布の簡単な例をいくつか挙げる．

(1) **ハール分布** (Haar distribution) μ_{Haar}[16]．

$$\mu_{\text{Haar}}(a+(p^N)) \stackrel{\text{定義}}{=} \frac{1}{p^N}$$

と定義する．

---

[16] A. Haar (1885–1933) は，ハンガリー出身の数学者．局所コンパクト位相群上の正則不変測度であるハール測度 (Haar measure) は，彼の名に因むものである．

$$\sum_{b=0}^{p-1} \mu_{\text{Haar}}(a + bp^N + (p^{N+1})) = \sum_{b=0}^{p-1} \frac{1}{p^{N+1}} = \frac{1}{p^N}$$
$$= \mu_{\text{Haar}}(a + (p^N))$$

であるから，命題より $\mathbb{Z}_p$ 上の分布に拡張される．これは「平行移動不変（並進不変）」なものとして，（定数倍を除いて）一意に決まる分布である．すなわち，すべての $a \in \mathbb{Z}_p$ に対して $\mu_{\text{Haar}}(a + U) = \mu_{\text{Haar}}(U)$ となる．ここで $a + U \stackrel{\text{定義}}{=} \{x \in \mathbb{Z}_p \mid x - a \in U\}$．

(2) $\alpha \in \mathbb{Z}_p$ に関する**ディラック分布** (Dirac distribution) μ_α[17]．（α は固定．）

$$\mu_\alpha(U) \stackrel{\text{定義}}{=} \begin{cases} 1, & \alpha \in U \text{ のとき}; \\ 0, & \text{その他}, \end{cases}$$

と定義する．μ_α が加法性を満たすことは明らかである．局所定数関数 f に対して $\int f \mu_\alpha = f(\alpha)$ となることに注意せよ．

(3) **メイザー分布** (Mazur distribution) μ_{Mazur}[18]．まず区間を $a + (p^N)$ と書いたとき，一般性を失わずに a は 0 と $p^N - 1$ の間にある有理整数と仮定してよい．この仮定の下で

$$\mu_{\text{Mazur}}(a + (p^N)) \stackrel{\text{定義}}{=} \frac{a}{p^N} - \frac{1}{2}$$

と定義する．μ_{Mazur} が命題の加法性をもつことの検証は，次節の，より一般的な結果の特別なケースとして導かれるので後回しにする．

分布 $\mu_{\text{Haar}}, \mu_{\text{Mazur}}$ と古典的な測度の間にある一つの重要な違いに注目せよ．これら 2 つの p 進的な例においては，測定される区間が「縮む」（$N \to \infty$ のとき）と，μ で測った値が $\mathbb{Q}_p$ の数として**増大する**．すなわち

$$|\mu_{\text{Haar}}(a + (p^N))|_p = \left| \frac{1}{p^N} \right|_p = p^N;$$

そして，$p \nmid a$（$p = 2$ のときは $N > 1$）ならば

$$|\mu_{\text{Mazur}}(a + (p^N))|_p = \left| \frac{a}{p^N} - \frac{1}{2} \right|_p = p^N.$$

---

[17] P. A. M. Dirac (1902–1984). イギリスの理論物理学者．量子力学，量子電磁気学の分野で多くの貢献をした．1933 年にノーベル物理学賞を受賞．ディラックのデルタ関数は，古典的な意味での関数ではないシュワルツの超関数の最初の例となっている．

[18] B. Mazur (1935–). アメリカの数学者．幾何学や数論幾何学で優れた業績を挙げている．

この特殊性については後述する.

練習問題

1. $\mathbb{Z}_p$ がコンパクトであることの直接的な証明を与えよ（すなわち，$\mathbb{Z}_p$ の任意の開被覆が，有限部分被覆をもつことを示せ）．そして $\mathbb{Z}_p$ の開集合がコンパクトであることと，それが共通部分のない有限個の区間の和集合として書けることとが同値であることを証明せよ．任意の区間は p 個の「同じ長さの」共通部分のない部分区間の和集合として表示できることに注意せよ：$a + (p^N) = \bigcup_{b=0}^{p-1}(a + bp^N + (p^{N+1}))$．一つの区間の共通部分のない部分区間への任意の分割は，このプロセスを有限回適用することによって得られることを証明せよ．

2. $\mathbb{Z}_p$ のコンパクトではない部分集合の例を挙げよ．

3. U を位相空間 X の開集合とする．
$$f(x) = \begin{cases} 1, & x \in U \text{ のとき}; \\ 0, & \text{その他}, \end{cases}$$
で定義される特性関数 $f: X \to \mathbb{Z}$ は，$X = \mathbb{Z}_p$ で U がコンパクト-開部分集合のとき局所定数関数であることを示せ．また $X = \mathbb{R}$ で U が（$\mathbb{R}$ 自身でも空集合でもない）任意の開部分集合のとき，f は局所定数関数ではないことを示せ．

4. X を $\mathbb{Q}_p$ のコンパクト-開部分集合とする．$f: X \to \mathbb{Q}_p$ が局所定数関数であることと，X 内の有限個のコンパクト-開部分集合があり，f がそれらの特性関数の $\mathbb{Q}_p$-一次結合として表せることとが同値であることを示せ．そして，本編で述べた p 進分布の 2 つの定義が同値であることを証明せよ．

5. $\alpha \in \mathbb{Q}_p$ を $|\alpha|_p = 1$ とする．すべてのコンパクト-開部分集合 U に対して $\mu_{\text{Haar}}(\alpha U) = \mu_{\text{Haar}}(U)$ を示せ．ただし $\alpha U = \{\alpha x \mid x \in U\}$ である．

6. $f: \mathbb{Z}_p \to \mathbb{Q}_p$ を，$f(x) = (x$ の p 進展開の最初の桁$)$ で定義される局所定数関数とする．$\int f\mu$ の値を，次の場合に求めよ．(1) $\mu = $ ディラック分布 μ_α；(2) $\mu = \mu_{\text{Haar}}$；(3) $\mu = \mu_{\text{Mazur}}$．

7. μ を次のように定義される区間 $a + (p^N)$ の関数とする：
$$\mu(a + (p^N)) = \begin{cases} p^{-[(N+1)/2]}, & a \text{ の展開の } p \text{ の奇数乗に対応する最初の } [N/2] \text{ 桁が} \\ & \text{消滅する（0 となる）とき}; \\ 0, & \text{その他}. \end{cases}$$
（ただし，[ ] は最大整数関数を表す[19]．）μ が $\mathbb{Z}_p$ 上の分布に拡張されることを示せ．

8. さまざまな増大度をもつ $\mathbb{Z}_p$ 上の p 進分布の例の構成について，どのような方法があるのかを論ぜよ．（増大度は，N が増大するときの，$\max_{0 \le a < p^N} |\mu(a + (p^N))|_p$ に関するものである．）

4. ベルヌーイ分布

まず，ベルヌーイ多項式 $B_k(x)$ を定義する．2 つの変数 t と x の関数

---

[19] $[m]$ は m を超えない最大の整数を表し，ガウス記号とも呼ばれる．

$$\frac{te^{xt}}{e^t-1} = \left(\sum_{k=0}^{\infty} B_k \frac{t^k}{k!}\right)\left(\sum_{k=0}^{\infty} \frac{(xt)^k}{k!}\right)$$

を考える．右辺の積において t^k の項の係数を集めると，各 k について，x の多項式が得られる．この多項式を $k!$ 倍したものとして $B_k(x)$ を定義する：

$$\frac{te^{xt}}{e^t-1} = \sum_{k=0}^{\infty} B_k(x)\frac{t^k}{k!}.$$

最初の数個のベルヌーイ多項式は次のように与えられる：

$$B_0(x) = 1, \quad B_1(x) = x - \frac{1}{2}, \quad B_2(x) = x^2 - x + \frac{1}{6},$$

$$B_3(x) = x^3 - \frac{3}{2}x^2 + \frac{1}{2}x, \quad \ldots.$$

この節を通して，$a+(p^N)$ と書いたときは，$0 \leq a \leq p^N - 1$ と仮定する．負ではない整数 k を固定しよう．区間 $a+(p^N)$ の集合上の写像 $\mu_{B,k}$ を

$$\mu_{B,k}(a+(p^N)) = p^{N(k-1)}B_k\left(\frac{a}{p^N}\right)$$

で定義する．

命題． $\mu_{B,k}$ は，$\mathbb{Z}_p$ 上の分布に拡張される（「k 番目の**ベルヌーイ分布** (Bernoulli distribution)」と呼ばれる[20]）．

証明． §3 の命題より

$$\mu_{B,k}(a+(p^N)) = \sum_{b=0}^{p-1} \mu_{B,k}(a+bp^N+(p^{N+1}))$$

を示さなければならない．右辺は

$$p^{(N+1)(k-1)}\sum_{b=0}^{p-1} B_k\left(\frac{a+bp^N}{p^{N+1}}\right)$$

に等しく，したがって，$p^{-N(k-1)}$ を掛け，$\alpha = a/p^{N+1}$ とおくことにより，示さな

---

[20] 離散確率分布の一つである「ベルヌーイ分布」とは異なる．

ければならないことは

$$B_k(p\alpha) = p^{k-1} \sum_{b=0}^{p-1} B_k\left(\alpha + \frac{b}{p}\right)$$

となる．右辺は $B_k(x)$ の定義より

$$p^{k-1} \sum_{b=0}^{p-1} \frac{te^{(\alpha+b/p)t}}{e^t-1} = \frac{p^{k-1}te^{\alpha t}}{e^t-1} \sum_{b=0}^{p-1} e^{bt/p} = \frac{p^{k-1}te^{\alpha t}}{e^t-1} \cdot \frac{e^t-1}{e^{t/p}-1}$$

の t^k の係数に $k!$ を掛けたものに等しい．($\sum_{b=0}^{p-1} e^{bt/p}$ に，幾何数列（等比数列）の和の公式を用いた．) 再び $B_j(x)$ の定義より，この表現は

$$\frac{p^k(t/p)e^{(p\alpha)t/p}}{e^{t/p}-1} = p^k \sum_{j=0}^{\infty} B_j(p\alpha) \frac{(t/p)^j}{j!}$$

に一致する．よって t^k の係数を $k!$ 倍したものは，単に

$$p^k B_k(p\alpha) \left(\frac{1}{p}\right)^k = B_k(p\alpha)$$

となり，求めていたものが得られる． □

最初の数個の $B_k(x)$ は，次の分布を与える：

$$\mu_{B,0}(a+(p^N)) = p^{-N}, \quad \text{すなわち}\ \mu_{B,0} = \mu_{\text{Haar}};$$
$$\mu_{B,1}(a+(p^N)) = B_1\left(\frac{a}{p^N}\right) = \frac{a}{p^N} - \frac{1}{2}, \quad \text{すなわち}\ \mu_{B,1} = \mu_{\text{Mazur}};$$
$$\mu_{B,2}(a+(p^N)) = p^N\left(\frac{a^2}{p^{2N}} - \frac{a}{p^N} + \frac{1}{6}\right),$$

など．

実は，このようにして分布を定義するときに使える多項式は，（定数倍を除いて）ベルヌーイ多項式だけであるということが示される．われわれは，この事実を必要としないので，ここではその証明はしない．しかしながら，ベルヌーイ多項式は p 進積分において，重要かつユニークな役割を担うことに注目すべきである．これは $\zeta(2k)$ の公式でベルヌーイ数 B_k（$B_k(x)$ の定数項．練習問題 1 を見よ）が現れ

ることと関係があることが判明する．

5. 測度と積分

定義．X 上の p 進分布 μ は，コンパクト-開である $U \subset X$ 上の値が，ある定数 $B \in \mathbb{R}$ によって抑えられる，すなわち

$$\text{すべてのコンパクト-開な } U \subset X \text{ に対して } |\mu(U)|_p \leq B$$

となるとき，**測度** (measure) という．

　固定された $\alpha \in \mathbb{Z}_p$ に対して，ディラック分布 μ_α は測度であるが，ベルヌーイ分布はどれも測度にはならない．ベルヌーイ分布を測度に変化させる「正規化 (regularization)」と呼ばれる標準的な方法がある．はじめに，ある記号を導入する．$\alpha \in \mathbb{Z}_p$ に対して $\{\alpha\}_N$ で 0 と $p^N - 1$ の間の整数で $\equiv \alpha \pmod{p^N}$ となるものを表す．μ を分布とし，$\alpha \in \mathbb{Q}_p$ としたとき，$\alpha\mu$ で，そのコンパクト-開集合上の値が，μ の値の α 倍であるような分布を表すものとする：$(\alpha\mu)(U) = \alpha(\mu(U))$．最後に，コンパクト-開である U, $\alpha \in \mathbb{Q}_p$, $\alpha \neq 0$ に対して $\alpha U \stackrel{\text{定義}}{=} \{x \in \mathbb{Q}_p \mid x/\alpha \in U\}$ とおく．以下に述べる事柄は，容易に確かめられる．2 つの分布（または測度）の和は分布（あるいは応じて測度）となり，分布（または測度）U のスカラー倍 $\alpha\mu$ は，また分布（あるいは応じて測度）となる．また $\alpha \in \mathbb{Z}_p^\times$, μ を分布（または測度）とすれば $\mu'(U) = \mu(\alpha U)$ で定義される関数 μ' は，$\mathbb{Z}_p$ 上の分布（あるいは応じて測度）となる．

　α を 1 ではない有理整数であり，かつ p で割り切れないものとする．$\mu_{B,k,\alpha}$（単に，$\mu_{k,\alpha}$ とも表す）を

$$\mu_{k,\alpha}(U) \stackrel{\text{定義}}{=} \mu_{B,k}(U) - \alpha^{-k}\mu_{B,k}(\alpha U)$$

で定義される $\mathbb{Z}_p$ 上の「正規化された」ベルヌーイ分布とする．$\mu_{k,\alpha}$ が測度となることは，以下で示される．いずれにせよ，前の段落の注意により，それは明らかに分布である．

　$k = 0$ または $k = 1$ のときは，明示公式が容易に計算される．$k = 0$ のときは，$\mu_{B,0} = \mu_{\text{Haar}}$ であり，すべての U に対して $\mu_{0,\alpha}(U) = 0$ であることがわかる（§3 の練習問題 5 を見よ）．$k = 1$ のとき，次を得る．

$$\mu_{1,\alpha}(a+(p^N)) = \frac{a}{p^N} - \frac{1}{2} - \frac{1}{\alpha}\left(\frac{\{\alpha a\}_N}{p^N} - \frac{1}{2}\right)$$

$$= \frac{(1/\alpha)-1}{2} + \frac{a}{p^N} - \frac{1}{\alpha}\left(\frac{\alpha a}{p^N} - \left[\frac{\alpha a}{p^N}\right]\right)$$

（ここで [ ] は最大整数関数を意味する）

$$= \frac{1}{\alpha}\left[\frac{\alpha a}{p^N}\right] + \frac{(1/\alpha)-1}{2}.$$

命題． すべてのコンパクト-開集合 $U \subset \mathbb{Z}_p$ に対して

$$|\mu_{1,\alpha}(U)|_p \leq 1$$

である．

証明． $(\alpha^{-1}-1)/2 \in \mathbb{Z}_p$ である．なぜなら，$p=2$ でなければ，$1/\alpha \in \mathbb{Z}_p$ かつ $1/2 \in \mathbb{Z}_p$ であり，$p=2$ のときは，$\alpha^{-1}-1 \equiv 0 \pmod{2}$ であるからそれでよい．さらに $[\alpha a/p^N] \in \mathbb{Z}$ であるから，合わせて上の等式から $\mu_{1,\alpha}(a+(p^N)) \in \mathbb{Z}_p$ となることが導かれる．任意のコンパクト-開集合は，共通部分のない区間 I_i の和集合として表せるから，$|\mu_{1,\alpha}(U)|_p \leq \max|\mu_{1,\alpha}(I_i)|_p \leq 1$ が結論付けられる． □

以上のように $\mu_{1,\alpha}$ は一つの測度となり，われわれが得た p 進測度の最初の興味深い例である．実際 $\mu_{1,\alpha}$ は p 進積分において，実数積分の「dx」のような基本的な役割を果たすことがすぐにわかるであろう．

われわれは次に，$\mu_{k,\alpha}$ と $\mu_{1,\alpha}$ を関係付ける上で鍵となる合同式を証明しよう．この合同式の証明は，最初は不愉快な計算のように見えるが，実際の微積分における類似の状況を考えれば，より透明になる．$\int f(\sqrt[k]{x})\,dx$ のような積分をとってきたとき，変数変換 $x \mapsto x^k$ をしたもの，すなわち $\int f(x)\,d(x^k)$ を評価したいとする．次は単純な規則である：$d(x^k)/dx = kx^{k-1}$．実は，$d(x^k)$ は，実数直線上の「測度」μ_k と考えることができ，それは $\mu_k([a,b]) = b^k - a^k$ とすることで定義される．そして μ_1 は，通常の長さの概念になる．関係式 $d(x^k)/dx = kx^{k-1}$ は，実際

$$\lim_{b \to a} \frac{\mu_k([a,b])}{\mu_1([a,b])} = ka^{k-1}$$

を意味する．したがって，リーマン和 $\sum f(x_i)\mu_k(I_i)$ において，I_i 全体を小さくする

という極限をとるとき，$\mu_k(I_i)$ を $kx^{k-1}\mu_1(I_i)$ で置き換えてよく，$\int f(x)kx^{k-1}\,dx$ を得る．

$\lim_{b\to a}\mu_k([a,b])/\mu_1([a,b]) = ka^{k-1}$ の実際の証明は，$(a+h)^k$ に対する 2 項展開を使う（ここで $h = b-a$）．実際には，最初の 2 項 $a^k + kha^{k-1}$ だけが問題となる．同様に p 進の場合，I を a を含む区間としたとき，$\mu_{k,\alpha}(I) \sim ka^{k-1}\mu_{1,\alpha}(I)$ を示すには，再び 2 項展開を用いる．したがって，次の定理 5 は実数の微積分の場合の定理 $(d/dx)(x^k) = kx^{k-1}$ に類似のものと考えられるべきである．（この際，定理 5 の合同式の両辺に関する数 d_k については無視する．両辺を d_k で割るときは，p^N を $p^{N-\mathrm{ord}_p(d_k)}$ で置き換えなければならない．ここで $\mathrm{ord}_p d_k$ は十分大きな N については定数と考えてよい．）

定理 5. k 番目ベルヌーイ多項式 $B_k(x)$ の係数の分母全体を考え，それらの最小公倍数を d_k とする．すなわち，$d_1 = 2, d_2 = 6, d_3 = 2$ など．すると
$$d_k\mu_{k,\alpha}(a+(p^N)) \equiv d_k ka^{k-1}\mu_{1,\alpha}(a+(p^N)) \pmod{p^N}$$
が成り立つ．ここで，この合同式の両辺は $\mathbb{Z}_p$ の元である．

証明． 後に挙げる練習問題 1 より，多項式 $B_k(x)$ の最初は次のようにスタートする：
$$B_0 x^k + kB_1 x^{k-1} + \cdots = x^k - \frac{k}{2}x^{k-1} + \cdots.$$

ここで
$$d_k\mu_{k,\alpha}(a+(p^N)) = d_k p^{N(k-1)}\left(B_k\left(\frac{a}{p^N}\right) - \alpha^{-k}B_k\left(\frac{\{\alpha a\}_N}{p^N}\right)\right)$$
である．多項式 $d_k B_k(x)$ は次数が k で，有理整係数である．よって $d_k B_k(x)$ の最初の 2 つの項 $d_k x^k - d_k(k/2)x^{k-1}$ だけを考えればよい．なぜなら，x は分母に p^N をもち，$d_k B_k(x)$ の低い次数の項の分母は $p^{N(k-1)}$ で相殺し，p^N が残るからである．また
$$\alpha a \equiv \{\alpha a\}_N \pmod{p^N}$$
ならびに
$$\frac{\{\alpha a\}_N}{p^N} = \frac{\alpha a}{p^N} - \left[\frac{\alpha a}{p^N}\right] \quad (\text{[ ] は最大整数関数})$$

が成り立つことに注意せよ．これで，

$$\begin{aligned}
d_k\mu_{k,\alpha}(a+(p^N)) &\equiv d_k p^{N(k-1)}\left(\frac{a^k}{p^{Nk}} - \alpha^{-k}\left(\frac{\{\alpha a\}_N}{p^N}\right)^k\right.\\
&\qquad \left. - \frac{k}{2}\left(\frac{a^{k-1}}{p^{N(k-1)}} - \alpha^{-k}\left(\frac{\{\alpha a\}_N}{p^N}\right)^{k-1}\right)\right) \pmod{p^N}\\
&= d_k\left(\frac{a^k}{p^N} - \alpha^{-k}p^{N(k-1)}\left(\frac{\alpha a}{p^N} - \left[\frac{\alpha a}{p^N}\right]\right)^k\right.\\
&\qquad \left. - \frac{k}{2}\left(a^{k-1} - \alpha^{-k}p^{N(k-1)}\left(\frac{\alpha a}{p^N} - \left[\frac{\alpha a}{p^N}\right]\right)^{k-1}\right)\right)\\
&\equiv d_k\left(\frac{a^k}{p^N} - \alpha^{-k}\left(\frac{\alpha^k a^k}{p^N} - k\alpha^{k-1}a^{k-1}\left[\frac{\alpha a}{p^N}\right]\right)\right.\\
&\qquad \left. - \frac{k}{2}\left(a^{k-1} - \alpha^{-k}(\alpha^{k-1}a^{k-1})\right)\right) \pmod{p^N}\\
&= d_k k a^{k-1}\left(\frac{1}{\alpha}\left[\frac{\alpha a}{p^N}\right] + \frac{(1/\alpha)-1}{2}\right)\\
&= d_k k a^{k-1}\mu_{1,\alpha}(a+(p^N))
\end{aligned}$$

が示された． □

系． すべての $k=1, 2, 3, \ldots$ と，任意の $\alpha \in \mathbb{Z}$, $\alpha \notin p\mathbb{Z}$, $\alpha \neq 1$ に対して，$\mu_{k,\alpha}$ は測度である．

証明． $\mu_{k,\alpha}(a+(p^N))$ が有界であることを示さなければならない．しかしながら，定理 5 より

$$\begin{aligned}
|\mu_{k,\alpha}(a+(p^N))|_p &\leq \max\left(\left|\frac{p^N}{d_k}\right|_p, |ka^{k-1}\mu_{1,\alpha}(a+(p^N))|_p\right)\\
&\leq \max\left(\left|\frac{1}{d_k}\right|_p, |\mu_{1,\alpha}(a+(p^N))|_p\right)
\end{aligned}$$

を得る．$|\mu_{1,\alpha}(a+(p^N))|_p \leq 1$ であり，d_k は，固定されたものであるから証明された． □

ベルヌーイ分布を修正（「正規化」）して，測度を得るために，このような大げさ

な手続きをする目的は何なのであろうか？　答えは，非有界分布 μ の場合，f が局所定数関数である限り $\int f d\mu$ は定義されるが，リーマン和の極限を用いて積分を連続関数 f に拡張しようとすると問題が発生するからである．

例として，$\mu = \mu_{\text{Haar}}$ とし，$f(x) = x$ で与えられる単純な関数 $f\colon \mathbb{Z}_p \to \mathbb{Z}_p$ をとろう．リーマン和を作ってみる．一般に関数 f が与えられたとき，任意の N に対して，$\mathbb{Z}_p$ を $\bigcup_{a=0}^{p^N-1}(a+(p^N))$ と分割し，$x_{a,N}$ を a 番目の区間の任意の点とする．$\{x_{a,N}\}$ に対応する f の N 番目のリーマン和を

$$S_{N,\{x_{a,N}\}}(f) \stackrel{\text{定義}}{=} \sum_{a=0}^{p^N-1} f(x_{a,N})\mu(a+(p^N))$$

で定義する．われわれの上記の例では，この和は

$$\sum_{a=0}^{p^N-1} x_{a,N}\frac{1}{p^N}$$

に等しい．例として，単に $x_{a,N} = a$ を選ぶことにより

$$p^{-N}\sum_{a=0}^{p^N-1} a = p^{-N}\frac{(p^N-1)(p^N)}{2} = \frac{p^N-1}{2}$$

を得る．この和は $N \to \infty$ のとき $\mathbb{Q}_p$ に極限値，すなわち $-1/2$ をもつ．しかし，$x_{a,N} = a \in a+(p^N)$ の代わりに，各 N に対して $x_{a,N}$ を $a+a_0 p^N \in a+(p^N)$ に変更する．ここで a_0 はある固定された p 進整数である．すると

$$p^{-N}\left(\sum_{a=0}^{p^N-1} a + a_0 p^N\right) = \frac{p^N-1}{2} + a_0$$

が得られ，この極限値は $a_0 - \frac{1}{2}$ である．したがってリーマン和は，区間内の点の取り方に依存しないような極限値をもたない．

「測度」μ は，それに関して連続関数を積分できなければあまり意味がなく，測度と呼ばれる資格もない．（これは少し誇張している．練習問題 8–10 を見よ．）ここで，われわれは，有界な分布が「測度」という名前を得るに値することを示す．

X として，$\mathbb{Z}_p$ や $\mathbb{Z}_p^\times$ のような $\mathbb{Q}_p$ のコンパクト-開部分集合をとったことを思い出そう．（単純化のために，以下では $X \subset \mathbb{Z}_p$ と仮定する．）

定理 6. μ を X 上の p 進測度とし，$f\colon X \to \mathbb{Q}_p$ を連続関数とする．すると

$$S_{N,\{x_{a,N}\}} \overset{\text{定義}}{=} \sum_{\substack{0 \le a < p^N \\ a+(p^N) \subset X}} f(x_{a,N})\mu(a+(p^N))$$

で定義されるリーマン和は，$N \to \infty$ のとき，$\{x_{a,N}\}$ の取り方に依存しないような極限値を $\mathbb{Q}_p$ 内にもつ．（ここで定義のリーマン和は，$a+(p^N) \subset X$ となるもの全体にわたり，$x_{a,N}$ は $a+(p^N)$ からとる．）

証明． すべてのコンパクト-開である $U \subset X$ に対して，$|\mu(U)|_p \le B$ とする．まず，$M > N$ のとき

$$|S_{N,\{x_{a,N}\}} - S_{M,\{x_{a,M}\}}|_p$$

を評価する．X を区間の有限和集合として表すことにより，N を十分大きくとり，$a+(p^N)$ を $\subset X$ となるか X とは共通部分がないようにできる．μ の加法性を用いることにより，$S_{N,\{x_{a,N}\}}$ を次のように書き換えることができる：

$$\sum_{\substack{0 \le a < p^M \\ a+(p^M) \subset X}} f(x_{\bar{a},N})\mu(a+(p^M)).$$

（ここで $\bar{a}$ は $a \bmod p^N$ の非負最小剰余を表す．）さらに，十分大きな N をとり，$x \equiv y \pmod{p^N}$ である限り，$|f(x)-f(y)|_p < \varepsilon$ となると仮定しておく．（X は**コンパクト**だから連続性より，**一様連続性**が従うことに注意せよ：これは簡単な練習問題である．Simmons の本[21]も参照．）すると $x_{\bar{a},N} \equiv x_{a,M} \pmod{p^N}$ であるから

$$|S_{N,\{x_{a,N}\}} - S_{M,\{x_{a,M}\}}|_p = \left| \sum_{\substack{0 \le a < p^M \\ a+(p^M) \subset X}} (f(x_{\bar{a},N}) - f(x_{a,M}))\mu(a+(p^M)) \right|_p$$

$$\le \max(|f(x_{\bar{a},N}) - f(x_{a,M})|_p \cdot |\mu(a+(p^M))|_p)$$

$$\le \varepsilon B$$

となる．ε は任意にとることができて，B は固定されているので，リーマン和は極限値をもつ．$\{x_{a,N}\}$ の取り方に依存しないことも，同様に導かれる．すなわち

---

[21] *Introduction to Topology and Modern Analysis.* §3 参照．

$$|S_{N,\{x_{a,N}\}} - S_{N,\{x'_{a,N}\}}|_p = \left| \sum_{\substack{0 \le a < p^N \\ a+(p^N) \subset X}} (f(x_{a,N}) - f(x'_{a,N}))\mu(a+(p^N)) \right|_p$$

$$\le \max_a (|f(x_{a,N}) - f(x'_{a,N})|_p \cdot |\mu(a+(p^N))|_p)$$

$$\le \varepsilon B$$

より導かれる. □

定義. $f\colon X \to \mathbb{Q}_p$ を連続関数, μ を X 上の測度とするとき, $\int f\mu$ をリーマン和の極限値として定義する. この値が存在することは上で証明した通りである. (f が局所定数関数のときは, この定義は以前の意味での $\int f\mu$ と一致することに注意せよ.)

次に述べる単純な, しかし重要な事実は, 定義より直ちに導かれる.

命題. $f\colon X \to \mathbb{Q}_p$ を連続関数で, すべての $x \in X$ について $|f(x)|_p \le A$ となるものとし, μ をコンパクト-開であるすべての $U \subset X$ に対して $|\mu(U)|_p \le B$ となるものとする. すると

$$\left| \int f\mu \right|_p \le A \cdot B$$

が成り立つ.

系. $f, g\colon X \to \mathbb{Q}_p$ を 2 つの連続関数で, すべての $x \in X$ について $|f(x) - g(x)|_p \le \varepsilon$ となり, μ はコンパクト-開であるすべての $U \subset X$ に対して $|\mu(U)|_p \le B$ となるものとする. すると

$$\left| \int f\mu - \int g\mu \right|_p \le \varepsilon B$$

が成り立つ.

練習問題

1. $B_k(x) = \sum_{i=0}^{k} \binom{k}{i} B_i x^{k-i}$ が成り立つこと, とくに $B_k(0) = B_k$ を示せ. さらに次を示せ.

$$\int_0^1 B_k(x)\,dx = \begin{cases} 1, & k=0 \text{ のとき}; \\ 0, & \text{他の場合}, \end{cases} \qquad \frac{d}{dx} B_k(x) = k B_{k-1}(x).$$

2. 恒等的に零となる場合を除いて，どの分布 μ も，次のような性質をもたないことを示せ：
$$\max_{0\leq a<p^N}|\mu(a+(p^N))|_p \longrightarrow 0 \quad (N \longrightarrow \infty).$$

3. $\mu_{B,k}(\mathbb{Z}_p)$, $\mu_{B,k}(p\mathbb{Z}_p)$, $\mu_{B,k}(\mathbb{Z}_p^\times)$ の値を求めよ．

4. p 進分布 μ が測度であることと，ある零でない $a \in \mathbb{Z}_p$ が存在して，分布 $a \cdot \mu$ が $\mathbb{Z}_p$ に値をとることとが同値であることを示せ．X 上の測度の集合が $\mathbb{Q}_p$-ベクトル空間となることを証明せよ．

5. $\mu_{k,\alpha}(\mathbb{Z}_p)$ と $\mu_{k,\alpha}(\mathbb{Z}_p^\times)$ を α と k によって表せ．$f(x) = \sum_{i=0}^n a_i x^i$ のとき $\int_{\mathbb{Z}_p^\times} f\mu_{1,\alpha}$ を求めよ．

6. p を奇素数とする．任意の $a = 0, 1, \ldots, p^n - 1$ に対して S_a で a を p 進展開したときの位の数の和を表すとする．このとき $\mu(a+(p^n)) = (-1)^{S_a}$ は，$\mathbb{Z}_p$ 上の測度を与えることを示し，任意の連続偶関数 f に対して $\int_{\mathbb{Z}_p} f\mu = f(0)$ となることを証明せよ．（ただし，f が偶関数であるとは $f(x) = f(-x)$ となることを意味する．）

7. $p > 2$, $f(x) = 1/x$, $\alpha = 1+p$ とする．このとき $\int_{\mathbb{Z}_p^\times} f\mu_{1,\alpha} \equiv -1 \pmod{p}$ を示せ[22]．$p = 2$, $\alpha = 5$ のときは $\int_{\mathbb{Z}_2^\times} f\mu_{1,\alpha} \equiv 2 \pmod{4}$ となることを示せ．

8. X 上の分布 μ は，$\max_{0\leq a<p^N}|p^N\mu(a+(p^N))|_p \to 0$ $(N \to \infty)$ を満たすとき，すなわち μ が「μ_{Haar} よりも強い意味で (strictly) 緩く増加する」とき，「有界増大 (boundedly increasing)」と呼ばれる．$f\colon X \to \mathbb{Q}_p$ が，リプシッツ条件 (Lipschitz condition)[23]：$A \in \mathbb{R}$ が存在して，すべての $x, y \in X$ について
$$|f(x) - f(y)|_p \leq A|x-y|_p$$
が成立する，を満たすとき，上記 μ に対して定理 6 が成り立つことを証明せよ．（この概念はマニン (Manin)[24]によって導入され，彼の「ヘッケ級数の p 進補間の研究」に応用された．）

9. μ を §3 の練習問題 7 で定義された分布とする．μ が有界増大であることをチェックせよ．$f\colon \mathbb{Z}_p \to \mathbb{Z}_p$ を関数 $f(x) = x$ とする．このとき $\int f\mu$ を計算せよ．これは前問より，矛盾なく定義されていることがわかる．

10. r を正の実数とする．関数 $f\colon \mathbb{Z}_p \to \mathbb{Q}_p$ は，実数 $A \in \mathbb{R}$ が存在して，すべての $x, x' \in \mathbb{Z}_p$ に対して
$$|f(x) - f(x')|_p \leq A|x-x'|_p^r$$
を満たすとき「タイプ r」の関数と呼ばれる（メイザーによる定義）[25]．そのような任意の関数は連続であることに注意せよ．$r \geq 1$ のときは f はリプシッツ条件を満たす（練習問題 8 を見よ）．ここで μ を $\mathbb{Z}_p$ 上の分布で，ある正の $s \in \mathbb{R}$ について
$$p^{-Ns}\max_{0\leq a<p^N}|\mu(a+(p^N))|_p \longrightarrow 0 \quad (N \longrightarrow \infty)$$
を満たすものとする．このような μ とタイプ r の関数に対して，$r \geq s$ のとき定理 6 と類似の事実を証明せよ．

---

[22] この結果は，後にクラウゼン–フォン・シュタウトの定理（§6 の定理 7 の (3)）の証明で用いられる．

[23] R. O. S. Lipschitz (1832–1903) ドイツの数学者．解析学，微分幾何学，数論，代数学に貢献した．微分方程式の解の初期値問題で，解の一意性を保証する際に出てくる条件でもある．

[24] Y. I. Manin (1937–2023). ロシアの数学者．数論，代数幾何学で業績を挙げた．

[25] 実数の場合は「r-ヘルダー連続」と呼ばれている．

6. メイザー–メリン変換としての p 進 ζ-関数[26]

X を $\mathbb{Z}_p$ のコンパクト-開部分集合とすると，$\mathbb{Z}_p$ の測度 μ を X 上に制限することができる．これは，X 上の測度 μ^* が，U が X 内のコンパクト-開部分集合である限り $\mu^*(U) = \mu(U)$ とおくことにより，定義されることを意味する．関数を積分するという観点からは

$$\int f\mu^* = \int f \cdot (X \text{ の特性関数})\mu$$

を得る．この制限された積分 $\int f\mu^*$ に対して，$\int_X f\mu$ という記号を用いよう．

以前に，補間したい対象は，$-B_k/k$ であると述べた．われわれは次の単純な関係式を得ている：

$$\int_{\mathbb{Z}_p} 1 \cdot \mu_{B,k} = \mu_{B,k}(\mathbb{Z}_p) = B_k$$

(§5 の練習問題 3 を見よ)．よって補間したい対象は数 $-(1/k)\int_{\mathbb{Z}_p} 1 \cdot \mu_{B,k}$ となる．

異なる k について，分布 $\mu_{B,k}$ は互いに何らかの単純な関係があるのだろうか？直接そうとはいえないが，**正規化された測度** $\mu_{k,\alpha}$ は，定理 5 によって $\mu_{1,\alpha}$ と関連があることがわかっている．より正確にいえば，定理 5 と定理 6 の系として次が得られる：

命題．関数 $f\colon \mathbb{Z}_p \to \mathbb{Z}_p$ を $f(x) = x^{k-1}$ で定義されるものとする（ここで k は，固定された正の整数）．X を $\mathbb{Z}_p$ のコンパクト-開部分集合とする．すると

$$\int_X 1\mu_{k,\alpha} = k\int_X f\mu_{1,\alpha}$$

である．

証明．定理 5 より

$$\mu_{k,\alpha}(a + (p^N)) \equiv ka^{k-1}\mu_{1,\alpha}(a + (p^N)) \pmod{p^{N-\operatorname{ord}_p d_k}}$$

を得る．N を十分大きくとり，X が $a + (p^N)$ の形の区間の和集合と仮定すると

---

[26] R. H. Mellin (1840–1927). フィンランドの数学者．関数論，積分変換論（メリン変換など）への貢献がある．

56 第 II 章 リーマンのゼータ関数の p 進補間

$$\int_X 1\mu_{k,\alpha} = \sum_{\substack{0 \le a < p^N \\ a+(p^N) \subset X}} \mu_{k,\alpha}(a+(p^N))$$

$$\equiv \sum_{\substack{0 \le a < p^N \\ a+(p^N) \subset X}} ka^{k-1}\mu_{1,\alpha}(a+(p^N)) \pmod{p^{N-\mathrm{ord}_p d_k}}$$

$$= k \sum_{\substack{0 \le a < p^N \\ a+(p^N) \subset X}} f(a)\mu_{1,\alpha}(a+(p^N))$$

を得る．$N \to \infty$ と極限をとると $\int_X 1\mu_{k,\alpha} = k\int_X f\mu_{1,\alpha}$ が得られる． □

われわれの記号において，f を x^{k-1} で置き換え，x を「積分変数」として扱うことにより，この命題の結果を

$$\int_X 1\mu_{k,\alpha} = k \int_X x^{k-1}\mu_{1,\alpha}$$

と書いてよい．k が，左辺では不思議にも μ の添え字に現れているのに対して，右辺の表示では x の指数に現れているので，p 進補間の観点からは，左辺よりはるかに扱いやすい．そして，われわれは §2 の結果より，固定された x に対して被積分関数が，x^{k-1} である場合の補間の話をすでに知っている（§2 の練習問題 8 も参照のこと）．すなわち $x \not\equiv 0 \pmod{p}$ である限り，議論を続行できる．積分の領域内のすべての x がこの性質をもたなければならないので，$X = \mathbb{Z}_p^\times$ とせざるをえない．

したがって $\int_{\mathbb{Z}_p^\times} x^{k-1}\mu_{1,\alpha}$ という表示が，補間**される**ことを主張していこう．これを示すために，§5 の最後に述べた系と §2 の結果を組み合わせる．その系は，$x \in \mathbb{Z}_p^\times$ に対して，$|f(x) - x^{k-1}|_p \le \varepsilon$ ならば

$$\left|\int_{\mathbb{Z}_p^\times} f\mu_{1,\alpha} - \int_{\mathbb{Z}_p^\times} x^{k-1}\mu_{1,\alpha}\right|_p \le \varepsilon$$

となることを主張している（コンパクト-開であるすべての U に対して $|\mu_{1,\alpha}(U)|_p \le 1$ となることを思い出そう）．f として関数 $x^{k'-1}$ をとる．ここで k' は，$k' \equiv k \pmod{p-1}$ かつ $k' \equiv k \pmod{p^N}$ を満たすものである（この二つの合同式を，以下まとめて一つの合同式 $k' \equiv k \pmod{(p-1)p^N}$ で表す）．§2 の結果より，$x \in \mathbb{Z}_p^\times$ に対して

6. メイザー–メリン変換としての p 進 ζ-関数

$$|x^{k'-1} - x^{k-1}|_p \leq \frac{1}{p^{N+1}}$$

が得られる．したがって

$$\left| \int_{\mathbb{Z}_p^\times} x^{k'-1} \mu_{1,\alpha} - \int_{\mathbb{Z}_p^\times} x^{k-1} \mu_{1,\alpha} \right|_p \leq \frac{1}{p^{N+1}}$$

となる．このようにして，任意の固定した $s_0 \in \{0, 1, 2, \ldots, p-2\}$ に対して，k を集合

$$S_{s_0} \stackrel{\text{定義}}{=} \{u \in \mathbb{Z} \mid u > 0,\ u \equiv s_0 \pmod{p-1}\}$$

の全体を動かすとき，$\int_{\mathbb{Z}_p^\times} x^{k-1} \mu_{1,\alpha}$ で与えられる k の関数を，p 進整数 s の連続関数

$$\int_{\mathbb{Z}_p^\times} x^{s_0 + s(p-1) - 1} \mu_{1,\alpha}$$

に拡張できる．

しかし，われわれは，当初の数 $-(1/k) \int_{\mathbb{Z}_p} 1 \mu_{B,k}$ からは少し外れてしまった．われわれは，さきほど

$$\int_{\mathbb{Z}_p^\times} x^{k-1} \mu_{1,\alpha} = \frac{1}{k} \int_{\mathbb{Z}_p^\times} 1 \mu_{k,\alpha}$$

が補間できることを確認した．これら 2 つの数を関連付けてみよう：

$$\begin{aligned}
\frac{1}{k} \int_{\mathbb{Z}_p^\times} 1 \mu_{k,\alpha} &= \frac{1}{k} \mu_{k,\alpha}(\mathbb{Z}_p^\times) \\
&= \frac{1}{k}(1 - \alpha^{-k})(1 - p^{k-1}) B_k \quad (\text{§5 の練習問題 5 を見よ}) \\
&= (\alpha^{-k} - 1)(1 - p^{k-1}) \left(-\frac{1}{k} \int_{\mathbb{Z}_p} 1 \mu_{B,k} \right).
\end{aligned}$$

$1 - p^{k-1}$ という項が現れたのは，積分を $\mathbb{Z}_p$ から $\mathbb{Z}_p^\times$ に制限しなければならなかったからである．これは §2 の最後で予測された現象である．$p \mid n$ のときは n^s を補間することはできないので，補間する前に ζ-関数から「p-オイラー因子」を取り除かなければならない．そこで $(1 - p^{k-1})(-B_k/k)$ を補間することにする：

$$(1-p^{k-1})\left(-\frac{B_k}{k}\right) = \frac{1}{\alpha^{-k}-1}\int_{\mathbb{Z}_p^\times} x^{k-1}\mu_{1,\alpha}.$$

§2 で注意したように，削除するオイラー因子は $1-p^{k-1}$ であり，§2 の発見的手法 (heuristic) による議論では，$1-p^k$ であるべきだと思われるかもしれない．これは，あたかも $\zeta(k)$ の代わりに「$\zeta(1-k)$」を補間しているかのようである（われわれは，正の整数 k に対しての $\zeta(1-k)$ の意味はまだ定義していない）．そこで，われわれは，p 進 ζ-関数を（整数 k 自身においてではなく）整数 $1-k$ における値が，$(1-p^{k-1})(-B_k/k)$ となるような関数として定義する：

定義． k を正の整数とするとき

$$\zeta_p(1-k) \stackrel{\text{定義}}{=} (1-p^{k-1})(-B_k/k)$$

とおく．すなわち上の段落で述べたことによれば

$$\zeta_p(1-k) = \frac{1}{\alpha^{-k}-1}\int_{\mathbb{Z}_p^\times} x^{k-1}\mu_{1,\alpha}$$

である．

右辺の表示は α に依存しないことに注意せよ．すなわち $\beta \in \mathbb{Z}$ を $p \nmid \beta$, $\beta \neq 1$ とすれば，$(\beta^{-k}-1)^{-1}\int_{\mathbb{Z}_p^\times} x^{k-1}\mu_{1,\beta} = (\alpha^{-k}-1)^{-1}\int_{\mathbb{Z}_p^\times} x^{k-1}\mu_{1,\alpha}$ である．これは両方がともに $(1-p^{k-1})(-B_k/k)$ と一致することによる．この等式が α に依存しないことは，また直接的にも証明できる（§7 の練習問題 1 を見よ）．われわれは，この α に依存しないという事実を，後に p 進的な s に対して $\zeta_p(s)$ を定義するときに用いる．

しかし，われわれは，まずベルヌーイ数に関する古典的な数論的事実を導き出す．これらの事実は，久保田–レオポルトの ζ_p やメイザー測度 $\mu_{1,\alpha}$ との関連から，基本的な「微分積分型」の考察（すなわち，§5 の末尾にある系のことで，大雑把にいうと 2 つの関数が区間上で近接しているときは，それらの積分の値も近接しているということ）の自然な結果であることが明らかになるまでは，エレガントではあるが，謎めいた奇妙なものと考えられていた．

定理 7 ((1) と (2) はクンマー，(3) は，クラウゼン[27]とフォン・シュタウト[28]).

(1) $p-1 \nmid k$ であれば $|B_k/k|_p \leq 1$．
(2) $p-1 \nmid k$ かつ $k \equiv k' \pmod{(p-1)p^N}$ であれば
$$(1-p^{k-1})\frac{B_k}{k} \equiv (1-p^{k'-1})\frac{B_{k'}}{k'} \pmod{p^{N+1}}.$$
(3) $p-1 \mid k$ ($p=2$ のとき，k は偶数または $k=1$) ならば
$$pB_k \equiv -1 \pmod{p}.$$

証明．以下 $p > 2$ と仮定する．(3) で $p = 2$ のときは，練習問題として読者に委ねる（§7 の練習問題 6）．

次章のはじめ（第 III 章 §1 の最後）で証明される次の事実が必要である：$\alpha \in \{2, 3, \ldots, p-1\}$ で次の条件を満たすものが存在する．α^{p-1} は $\equiv 1 \pmod{p}$ を満たし，かつ，この条件を満たすもののうち，α の最低べきである．別の言い方をすれば，mod p の 0 以外の剰余類のなす乗法群[29]は位数 $p-1$ の巡回群であり，生成元 $\alpha \in \{1, 2, \ldots, p-1\}$ で，$\alpha, \alpha^2, \alpha^3, \ldots, \alpha^{p-1}$ の剰余が $\{1, 2, \ldots, p-1\}$ を取り尽くすものが存在する．

(1) と (2) の証明において，「測度の正規化」の α として，上記の生成元 α を選ぶ．$p-1 \nmid (-k)$ であるから，これは $\alpha^{-k} \not\equiv 1 \pmod{p}$，すなわち $(\alpha^{-k}-1)^{-1} \in \mathbb{Z}_p^\times$ を意味する．

(1) を証明するために，次のように書き表す（ここでは $k > 1$ と仮定する．$k = 1$ かつ $p > 2$ のときは $|B_1/1|_p = |-1/2|_p = 1$ である）：

$$|B_k/k|_p = |1/(\alpha^{-k}-1)|_p |1/(1-p^{k-1})|_p \left| \int_{\mathbb{Z}_p^\times} x^{k-1} \mu_{1,\alpha} \right|_p$$
$$= \left| \int_{\mathbb{Z}_p^\times} x^{k-1} \mu_{1,\alpha} \right|_p$$
$$\leq 1.$$

---

[27] T. Clausen (1801–1885)．デンマークの数学者，天文学者．6 番目のフェルマー数を素因数分解し，素数でないことを確認した．
[28] K. G. C. von Staudt (1798–1867)．ドイツの数学者．射影幾何学で業績を残した．学位論文指導者はガウス．フォン・シュタウトとクラウゼンの 2 人は，1840 年に，独立にこの結果を公表した．
[29] mod p の既約剰余類群 $(\mathbb{Z}/p\mathbb{Z})^\times$ のこと．この巡回群の生成元を α mod p とすればよい．なお，p が奇素数なら，p べきの既約剰余類群 $(\mathbb{Z}/p^e\mathbb{Z})^\times$ も巡回群となることが知られている．

ここでは，§5 の最後の命題を $A = B = 1$ として用いており，また，すべてのコンパクト-開集合 $U \subset X$ に対して $|\mu_{1,\alpha}(U)|_p \leq 1$ であることと，すべての $x \in \mathbb{Z}_p^\times$ に対して $|x^{k-1}|_p \leq 1$ が成り立つことを用いている．

(2) を証明するために，求める合同式を次のように書き直す．
$$\frac{1}{\alpha^{-k}-1}\int_{\mathbb{Z}_p^\times} x^{k-1}\mu_{1,\alpha} \equiv \frac{1}{\alpha^{-k'}-1}\int_{\mathbb{Z}_p^\times} x^{k'-1}\mu_{1,\alpha} \pmod{p^{N+1}}.$$

次の事実に注意せよ．一般に $a, b, c, d \in \mathbb{Z}_p$ に対して，$a \equiv c \pmod{p^n}$ かつ $b \equiv d \pmod{p^n}$ ならば，$ab \equiv cb \equiv cd \pmod{p^n}$ が成り立つ．いまの場合，$a = (\alpha^{-k}-1)^{-1}$, $b = \int_{\mathbb{Z}_p^\times} x^{k-1}\mu_{1,\alpha}$, $c = (\alpha^{-k'}-1)^{-1}$, $d = \int_{\mathbb{Z}_p^\times} x^{k'-1}\mu_{1,\alpha}$ とすると，これらはすべて $\mathbb{Z}_p$ の元であるから，$(\alpha^{-k}-1)^{-1} \equiv (\alpha^{-k'}-1)^{-1} \pmod{p^{N+1}}$ と $\int_{\mathbb{Z}_p^\times} x^{k-1}\mu_{1,\alpha} \equiv \int_{\mathbb{Z}_p^\times} x^{k'-1}\mu_{1,\alpha} \pmod{p^{N+1}}$ を示せば十分である．最初の事実は $\alpha^k \equiv \alpha^{k'} \pmod{p^{N+1}}$ を示すことに，2 番目の事実は (§5 の最後の系を，$B = 1$, $\varepsilon = p^{-N-1}$ として用いることにより)，すべての $x \in \mathbb{Z}_p^\times$ に対して $x^{k-1} \equiv x^{k'-1} \pmod{p^{N+1}}$ を示すことに帰着される．しかし，これらは §2 内にある議論より導かれる．

最後にクラウゼン–フォン・シュタウトの合同式を証明する．$\alpha = 1 + p$ とおく．合同式は $p > 2$ の条件のもとで証明することを思い出そう．次が得られる．
$$pB_k = -kp(-B_k/k) = \frac{-kp}{\alpha^{-k}-1}(1-p^{k-1})^{-1}\int_{\mathbb{Z}_p^\times} x^{k-1}\mu_{1,\alpha}.$$

はじめに，右辺の 3 つの因子の最初のものを考える．$d = \mathrm{ord}_p\, k$ とすると
$$\alpha^{-k}-1 = (1+p)^{-k}-1 \equiv -kp \pmod{p^{d+2}}$$
であるから
$$1 \equiv \frac{-kp}{\alpha^{-k}-1} \pmod{p}$$
を得る．次に 2 番目の因子を考えると，k は ≥ 2 でなければならないので $(1-p^{k-1})^{-1} \equiv 1 \pmod{p}$ を得る．したがって
$$pB_k \equiv \int_{\mathbb{Z}_p^\times} x^{k-1}\mu_{1,\alpha} \pmod{p}$$
となる．§5 の最後にある系を，今度は $f(x) = x^{k-1}$ と $g(x) = 1/x$ として用いると
$$pB_k \equiv \int_{\mathbb{Z}_p^\times} x^{-1}\mu_{1,\alpha} \pmod{p}$$

が得られる．しかし，§5 の練習問題 7 により，右辺の積分は mod p で -1 と合同である． □

ここで p 進補間に戻ろう．

定義．$s_0 \in \{0, 1, 2, \ldots, p-2\}$ を固定する．$s \in \mathbb{Z}_p$ ($s_0 = 0$ のときは $s \neq 0$ とする）に対して

$$\zeta_{p,s_0}(s) \stackrel{定義}{=} \frac{1}{\alpha^{-(s_0+(p-1)s)} - 1} \int_{\mathbb{Z}_p^\times} x^{s_0+(p-1)s-1} \mu_{1,\alpha}$$

と定義する．

この定義が理にかなっていることは，もう明らかであろう．実際

$$\alpha^{-(s_0+(p-1)s)} = \alpha^{-s_0}(\alpha^{p-1})^{-s} \quad \text{と} \quad x^{s_0+(p-1)s-1} \quad (x \in \mathbb{Z}_p^\times)$$

は，s に p 進的に収束するような正整数 $\{k_i\}$ をとることにより，p 進的な s について定義されるからである．$\zeta_{p,s_0}(s)$ を定義するもう一つの方法は，次を考えるものである：

$$-\lim_{k_i \to s}(1 - p^{s_0+(p-1)k_i-1})\frac{B_{s_0+(p-1)k_i}}{s_0+(p-1)k_i}.$$

われわれは，ここで k を，mod $p-1$ で s_0 となる正の整数とする．すなわち，$k = s_0 + (p-1)k_0$ とすれば $\zeta_p(1-k) = \zeta_{p,s_0}(k_0)$ となることがわかる．われわれは，ζ_{p,s_0} を，mod $p-1$ の合同類の一つに対応する ζ_p の p 進的な「枝 (branch)」の一つと考えることができる．（しかし，奇数の合同類 $s_0 = 1, 3, \ldots, p-2$ については，そのような s_0 に対してつねに $B_{s_0+(p-1)k_i} = 0$ であるから，零関数を与えることに注意せよ．したがって，偶である s_0 のみを考える．）

ζ_{p,s_0} の定義において，$s_0 = 0$ のときは $s = 0$ の場合を除外した．これは $\alpha^{-(s_0+(p-1)s)} = 1$ で分母が 0 となってしまうからである．もし $\zeta_p(1-k) = \zeta_{p,s}(k_0)$，$k = s_0 + (p-1)k_0$ と書いたとき，これは $\zeta_p(1)$ に対応する場合を除外していることを意味する．このようにして，p 進ゼータ関数はアルキメデス的なリーマンゼータ関数と同様に 1 で「極」をもつ．

定理 8．固定された p と固定された s_0 に対して，$\zeta_{p,s_0}(s)$ は定義に現れる $\alpha \in \mathbb{Z}$，$p \nmid \alpha$, $\alpha \neq 1$ に依存しない連続関数である．

証明. §2 の結果と §5 の最後の系から積分が s の連続関数となることは明らかである. 因子 $1/(\alpha^{-(s_0+(p-1)s)} - 1)$ は, $s_0 = 0$ のとき $s = 0$ である場合を除いて連続関数となる. なぜなら $\alpha^{-(s_0+(p-1)s)}$ は §2 の結果より連続関数となるからである. したがって, $\zeta_{p,s_0}(s)$ もまた連続関数である.

ζ_{p,s_0} が α に依存しないという事実の証明が残されている. $\beta \in \mathbb{Z}, p \nmid \beta, \beta \neq 1$ とする. 2 つの関数

$$\frac{1}{\alpha^{-(s_0+(p-1)s)} - 1} \int_{\mathbb{Z}_p^\times} x^{s_0+(p-1)s-1} \mu_{1,\alpha}$$

と

$$\frac{1}{\beta^{-(s_0+(p-1)s)} - 1} \int_{\mathbb{Z}_p^\times} x^{s_0+(p-1)s-1} \mu_{1,\beta}$$

は, $s_0 + (p-1)s = k$ が 0 より大きい整数のとき, すなわち s が負でない整数 ($s_0 = 0$ のとき, $s > 0$) であるとき一致している. なぜなら, いずれの場合も $(1 - p^{k-1})(-B_k/k)$ に一致しているからである. しかし負でない整数の集合は, $\mathbb{Z}_p$ 内で稠密であるから, そこで一致する 2 つの連続関数は全体で一致する. それゆえ, α の代わりに β をとっても関数に影響を与えない. □

定理 8 は, $\zeta(2k)$ の「興味深い因子」$-B_{2k}/2k$ の p 進補間を与えている. しかし, いくつか説明すべきことが残っている: (1) この節の表題にある用語「メイザー–メリン変換」のこと; (2) k から $1 - k$ への不思議な交換; 加えて (3) 古典的な ζ-関数や L-関数との深い類似性についての言及の必要性; (4) モジュラー形式との関連性. これら 4 つの話題は, 本書で証明しようとする範囲を超えるので, 証明は試みずに, 関連する基本的な事実を概観する一つの節にまとめた (§7). (1)–(4) のより進んだ議論に関する文献は以下の通りである. (1) Manin, "Periods of cusp forms, and p-adic Hecke series" の §8; (2) Iwasawa, *Lectures on p-adic L-functions* の §1 と附録; (3) Iwasawa, *Lectures on p-adic L-functions* のとくに §5 と, Borevich and Shafarevich, *Number Theory* の 332–336 ページ; (4) Serre[30], "Formes modulaires et fonctions zêta p-adiques", Springer Lecture Notes in Mathematics 第 350 巻.

---

[30] J.-P. Serre (1926–). フランスの数学者. 幾何学 (代数トポロジー), 代数幾何学, 整数論にわたる広範囲の分野で多くの業績を挙げた. ブルバキのメンバーの一人である.

7. 簡単な概観（証明なし）[31]

(1) $s > 1$ に対して，$\zeta(s)$ は次のように，積分によって表示される：
$$\frac{1}{\Gamma(s)} \int_0^\infty x^{s-1} \frac{dx}{e^x - 1}.$$

ここで $\Gamma(s)$ はガンマ関数で，これは $\Gamma(s+1) = s\Gamma(s)$, $\Gamma(1) = 1$ を満たし，とくに正の整数 k に対して $\Gamma(k) = (k-1)!$ となる．（$s = k$ の場合は，練習問題 4 を見よ．）この積分はメリン変換として知られているものである．正の実数上に定義された関数 $f(x)$ に対して，関数
$$g(s) = \int_0^\infty x^{s-1} f(x)\, dx$$
は，それが存在するとき，$f(x)$（または $f(x)\,dx$）の**メリン変換**と呼ばれる．このようにして，$\Gamma(s)\zeta(s)$ は $dx/(e^x - 1)$ のメリン変換で，これは $s > 1$ のとき存在する（練習問題 4 を見よ）．

§6 において $(1 - p^{k-1})(-B_k/k)$ を p 進的に補間した関数が（$1/(\alpha^{-s} - 1)$ 因子と s_0 に関する部分は除いて）
$$\int_{\mathbb{Z}_p^\times} x^{s-1} \mu_{1,\alpha}$$
であることを示した．ここで $\mu_{1,\alpha}$ は正規化されたメイザー測度であった．したがって，p 進 ζ-関数は古典的な場合の類似，すなわち正規化されたメイザー測度 $\mu_{1,\alpha}$ の「メイザー–メリン変換」と考えられる[32]．

(2) 関数
$$\zeta(s) = \sum_{n=1}^\infty \frac{1}{n^s}$$
を，実部が > 1 である複素数変数 s の関数としたとき，この和はまだ収束し，s の「複素解析的」関数を定義する．「解析接続」の手法を用いれば，$\zeta(s)$ は $s = 1$ を除いて，全複素数平面に拡張される（$s = 1$ で $1/(s-1)$ のように振る舞う[33]）．$\zeta(s)$ の極めて基本的な性質の一つは，s における値と $1 - s$ での値を結び付ける「関数

---

[31] 前節末にあるように，前節で挙げた 4 つの話題について，この節では証明なしに解説を与えている．
[32] §6 の表題の意味がこれである．
[33] $s = 1$ で 1 位の極をもち，留数が 1 である．

等式」をもつことである．すなわち

$$\zeta(1-s) = \frac{2\cos(\pi s/2)\Gamma(s)}{(2\pi)^s}\zeta(s).$$

$s = 2k$ を正の偶数とする．すると

$$\begin{aligned}
\zeta(1-2k) &= \frac{2\cos\pi k\,(2k-1)!}{(2\pi)^{2k}}\zeta(2k) \\
&= \frac{2(-1)^k(2k-1)!}{(2\pi)^{2k}}\frac{(-1)^k\pi^{2k}2^{2k-1}}{(2k-1)!}\left(-\frac{B_{2k}}{2k}\right) \quad \text{(定理 4 による)} \\
&= -\frac{B_{2k}}{2k}.
\end{aligned}$$

一方，s が 1 より大きい**奇数**のときは，関数等式の右辺は 0 となる．なぜなら $\cos(\pi s/2) = 0$ となるからである（$\zeta(s)$ が有限となるためには $s > 1$ が必要である）．よって $\zeta(1-s)$ は 0 となり，これはまた $0 = 0$ として，$\zeta(1-k) = -B_k/k$ が成り立つことを示す．

$\zeta(1-k) = -B_k/k$ の表

$1-k$	$\zeta(1-k)$
-1	$-1/12$
-3	$1/120$
-5	$-1/252$
-7	$1/240$
-9	$-1/132$
-11	$691/32760$
-13	$-1/12$
-15	$3617/8160$
-17	$-43867/14364$
-19	$174611/6600$
-21	$-77683/276$

つまり，われわれが「本当に」補間していたのは，**負の奇数**におけるリーマン ζ-関数だったのである．ここで ζ_p と ζ の関係を，ζ_p の定義を用いて簡単にまとめることができる：$k = 2, 3, 4, \ldots$ に対して

$$\zeta_p(1-k) = (1-p^{k-1})\zeta(1-k).$$

少し大まかにいうと（発散する場合を忘れて），次のように書ける：$\zeta(1-k) =$

$\prod_{q:\text{素数}} 1/(1-q^{k-1})$,

$$\zeta^*(1-k) = \prod_{q:\text{素数},\, q\neq p} 1/(1-q^{k-1}) = (1-p^{k-1})\zeta(1-k).$$

つまり，因子 $(1-p^{k-1})$ の出現は，このように細かいことにこだわらないような視点から見れば，発見的な手法 (heuristic) としての意味では，理にかなっている．

同じ要領で公式 $\zeta(1-k) = -B_k/k$ を完全に直接的な方法で導くことができる．

$$\zeta(1-k) \stackrel{\text{定義}}{=} \sum_{n=1}^{\infty} \frac{1}{n^{1-k}} = \sum_{n=1}^{\infty} n^{k-1}.$$

$(d/dt)^{k-1} e^{nt}|_{t=0} = n^{k-1}$ であるから，次のように書ける．

$$\begin{aligned}
\zeta(1-k) &= \sum_{n=1}^{\infty} \left(\frac{d}{dt}\right)^{k-1} e^{nt}\bigg|_{t=0} = \left(\frac{d}{dt}\right)^{k-1} \sum_{n=1}^{\infty} e^{nt}\bigg|_{t=0} \\
&= \left(\frac{d}{dt}\right)^{k-1} \left(\frac{1}{1-e^t} - 1\right)\bigg|_{t=0} = \left(\frac{d}{dt}\right)^{k-1} \left(\frac{1}{1-e^t}\right)\bigg|_{t=0} \\
&= \left(\frac{d}{dt}\right)^{k-1} \left(-\frac{1}{t}\sum_{n=1}^{\infty} B_n \frac{t^n}{n!}\right)\bigg|_{t=0} \\
&= \left(\frac{d}{dt}\right)^{k-1} \sum \left(-\frac{B_n}{n}\right) \frac{t^{n-1}}{(n-1)!}\bigg|_{t=0} \\
&= -\frac{B_k}{k}.
\end{aligned}$$

(3) ζ_p と ζ の結び付きはさらに深い．重要な例として，ζ の一般化である次の形の関数を考える必要がある：

$$L_\chi(s) \stackrel{\text{定義}}{=} \sum_{n=1}^{\infty} \frac{\chi(n)}{n^s}, \quad s > 0.$$

ここで χ は「指標」である (§2 の練習問題 9–10 を見よ)．χ が「自明」な指標 (すべての n について値 1 をとる) でない限り，この関数 $L_\chi(s)$ は $s = 1$ のとき収束する：$\sum_{n=1}^{\infty}(\chi(n)/n)$．そして，これは具体的に計算される．結果は次の通りである：

$$L_\chi(1) = -\frac{\tau(\chi)}{N} \sum_{a=1}^{N-1} \overline{\chi}(a) \log(1 - e^{-2\pi i a/N}),$$

ここで N は χ の導手 (conductor) で $\tau(\chi) = \sum_{a=1}^{N-1} \chi(a) e^{2\pi i a/N}$ (この公式は, §2 の練習問題 9–10 で与えられたものに帰着される).

ζ_p の構成と非常に類似した方法により, $L_\chi(1-k)$ を「p 進 L-関数」$L_{\chi,p}$ で補間することが可能である. 驚くべきことに $L_{\chi,p}(1)$ は次の表示と一致する:

$$-\left(1 - \frac{\chi(p)}{p}\right) \frac{\tau(\chi)}{N} \sum_{a=1}^{N-1} \overline{\chi}(a) \log_p(1 - e^{-2\pi i a/N}).$$

ここで「$\log_p$」は「p 進対数関数」で **p 進**変数の **p 進**関数である (第 IV 章 §1, §2 を参照のこと). またすべての 1 のべき根, すなわち $e^{2\pi i a/N}$ と χ の値は $\mathbb{Q}_p$ の代数拡大体の元と考える (第 III 章の §2–3 を見よ). 因子 $(1 - (\chi(p)/p))$ は, p-オイラー因子と考えるべきある (ζ-関数に対しては, $\chi = 1$ で, $\zeta(1)$ のオイラー因子は, もし $\zeta(1)$ が有限であれば[34], それは $(1 - (1/p))$ であろう. L_χ に対するオイラー積については, §2 の練習問題 9 も参照のこと). $L_{\chi,p}(1)$ の残りの部分は, 古典的な $\log$ をその p 進類似である $\log_p$ で置き換えたことを除いて $L_\chi(1)$ のものと同じである.

(4) 楕円曲線やモジュラー形式の研究で非常に重要なのが, アイゼンシュタイン級数 $E_{2k}, k \geq 2$ である (Serre, *A Course in Arithmetic* の第 VII 章を参照). これは正の虚数部分をもつような複素数 z 全体で定義された関数で

$$E_{2k}(z) = -\frac{1}{2} \frac{B_{2k}}{2k} + \sum_{n=1}^{\infty} \sigma_{2k-1}(n) e^{2\pi i n z}$$

で与えられるものである. ここで

$$\sigma_m(n) \stackrel{\text{定義}}{=} \sum_{d|n, d>0} d^m$$

である. この級数は「フーリエ級数」, すなわち $e^{2\pi i z}$ のべき級数と考えられ, 定数項は $\frac{1}{2}\zeta(1-2k)$ と一致する.

---

[34] 実際は $\zeta(s)$ は $s=1$ で極をもつから, $\zeta(1)$ は有限でない.

アイゼンシュタイン級数は，p 進的に補間されることがわかる．このヒントのひとつは，$p \nmid n$ である限り，n 番目の係数を補間できることである．すなわち，その係数 $\sigma_{2k-1}(n)$ は関数 d^{2k-1} の有限和で，$p \nmid n$ であるから §2 より，それらはすべて補間されるからである．すると $\zeta(1-2k)$ を補間することは「定数項もそうできる」ことと考えられる[35]．漠然としているように見えるかもしれないが，実はこの章の結果は，p 進モジュラー形式の理論を用いて導くことができる．詳細は前述のセールの論文，Katz[36] の論文 "p-adic Eisenstein measures and p-adic interpolation of Eisenstein series"（文献表を見よ）を参照のこと．

練習問題

1. $\mu_{1,\alpha}$, $\mu_{k,\alpha}$ と $\mu_{B,k}$ の間の関係を用いて
$$\frac{1}{\alpha^{-k}-1}\int_{\mathbb{Z}_p^\times} x^{k-1}\mu_{1,\alpha}$$
が α に依存しないことを（ベルヌーイ数に言及せずに）直接証明せよ．

2. $p=5$, $k=2$, $k'=22$, $N=1$ のとき，$\zeta(1-k)$ の表を見て，クンマーの合同式が成立することを確かめよ．またその合同式が $p-1 \mid k$ のときは不成立であることを表でチェックせよ．クンマーの合同式と B_k の最初のいくつかの値を用いて，次の値を p^2 の位まで計算せよ：

   (i) $\mathbb{Q}_5$ 内で B_{102} (ii) $\mathbb{Q}_7$ 内で B_{296} (iii) $\mathbb{Q}_7$ 内で B_{592}

3. 定理 7 と第 I 章 §2 の練習問題 20 を用いて，クラウゼン–フォン・シュタウトの定理の次の変形を証明せよ：すべての偶数 k（または $k=1$）に対して $(B_k + \sum \frac{1}{p}) \in \mathbb{Z}$ が成り立つ．ここで和は $p-1 \mid k$ となる素数 p 全体にわたる．

4. 積分 $\int_0^\infty x^{s-1}dx/(e^x-1)$ が $s>1$ のとき存在することを示せ．$1/(e^x-1) = e^{-x}/(1-e^{-x}) = \sum_{n=1}^\infty e^{-nx}$ と書くことにより，$k=2,3,4,\ldots$ に対して
$$\int_0^\infty \frac{x^{k-1}}{e^x-1}dx = (k-1)!\,\zeta(k)$$
となることを証明せよ（その計算を正当化せよ）．

5. $k=2,3,4,\ldots$ に対して
$$\int_0^\infty \frac{x^{k-1}}{e^x+1}dx = (k-1)!\,(1-2^{1-k})\zeta(k)$$
を証明せよ．$s=k=2,3,4,\ldots$ のとき $\zeta(s)$ に一致することが示された関数
$$\frac{1}{\Gamma(s)(1-2^{1-s})}\int_0^\infty \frac{x^{s-1}}{e^x+1}dx$$

---

[35] フーリエ級数の「定数項以外の係数が補間されれば，定数項も補間される」ということが，モジュラー形式の理論から導かれる．

[36] N. M. Katz (1943–)．アメリカの数学者．代数幾何学，数論幾何学で業績を挙げている．

が，$s>0, s\neq 1$ となる s で s の連続関数として存在することを示せ．

6. $p=2$ のとき，クラウゼン–フォン・シュタウトの定理を証明せよ．

第III章 Ωの構成

1. 有限体

以下では，体の代数的拡大に関するいくつかの基本的な概念に精通していることを前提とする．すべての証明を見直すことは，遠回りである．これらの話題についての，詳細でわかりやすい取り扱いについては，Lang の本 *Algebra* か Herstein の本 *Topics in Algebra* を参照されたい．以下に述べる概念と事実が必要となる：

(1) **体** F **の抽象的定義**．F の**拡大体**とは，F を含む任意の体であり，拡大体 K が**代数的**であるとは，任意の $\alpha \in K$ が F 上**代数的な元**であること，すなわち，F に係数をもつ多項式方程式 $a_0 + a_1\alpha + a_2\alpha^2 + \cdots + a_n\alpha^n = 0$ $(a_i \in F)$ を満たすことを意味する．K は F の代数的拡大体または単に**代数拡大**という．たとえば，$a + b\sqrt{2}$ $(a, b \in \mathbb{Q})$ の形の数全体の集合は，$\mathbb{Q}$ の代数拡大体である．

(2) F を任意の体とする．その**標数** $\mathrm{char}(F)$ とは，1（乗法の単位元）を n 回加えて 0（加法の単位元）となるような n のうち最小のものとして定義される．$1+1+\cdots+1$ がつねに $\neq 0$ となるときは，$\mathrm{char}(F) = 0$ とする．（$\mathrm{char}(F) = \infty$ といった方が理にかなっているように思えるが，慣例に従って，標数 0 をもつという．）$\mathbb{Q}, \mathbb{Q}_p, \mathbb{R}$ や $\mathbb{C}$ は標数 0 であり，素数 p を法とした剰余類の集合は標数 p の体である．（われわれは，標数 p の体のいくつかの例を，後で見ることになる．）

(3) 体 F 上の**ベクトル空間** V の定義．V についての F 上の**基** (basis) とはどういうものか，V が**有限次元** (finite-dimensional) であるとはどういうことか．V が有限次元であるとき，その**次元**とは，基の個数を意味する．

(4) F の拡大体 K は，F-ベクトル空間となっている．もしそれが有限次であれば，代数拡大でなければならず，その次元は**次数**（または**拡大次数**）と呼ばれ，$[K:F]$ で表される．$\alpha \in K$ について，任意の K の元が α の F 係数有理式としての表現をもつとき，$K = F(\alpha)$ と表し，K は F に α を「添加」した体であるという．K' を K の有限次拡大体としたとき，K' は F の有限次拡大体で $[K':F] = [K':K][K:F]$ が成り立つことが容易にわかる．

(5) F の代数拡大体 K の任意の元 α は，**ただ一つ**のモニック既約多項式を満たす：

$$\alpha^n + a_{n-1}\alpha^{n-1} + \cdots + a_1\alpha + a_0 = 0 \quad a_i \in F.$$

（ここで「モニック」とは，最高次係数が 1 となることを意味し，「既約」とは，より低い次数の F 係数多項式の積に因数分解できないことを意味する．）上記で n は，α の次数と呼ばれる．拡大体 $F(\alpha)$ は F 上拡大次数 n をもつ（$\{1, \alpha, \ldots, \alpha^{n-1}\}$ は，$F(\alpha)$ の F 上のベクトル空間としての一つの基となっている）．

(6) F が標数 0 の体（たとえば $\mathbb{Q}$ や $\mathbb{Q}_p$），または有限体であるとき（有限体については，後に詳しく調べる），F の有限次拡大体 K に対して，ある $\alpha \in K$ が存在して $K = F(\alpha)$ となることが証明される．α は「原始元 (primitive element)」と呼ばれる．（実際，この主張は F が「完全体 (perfect field)」であれば成立する．ここで「完全」とは，$\mathrm{char}(F) = 0$ であるか，$\mathrm{char}(F) = p$ で，F の元の p 乗根がすべて F 自身に含まれることをいう[1]．）K の原始元 α がわかっていると，K を調べることが容易になる．なぜならそれは，K の任意の元が，α に関する次数が $< n$ となる多項式として表示されるからである．すなわち $K = \{\sum_{i=0}^{n-1} a_i \alpha^i \mid a_i \in F\}$ となる．

(7) F に係数をもつ次数が n の既約多項式 f が与えられたとする．F の n 次の拡大体 K で，f が根 $\alpha \in K$ をもつものが構成できる．F に係数をもつ可能なすべての多項式の根を，この方法で連続して添加することにより F の一つの「代数閉包」（$F^{\mathrm{alg\,cl}}$ または $\overline{F}$ と書かれる）が得られる．定義により，これは F を含む最小の代数閉体である（K に係数をもつ任意の多項式が K に根をもつとき，代数閉体と呼ばれることを思い出そう）．F の任意の代数拡大体は F

---

[1] 一つの元を添加して得られる拡大体 $F(\alpha)$ は F の単純拡大とも呼ばれ，この主張は「有限次分離拡大は単純拡大である」という形で述べられる．

の一つの代数閉包に含まれる（すなわち F の代数閉包に拡大できる）．F の任意の2つの代数閉包は同型であり，したがって通常は単に F の「代数閉包 (the algebraic closure)」と呼ぶ[2]．体 F の代数閉包は通常 F の有限次拡大体の無限個の和集合である．たとえば $\mathbb{Q}$ の代数閉包は，有理数係数の多項式方程式を満たすような複素数全体からなる．しかしながら実数体 $\mathbb{R}$ の代数閉包は $\mathbb{C} = \mathbb{R}(\sqrt{-1})$ であり，$\mathbb{R}$ の2次の有限次代数拡大体となっている．ただし，これは常のことというよりはむしろ例外である．

(8) $K = F(\alpha)$ とし，K' をもう一つの F の拡大体，$\sigma\colon K \to K'$ は K から K' の部分体への同型を与える写像とする（ここで σ は「F-準同型写像」，すなわち体の演算を保存し，かつ $a \in F$ については $\sigma(a) = a$ となるものとする）．すると α の K' 内の像 $\sigma(\alpha)$ は，α が満たす F 上のモニック既約多項式と同じ多項式を満たす．逆に $K = F(\alpha)$ で，K' を F のもう一つの拡大体とする．$\alpha' \in K'$ が α と同じモニック既約多項式を満たせば，K から K' の部分体 $F(\alpha')$ への同型 σ で，すべての $a \in F$ について $\sigma(a) = a$ かつ $\sigma(\alpha) = \alpha'$ となるようなものが，ただ一つ存在する．

(9) $\overline{F} = F^{\mathrm{alg\,cl}}$ において，$\alpha \in \overline{F}$ が満たす F 上のモニック既約多項式の根は，α の**共役** (conjugate) と呼ばれる．$F(\alpha)$ から $\overline{F}$ の部分体への同型写像と α の共役 α' の間に1対1対応がある（前段落 (8) を参照のこと）．もし F が $\mathrm{char}(F) = 0$ または有限体（または完全体）であれば，既約多項式は重根をもちえない．すなわち，α の共役全体はすべて異なる．この場合は，(α の共役の個数) $= [F(\alpha) : F]$ である．

(10) $K = F(\alpha)$ とする．α のすべての共役が K に含まれるとき，体 K は「ガロア (Galois)」と呼ばれる．この場合，$x = \sum_{i=0}^{n-1} a_i \alpha^i \in K$ ($a_i \in F$) の形の元の共役はすべて K の元となる．なぜなら，その共役は，α の共役 α' により $\sum_{i=0}^{n-1} a_i \alpha'^i$ の形をしているからである．ガロア拡大の例としては，$\mathbb{Q}(\sqrt{2})$ が挙げられる（なぜなら $\alpha = \sqrt{2}$ は，$x^2 - 2 = 0$ の他の根である共役 $\alpha' = -\sqrt{2}$ をもち，$-\sqrt{2} \in \mathbb{Q}(\sqrt{2})$ となるからである）．その他，$\mathbb{Q}$ のガロア拡大として挙げられるものとして，$\mathbb{Q}(i)$，任意の $d \in \mathbb{Q}$ についての $\mathbb{Q}(\sqrt{d})$，$\mathbb{C}$ 内の1の原始 m 乗根を $\zeta_m = e^{2\pi i/m}$ としたときの $\mathbb{Q}(\zeta_m)$ がある[3]．($\mathbb{Q}(\zeta_m)$ については，ζ_m の共役が，m と共通因数をもたない i について ζ_m^i の形をしている

---

[2] 原文では定冠詞 the を付けて強調している．
[3] $\mathbb{Q}(i)$ はガウス数体，$\mathbb{Q}(\zeta_m)$ は円分体と呼ばれている．

ことからわかる．）ガロア拡大ではない $\mathbb{Q}$ の拡大体の例としては $\mathbb{Q}(\sqrt[4]{2})$ が挙げられる．$\sqrt[4]{2}$ の共役は，$x^4 - 2 = 0$ の4つの根である．すなわち，$\pm\sqrt[4]{2}$ と $\pm i\sqrt[4]{2}$ であり，$i\sqrt[4]{2} \notin \mathbb{Q}(\sqrt[4]{2})$ となるからである（なぜなら $\mathbb{Q}(\sqrt[4]{2})$ は実数体に含まれている）．

(11) K を F のガロア拡大体とする．(8) で述べられている同型写像の像は，すべて K 自身である．すなわち，それらは K から K への F-同型写像，または K の「F-自己同型写像」と呼ばれるものになっている．これらの自己同型写像の集合は群をなし，「K の F 上のガロア群」と呼ばれる．σ をそのような自己同型写像の一つとしたとき，$\sigma(x) = x$ となるような元 $x \in K$ の集合は体をなし「σ の固定体」と呼ばれる（この集合が，F を含むような K の部分体となることは容易に示される）．例として，$\mathbb{Q}$ の4次のガロア拡大体 $\mathbb{Q}(\sqrt{2} + \sqrt{3})$ をとり，σ として $\sqrt{2} + \sqrt{3}$ を $\sqrt{2} - \sqrt{3}$ に移すものをとる．すると σ の固定体は $\mathbb{Q}(\sqrt{2})$ となる．次の事実は容易に示される：K を F のガロア拡大体とし，$K' \neq K$ を K と F の中間体とする：$F \subset K' \subset K$．すると K' の元を固定するような，自明でない K の自己同型写像が存在する．K の F 上のガロア群の部分群 S と，そのような中間体 $F \subset K' \subset K$ の間に1対1対応がある．ここで

$$S \longleftrightarrow K'_S = \{x \in K \mid \text{すべての } \sigma \in S \text{ について } \sigma(x) = x\}.$$

しかしながら，われわれが必要とするのは，この段落の事実の単純な場合だけであり，ガロア理論がもつ完全な威力 (power) ではない．

これから有限体の研究に進んでいく．有限体の最も単純な例は「整数を素数 p を法として考えたもの (integers modulo a prime p)」である．これは次を意味する：整数の集合に，$x \equiv y \pmod{p}$ で定義される同値関係 $x \sim y$ を考え，その同値類の集合をとる．その同値類は p 個ある：$0, 1, 2, 3, \ldots, p-2, p-1$ の類である．この集合に加法，乗法が定義でき，$\mathbb{F}_p$ と表される体が得られることは容易にわかる（0でない剰余類が逆元をもつことは，p で割り切れない x に対して $xy \equiv 1 \pmod{p}$ となる y が存在する事実と同じである）．$\mathbb{F}_p$ は $\mathbb{Z}/p\mathbb{Z}$ とも書かれる（これは「整数全体を p の倍数の集合で割った（剰余をとった）」ことを意味する）．

p 進整数から始めても同じである．$\mathbb{Z}_p$ に $x \equiv y \pmod{p}$ のとき（すなわち x と y は p 進展開の最初の項が等しいとき）$x \sim y$ と定義する．すなわち $\mathbb{F}_p$ は $\mathbb{Z}_p/p\mathbb{Z}_p$

とも書けるわけである（「p 進整数全体を，その p 倍で割ったもの」）．$\mathbb{Z}_p/p\mathbb{Z}_p$ は，$\mathbb{Z}_p$ の「剰余体 (residue field)」と呼ばれる．先に進む前に，一般的な有限体について調べなければならない．その理由は以下の通りである：$\mathbb{Q}_p$ と $\mathbb{Z}_p$ の代わりに，$\mathbb{Q}_p$ の代数拡大体を扱ったときに得られる剰余体は，$\mathbb{F}_p$ ほど単純ではない．それらは $\mathbb{F}_p$ の代数拡大体となる．そこで一般的な有限体がどのようなものかを把握する必要がある．

F を有限体とする．$0, 1, 1+1, 1+1+1, \ldots$ のすべてが異なることはありえないので，F の標数は $\neq 0$ である．$n = \mathrm{char}(F)$ としよう．n は素数でなければならないことに注意せよ．実際，もし $n = n_0 n_1$ で n_0 と n_1 はともに $< n$ であるように書けたとすると，$n_0 \neq 0$ で，n_0^{-1} を掛ければ $n_1 = n_0^{-1} n = 0$ が得られて矛盾する．そこで，素数 $\mathrm{char}(F)$ を p で表す．

明らかに，標数 p の任意の体は，p 個の元からなる体を部分体として含む（すなわち，$1 + \cdots + 1$ の形の数全体から作られる F の部分体をとればよい）．この部分体は，F の「素体」と呼ばれる．

標数 p の任意の体 F において，写像 $x \mapsto x^p$ は加法，乗法を保存する：

$$xy \longmapsto (xy)^p = x^p y^p,$$
$$x + y \longmapsto (x+y)^p = \sum_{i=0}^{p} \binom{p}{i} x^i y^{p-i} = x^p + y^p.$$

2番目の式は，$1 \leq i \leq p-1$ である i について，整数 $\binom{p}{i} = p!/(i!(p-i)!)$ が p で割り切れ，F で 0 となることから導かれる．

定理 9．F を q 個の元からなる有限体とし，$f = [F : \mathbb{F}_p]$ とする（すなわち F のその素体 $\mathbb{F}_p$ 上のベクトル空間としての次元）．K は F を含む $\mathbb{F}_p$ の代数閉包とする．すると $q = p^f$ で，F は K 内で q 個の元をもつただ一つの体であり，方程式 $x^q - x = 0$ を満たす K の元からなる集合である．逆に，任意の p のべき $q = p^f$ に対して，方程式 $x^q - x = 0$ の K 内の根の集合は，q 個の元からなる体となる．

証明．F は，$\mathbb{F}_p$ 上 f 次元のベクトル空間であるから，その元の個数は f 個の成分（すなわち f 個の元からなる基による「座標」）の $\mathbb{F}_p$ からの元の取り方の個数である．したがって，これは p^f となる．逆に q 個の元からなる体 F は，0 ではない $q - 1$ 個の元をもつ．したがって F の 0 ではない元は，乗法に関して位数 $q - 1$ の群をなす．この群においては，一つの元 x のべきの全体は，x のべきで 1 となる最

小のべき指数（x の「位数」と呼ばれる）の位数をもつ部分群になる．しかし有限群の部分群の位数は，その有限群の位数を割り切る．したがって x の位数は $q-1$ を割り切り，F の 0 ではないすべての x に対して $x^{q-1} = 1$ となる．よって，すべての F の元 x（0 も含む）に対して $x^q - x = 0$ が成り立つ．これは K 内の q 個の元をもつ**任意の**体について成り立つ．次数 q の多項式は体において，たかだか q 個の異なる根をもつから，K 内の q 個の元をもつ任意の体は $x^q - x = 0$ の根からなるものでなければならないことが導かれ，そのような q 個の元からなる集合は，ただ一つであることがわかる．

逆に，任意に与えられた $q = p^f$ について，$x^q - x = 0$ を満たす K の元の集合は，加法と乗法について閉じており，K の部分体となる（定理の前の段落と同様の議論による）．この多項式は異なる根をもつ．もし重根をもてば，後の練習問題 10 により，根はまたそれを形式的に微分した $qx^{q-1} - 1 = -1$ の根にもなっていなければならず（K では $q = 0$ を用いている），多項式 -1 は根をもたないからである． □

注意．$\mathbb{F}_p$ 上の 2 つの代数閉包は同型であるから，$q = p^f$ 個の元をもつ任意の 2 つの体は同型である．

$q = p^f$ 個の元をもつ（同型を除いて）一意に決まる体を $\mathbb{F}_q$ で表そう．F が体であるとき，$F^\times$ で，F の零元ではない元全体のなす乗法群を表すことにする．

命題．$\mathbb{F}_q^\times$ は位数 $q-1$ の巡回群である．

証明．x の位数（x のべきが 1 となる最小べき指数）を $o(x)$ で表すと，すべての $x \in \mathbb{F}_q^\times$ に対して $o(x)$ は $q-1$ の因数である．しかし，d を $q-1$ の任意の因数とすれば，方程式 $x^d = 1$ はたかだか d 個の解をもつ．なぜなら次数 d の多項式 $x^d - 1$ は体において，たかだか d 個の根をもつからである．$d = o(x)$ とすれば，d 個の異なる元 $x, x^2, \ldots, x^{d-1}, x^d = 1$ は，すべてこの方程式を満たし，そうなるのは，それらだけである．これら d 個の元のうち，位数が**ちょうど** d であるものは何個あるのであろうか？ 次が答えであることは容易にわかる．すなわち，それは $\{1, 2, \ldots, d-1, d\}$ の中で d と互いに素（1 以外に共通因数がない）であるものの個数である．この数は $\varphi(d)$ で表される[4]．以上により，$\mathbb{F}_q^\times$ のたかだか $\varphi(d)$ 個の

---

[4] φ は，オイラーのトーシェント関数 (Euler's totient function)，または単にオイラーの関数と呼ばれる．

元が位数 d をもつことがわかった．われわれは，$q-1$ のすべての因数 d に対して，とくに $d = q-1$ のとき，ちょうど $\varphi(d)$ 個の元が位数 d をもつことを示そう．これは，次の補題から導かれる．

補題． $\sum_{d|n} \varphi(d) = n$．

補題の証明． $\mathbb{Z}/n\mathbb{Z}$ を n を法とする整数のなす加法群 $\{0, 1, \ldots, n-1\}$ を表すものとする．$\mathbb{Z}/n\mathbb{Z}$ は，n の各因数 d に対して，次のような部分群 S_d をもつ．S_d は n/d の倍数全体の集合で，$\mathbb{Z}/n\mathbb{Z}$ の部分群は明らかに，このようにして得られる．S_d は d 個の元からなり，そのうち $\varphi(d)$ 個が S_d を生成する（すなわち $\mathbb{Z}/n\mathbb{Z}$ において，mn/d の倍数全体が n/d の倍数全体に一致することと，m と d が互いに素であることとは同値である）．しかし，$0, 1, \ldots, n-1$ の各整数は，部分群 S_d のうちの一つを生成する．よって

$$\{0, 1, \ldots, n-1\} = \bigcup_{d|n} \{S_d \text{ を生成する元}\}$$

であり，右辺は共通部分のない和集合であるから，$n = \sum_{d|n} \varphi(d)$ が得られ，補題が証明された．

上で述べたことより，命題は直ちに導かれる．もし，ある $d \mid n$ に対して位数 d の元が $\varphi(d)$ 個より少なければ

$$n = \sum_{d|n} (\text{位数 } d \text{ の元の個数}) < \sum_{d|n} \varphi(d) = n$$

で矛盾するからである．よって，とくに位数 $q-1$ の元が $\varphi(q-1)$ 個存在する．$\varphi(q-1) \geq 1$ であるから（たとえば，1 は $q-1$ と共通因子をもたない），位数がちょうど $q-1$ の元 a が存在して，$\mathbb{F}_q^\times = \{a, a^2, \ldots, a^{q-1}\}$ となる． □

練習問題

1. F を $q = p^f$ 個の元をもつ体とする．F が $q' = p^{f'}$ 個の元をもつ体をただ一つ含むことと，f' が f を割り切ることとが同値であることを示せ．
2. $p = 2, 3, 5, 7, 11, 13$ に対して，$\mathbb{F}_p^\times$ を生成するような元 $a \in \{1, 2, \ldots, p-1\}$，すなわち $\mathbb{F}_p^\times = \{a, a^2, \ldots, a^{p-1}\}$ となるような a を見つけよ．それぞれの場合において，そのような a の取り方が何通りあるかを決定せよ．
3. F を $a + bj$ の形の数の集合とする．ここで $a, b \in \mathbb{F}_3 = \{0, 1, 2\}$ で加法は成分ごとに，

乗法は $(a+bj)(c+dj) = (ac+2bd) + (ad+bc)j$ で定義するものとする．$F = \mathbb{F}_9$ であることを示せ．また $1+j$ は $\mathbb{F}_9^\times$ を生成することを示し，$\mathbb{F}_9^\times$ のすべての生成元の取り方を見出せ．

4. 前問で，$\mathbb{F}_9$ に対して行ったことを，$\mathbb{F}_4$ と $\mathbb{F}_8$ に対して同じ方法で実行し，書き下せ．$\mathbb{F}_4^\times$ と $\mathbb{F}_8^\times$ においては，1 以外の任意の元が生成元になる理由を説明せよ．
5. $q = p^f$ とし，a を $\mathbb{F}_q^\times$ の生成元とする．$P(X)$ を a が満たす $\mathbb{F}_p$ 上のモニック既約多項式とする．$\deg P = f$ であることを示せ．
6. $q = p^f$ とする．$\mathbb{F}_q$ の $\mathbb{F}_p$ 上の自己同型写像はちょうど f 個存在することを示せ．すなわち $x \in \mathbb{F}_q$ に対して $\sigma_i(x) = x^{p^i}$ $(i = 0, 1, \ldots, f-1)$ で与えられることを示せ．
7. $\alpha \in \mathbb{F}_p^\times$ とし，$P(X) = X^p - X - \alpha$ とおく．a が $P(X)$ の根ならば $a+1, a+2$ などもそうであることを示せ．また，$\mathbb{F}_p$ に a を添加して得られる体は，$\mathbb{F}_p$ 上 p 次であること，すなわち $\mathbb{F}_{p^p}$ と同型であることを示せ．
8. $\mathbb{F}_q$ が -1 の平方根を含むことと，$q \not\equiv 3 \pmod{4}$ となることとは同値であることを示せ[5]．
9. ξ を $\mathbb{Q}_p$ 上で次数 n の代数的な元とする．すなわち ξ は，$\mathbb{Q}_p$ に係数をもつ n 次の多項式方程式を満たし，n より小さい次数のそのような多項式方程式は満たさないものとする．ある整数 N が存在して，ξ は
$$a_{n-1}\xi^{n-1} + a_{n-2}\xi^{n-2} + \cdots + a_1\xi + a_0 \equiv 0 \pmod{p^N}$$
の形のいかなる合同式も満たさないことを示せ．ここで a_i は有理整数で，そのすべてが p で割り切れることはないものとする[6]．
10. F を任意の体とし，$f(X) = X^n + a_{n-1}X^{n-1} + \cdots + a_1 X + a_0$ は F に係数をもち，F で因数分解されるものとする．すなわち $f(X) = \prod_{i=1}^n (X - \alpha_i)$, $\alpha_i \in F$．重複して現れる任意の α_i は[7]，また $nX^{n-1} + a_{n-1}(n-1)X^{n-2} + a_{n-2}(n-2)X^{n-3} + \cdots + a_1$ の根となることを示せ．

2. ノルムの拡張

X を距離空間とする．X が**コンパクト**であるとは，任意の列が収束部分列をもつことであった（第 II 章, §3 の最初の部分を参照）．たとえば，$\mathbb{Z}_p$ はコンパクト距離空間である（第 I 章, §5 の練習問題 20 を見よ）．X が**局所コンパクト** (locally compact) であるとは，任意の点 $x \in X$ がコンパクトな近傍をもつことをいう（ここで x の近傍とは，X の部分集合であり，ある円板 $\{y \mid d(x, y) < \varepsilon\}$ を含むものである）．実数全体 $\mathbb{R}$ は，通常のアルキメデス絶対値による距離に関して，コンパクトではないが，局所コンパクトな距離空間になる．$\mathbb{Q}_p$ も局所コンパクト距離空間のもう一つの例となっている．これは，任意の $x \in \mathbb{Q}_p$ に対して，その近傍 $x + \mathbb{Z}_p \overset{\text{定義}}{=} \{y \mid |y - x|_p \leq 1\}$ がコンパクト（実際これは $\mathbb{Z}_p$ と距離空間として同

---
[5] 第 V 章 §1 の，単位円から定義される超曲面のゼータ関数の計算に関する議論に現れる．
[6] この事実は，後に述べる定理 12「$\mathbb{Q}_p$ の代数閉包 $\overline{\mathbb{Q}}_p$ が完備ではない」ことの証明に現れる．
[7] α_i が f の重根であるということ．

型（同相））であるという単純な理由から導かれる．より一般に，X がすべての x, $y \in X$ に対して，$d(x,y) = d(x-y, 0)$ となる加法群であるとき（たとえば，X はベクトル空間で，距離は X 上のノルムから誘導されたものを考えよ），X は 0 がコンパクトな近傍 U をもつときに限り局所コンパクトとなる．すなわち，任意の x に対して，U の x による平行移動 $x + U \overset{定義}{=} \{y \mid y - x \in U\}$ が x のコンパクトな近傍となる．そのような局所コンパクト群が完備 (complete) であることは容易に示される（練習問題 6 を見よ）．

F を非アルキメデス的ノルム $\|\ \|$ をもつ体とする．この節を通して，F は局所コンパクトであると仮定する．

V を F 上の有限次ベクトル空間とする．「V 上のノルム」とは，体上のノルムに類似した，次の条件を満たすものを意味する．すなわち V から負でない実数への写像 $\|\ \|_V$ で次を満たすものである：(1) $\|x\|_V = 0$ と $x = 0$ は同値である；(2) すべての $x \in V$ と $a \in F$ について $\|ax\|_V = \|a\| \|x\|_V$ が成立，そして (3) $\|x+y\|_V \leq \|x\|_V + \|y\|_V$ が成り立つ．たとえば，K が F の有限次拡大体であれば，K 上の体としてのノルムで，制限が $\|\ \|$ となるものはベクトル空間としての K 上のノルムである．しかし注意すべきは，その逆は必ずしも正しくないということである．なぜなら，ベクトル空間のノルムとしての性質 (2) は，体のノルムの対応する性質より「弱い」からである（練習問題 3–4 を見よ）．

体の場合と同じように，V 上の 2 つのノルム $\|\ \|_1$ と $\|\ \|_2$ が同値であるとは，ベクトルの列が $\|\ \|_1$ に関してコーシー列であることと，$\|\ \|_2$ に関してコーシー列であることとが同値であるときをいう．以上のことは，また次と同値である：定数 $c_1 > 0$ と $c_2 > 0$ が存在して，すべての $x \in V$ について $\|x\|_2 \leq c_1 \|x\|_1$ かつ $\|x\|_1 \leq c_2 \|x\|_2$ が成り立つ（練習問題 1 を見よ）．

定理 10. V を局所コンパクト体 F 上の有限次ベクトル空間とすると，V 上のすべてのノルムは同値である．

証明． $\{v_1, \ldots, v_n\}$ を V の基とする．V 上の**上限ノルム** (sup-norm, 発音は "soup norm") $\|\ \|_{\sup}$ を

$$\|a_1 v_1 + \cdots + a_n v_n\|_{\sup} \overset{定義}{=} \max_{1 \leq i \leq n} (\|a_i\|)$$

で定義する．この定義は，基の取り方に依存することに注意せよ．この上限ノルム $\|\ \|_{\sup}$ はノルムとなる（練習問題 2 を見よ）．ここで V の任意のノルム $\|\ \|_V$ をと

る．第一に，任意の $x = a_1v_1 + \cdots + a_nv_n \in V$ に対して

$$\|x\|_V \leq \|a_1\|\|v_1\|_V + \cdots + \|a_n\|\|v_n\|_V$$
$$\leq n(\max\|a_i\|)\max(\|v_i\|_V)$$

となるので，$c_1 = n\max_{1\leq i \leq n}(\|v_i\|_V)$ を選べば，$\|\ \|_V \leq c_1\|\ \|_{\sup}$ を得る．逆の不等式を満たすような定数 c_2 を見つけることが残されている．それが見つかれば，V 上の任意のノルムが，上限ノルムと同値であることが示されたことになる．

$$U = \{x \in V \mid \|x\|_{\sup} = 1\}$$

とおく[8]．ここで次の主張を証明しよう：ある正の数 $\varepsilon > 0$ が存在して，$x \in U$ に対して $\|x\|_V \geq \varepsilon$ となる．そうではないと仮定すると，U 内の列 $\{x_i\}$ で $\|x_i\|_V \to 0$ となるものが得られる．$\|\ \|_{\sup}$ に関する U のコンパクト性により（練習問題 2 と 8 を見よ），部分列 $\{x_{i_j}\}$ で，上限ノルムに関してある $x \in U$ に収束するものがとれる．しかし，すべての j について

$$\|x\|_V \leq \|x - x_{i_j}\|_V + \|x_{i_j}\|_V \leq c_1\|x - x_{i_j}\|_{\sup} + \|x_{i_j}\|_V$$

が成り立つ．これは 2 つのノルムに関する最初の不等式から導かれる．$j \to 0$ のとき，x_{i_j} は $\|\ \|_{\sup}$ に関して x に収束し，$\|x_i\|_V \to 0$ であるから，右辺は $j \to 0$ のときに 0 に収束する．よって $\|x\|_V = 0$ となり，$x = 0 \notin U$ が導かれ矛盾する．

上記の主張を用いて，2 番目の不等式が容易に導かれ，定理は証明される．そのアイデアは次の通りである．上限ノルムに関する単位球面である U 上で，もう一つのノルム $\|\ \|_V$ の値は，ある正の数 ε 以上である．よって U 上で $\|\ \|_{\sup} \leq c_2\|\ \|_V$ となる．ここで $c_2 = 1/\varepsilon$ である（U 上では，この左辺は定義より 1 である）．しかし V のすべての元は U の元にスカラー（F の元）を掛けることによって得られる．したがって，上記の不等式は V のすべての元について成り立つ．

より正確に述べる．$x = a_1v_1 + \cdots + a_nv_n$ を V の 0 でない任意の元とし，$\|a_j\| = \max\|a_i\| = \|x\|_{\sup}$ となるような j を選ぶ．すると明らかに $(x/a_j) \in U$ で

$$\|x/a_j\|_V \geq \varepsilon = 1/c_2$$

となるから

---

[8] 上限ノルムに関する単位球面．

$$\|x\|_{\sup} = \|a_j\| \leq c_2 \|x\|_V$$

が得られる. □

系. $V = K$ を体とする. K の体としてのノルム $\|\ \|_K$ で F 上の $\|\ \|$ を拡張したもの（すなわち $a \in F$ について, $\|a\|_K = \|a\|$ となるもの）は, 存在してもたかだか一つである.

系の証明. 体のノルム $\|\ \|_K$ は, また F-ベクトル空間としてのノルムである. なぜなら, それは $\|\ \|$ を拡張したものだからである. 定理 10 より, そのような K 上の 2 つのノルム $\|\ \|_1, \|\ \|_2$ は同値でなければならない. よって $\|\ \|_2 \leq c_1 \|\ \|_1$ である. $x \in K$ を $\|x\|_1 \neq \|x\|_2$ となるものとする. $\|x\|_1 < \|x\|_2$ としてよい. しかし十分大きい N に対して $c_1 \|x^N\|_1 < \|x^N\|_2$ となり矛盾が導かれる. □

これは, F 上のノルム $\|\ \|$ を拡張した K 上のノルムが存在するかという問題を残したままである.

ここで, 体の拡大の基本概念である元の「ノルム」の概念を思い出そう. この「ノルム」という言葉の用法は, これまでの距離の意味での用法と混同してはならない. 新しい意味での「ノルム」は, つねに引用符で囲まれ[9], $\mathbb{N}$ で表される.

$K = F(\alpha)$ を F に α を添加して得られる有限次拡大体で, α はモニック既約多項式方程式

$$0 = x^n + a_1 x^{n-1} + \cdots + a_{n-1} x + a_n, \quad a_i \in F$$

を満たすものとする. 次に述べられているのは「α の K から F へのノルム」（$\mathbb{N}_{K/F}(\alpha)$ と略記される）の 3 つの同値な定義である.

(1) K を F 上の n 次元ベクトル空間と考えたとき, K の元を α 倍する写像は, K から K への F-線形写像である. これを表示する行列を A_α とするとき $\mathbb{N}_{K/F}(\alpha) \stackrel{\text{定義}}{=} \det(A_\alpha)$.
(2) $\mathbb{N}_{K/F}(\alpha) \stackrel{\text{定義}}{=} (-1)^n a_n$.
(3) $\mathbb{N}_{K/F}(\alpha) \stackrel{\text{定義}}{=} \prod_{i=1}^n \alpha_i$. ここで α_i は, $\alpha = \alpha_1$ の F 上の共役.

(2) $\Leftrightarrow$ (3) の同値性は, $x^n + a_1 x^{n-1} + \cdots + a_n = \prod_{i=1}^n (x - \alpha_i)$ から導かれる. (1) $\Leftrightarrow$

---

[9] 原著では "norm" と引用符を付けて表示されている.

(2) の同値性も次に述べることより容易に示される．K の F 上の基 $\{1, \alpha, \alpha^2, \ldots, \alpha^{n-1}\}$ を用いる．α 倍するという線形写像に対応する行列は

$$\begin{pmatrix} 0 & 0 & & & & -a_n \\ 1 & 0 & 0 & & & -a_{n-1} \\ & 1 & 0 & & & \\ & & & \ddots & & \vdots \\ & & & & 0 & -a_2 \\ & & & & 1 & -a_1 \end{pmatrix}$$

となる（$\alpha^n = -a_1\alpha^{n-1} - \cdots - a_{n-1}\alpha - a_n$ を用いた）．最初の列で展開することにより，この行列の行列式の値が $(-1)^n a_n$ となることがわかる．

$\beta \in K = F(\alpha)$ とする．$\mathbb{N}_{K/F}(\beta)$ は，(1) K 内の β 倍するという行列の行列式，またはこれと同値な，(2) $(\mathbb{N}_{F(\beta)/F}(\beta))^{[K:F(\beta)]}$ で定義できる．2 つが同値であることが，次のようにしてわかる．$F(\beta)$ の F 上の基と K の $F(\beta)$ 上の基を選んだとき，K の F 上の基として，最初の基と 2 番目の基の積全体がとれる．この基を用いると，K 内の β 倍の行列が，次の「ブロック行列」の形をしていることがわかる．

$$\begin{pmatrix} A_\beta & 0 & & \\ 0 & A_\beta & & \\ & & \ddots & \\ & & & A_\beta \end{pmatrix}.$$

ここで A_β は $F(\beta)$ 内で β 倍する行列である．この行列の行列式は $\det A_\beta$ の $[K:F(\beta)]$ 乗である（$[K:F(\beta)]$ はブロックの個数）．すなわち，$\mathbb{N}_{F(\beta)/F}(\beta)$ の $[K:F(\beta)]$ 乗となっている．このようにして $\mathbb{N}_{K/F}(\beta)$ の 2 つの定義は同値となる．

$\mathbb{N}_{K/F}(\alpha)$ は**任意の** $\alpha \in K$ に対して，K 内で元を α 倍する写像の行列の行列式として定義されるから，$\mathbb{N}_{K/F}$ は K から F への**乗法的写像**であることが導かれる．すなわち $\mathbb{N}_{K/F}(\alpha\beta) = \mathbb{N}_{K/F}(\alpha)\mathbb{N}_{K/F}(\beta)$ が成り立つ．（$\alpha\beta$ 倍する写像の行列は，α 倍に対する行列と β 倍に対する行列の積で与えられ，行列の積の行列式は，それらの行列式の積となるからである．）

われわれは，代数的数 $\alpha \in \overline{\mathbb{Q}}_p$（$\mathbb{Q}_p$ の代数閉包）への $|\ |_p$ の拡張が存在する場合，どのように定義されなければならないかをもう解明できる．α は次数が n

であるとする．すなわち，それは $\mathbb{Q}_p$ 上 n 次モニック既約多項式の根であるとする．K を α を含む $\mathbb{Q}_p$ の有限次**ガロア**拡大とする（この章の最初に述べられている (10) を参照）．たとえば，K は $\mathbb{Q}_p$ に α とその共役全体を添加して得られる．（この体が実際 $\mathbb{Q}_p$ 上有限次かつガロアであることが容易にチェックできる．）$|\ |_p$ の K への一つの拡張 $\|\ \|$ が見つかったとする．定理 10 の系より，$\|\ \|$ は $|\ |_p$ を K 上に拡張した**ただ一つの**体ノルムである．α' を α の共役とし，σ を α を α' に写す $\mathbb{Q}_p$-自己同型とする（第 III 章 §1 の最初にある (8), (9), (11) を参照）．明らかに，$\|x\|' = \|\sigma(x)\|$ によって定義される写像 $\|\ \|' : K \to \mathbb{R}$ は $|\ |_p$ を拡張した K の体ノルムである．よって $\|\ \|' = \|\ \|$ であり，$\|\alpha\| = \|\alpha\|' = \|\sigma(\alpha)\| = \|\alpha'\|$ が得られる．われわれは「α のノルムの値とその共役のノルムの値は等しい」という結論を得た．しかし，$\mathbb{N}_{\mathbb{Q}_p(\alpha)/\mathbb{Q}_p}(\alpha)$ のノルムの値は $\mathbb{Q}_p$ の元で

$$|\mathbb{N}_{\mathbb{Q}_p(\alpha)/\mathbb{Q}_p}(\alpha)|_p = \|\mathbb{N}_{\mathbb{Q}_p(\alpha)/\mathbb{Q}_p}(\alpha)\|$$
$$= \left\|\prod_{\alpha' : \alpha \text{ の共役}} \alpha'\right\|$$
$$= \prod \|\alpha'\|$$
$$= \|\alpha\|^n$$

が得られる．したがって

$$\|\alpha\| = |\mathbb{N}_{\mathbb{Q}_p(\alpha)/\mathbb{Q}_p}(\alpha)|_p^{1/n}$$

となる．つまり具体的にいえば，α の p 進ノルムの値を見つけるには，$\mathbb{Q}_p$ 上で α が満たすモニック既約多項式を見ればよい．もしそれが次数 n で，定数項が a_n であれば，α の p 進ノルムの値は $|a_n|_p$ の n 乗根となる．（もちろん，この規則がノルムとしての必要な性質をすべて備えていることは，まだ証明されていない．これについては定理 11 を見よ．）

同様に $\|\alpha\|$ を

$$|\mathbb{N}_{K/\mathbb{Q}_p}(\alpha)|_p^{1/[K:\mathbb{Q}_p]}$$

で定義することもできる．ここで K は α を含む $\mathbb{Q}_p$ の任意の有限次拡大体で

$$\mathbb{N}_{K/\mathbb{Q}_p}(\alpha) = \bigl(\mathbb{N}_{\mathbb{Q}_p(\alpha)/\mathbb{Q}_p}(\alpha)\bigr)^{[K:\mathbb{Q}_p(\alpha)]}$$

また
$$n = [\mathbb{Q}_p(\alpha) : \mathbb{Q}_p] = \frac{[K : \mathbb{Q}_p]}{[K : \mathbb{Q}_p(\alpha)]}$$

である.

われわれはここで, この規則をもつ ∥ ∥ が本当にノルムであることを証明する. われわれは ∥ ∥ の代わりに | |$_p$ の K への拡張をまた | |$_p$ で表すことにする. これは混乱を招くものではないであろう. 読者は定理 11 の証明が容易でないことに注意されたい. ここで与えられている証明は, カジュダン[10]が教えてくれたものであり, 著者が見た他のどの証明よりもはるかに効率的なものである. しかし, 読者は論旨を徹底的に納得するまで, 注意深く読み直すべきである.

定理 11. K を $\mathbb{Q}_p$ の有限次拡大体とする. $\mathbb{Q}_p$ 上のノルム | |$_p$ を拡張した K の体ノルムが存在する.

証明. $n = [K : \mathbb{Q}_p]$ とする. まず, K の | |$_p$ を定義し, 実際それが $\mathbb{Q}_p$ 上の | |$_p$ を拡張した K 上の体ノルムであることを示そう. 任意の $\alpha \in K$ に対して

$$|\alpha|_p \stackrel{\text{定義}}{=} |\mathbb{N}_{K/\mathbb{Q}_p}(\alpha)|_p^{1/n}$$

と定義する. ここで右辺は, はじめに定義された古いノルムである. (n は $\mathbb{Q}_p$ 上の体 K の次数で, これは元 α の $\mathbb{Q}_p$ 上の次数とは限らない.) 次は容易にチェックできる:(1) $\alpha \in \mathbb{Q}_p$ であるとき, $|\alpha|_p$ は古い $|\alpha|_p$ と一致する; (2) $|\alpha|_p$ は乗法的である; そして (3) $|\alpha|_p = 0 \Leftrightarrow \alpha = 0$. 証明が困難な部分は, 性質 $|\alpha + \beta|_p \leq \max(|\alpha|_p, |\beta|_p)$ を示すことである.

$|\beta|_p$ を $|\alpha|_p, |\beta|_p$ の大きい方とする. $\gamma = \alpha/\beta$ とおくと $|\gamma|_p \leq 1$ が得られる. われわれは $|\alpha + \beta|_p \leq \max(|\alpha|_p, |\beta|_p) = |\beta|_p$ を示したい. あるいはこれと同値だが, 両辺を $|\beta|_p$ で割った $|1 + \gamma|_p \leq 1$ を示したい. 定理 11 は, 次の補題から導かれる.

補題. K 上の | |$_p$ を上で定義したものとする. すると $|\gamma|_p \leq 1$ となる任意の $\gamma \in K$ に対して, $|1 + \gamma|_p \leq 1$ が成り立つ.

補題の証明. 以前も注意したように, $|\gamma|_p$ と $|1 + \gamma|_p$ を K の代わりに体 $\mathbb{Q}_p(\gamma) = \mathbb{Q}_p(1 + \gamma)$ を用いて定義できる:

---
[10] D. Kazhdan (1947–). ロシア出身のアメリカの数学者. 表現論の分野で多くの業績を挙げている.

$$|\gamma|_p = |\mathbb{N}_{\mathbb{Q}_p(\gamma)/\mathbb{Q}_p}(\gamma)|_p^{1/[\mathbb{Q}_p(\gamma):\mathbb{Q}_p]}, \quad |1+\gamma|_p = |\mathbb{N}_{\mathbb{Q}_p(\gamma)/\mathbb{Q}_p}(1+\gamma)|_p^{1/[\mathbb{Q}_p(\gamma):\mathbb{Q}_p]}.$$

したがって，一般性を失わずに $K = \mathbb{Q}_p(\gamma)$ と考えてよい．言い換えれば，γ は K の「原始元」としてよい．すると $\{1, \gamma, \gamma^2, \ldots, \gamma^{n-1}\}$ は K を $\mathbb{Q}_p$ 上のベクトル空間と考えたときの基となる．ここで $n = [K : \mathbb{Q}_p]$．

任意の元 $\alpha = \sum_{i=0}^{n-1} a_i \gamma^i$ に対して，$\|\alpha\|$ をこの基に関する上限ノルムを表すものとする．すなわち $\|\alpha\| \stackrel{\text{定義}}{=} \max_i |a_i|_p$．同様に $A = (a_{ij})$ を $\mathbb{Q}_p$ に成分をもつ $n \times n$ 行列としたとき，$\|A\|$ により上限ノルム $\|A\| \stackrel{\text{定義}}{=} \max_{i,j} |a_{ij}|_p$ を表すことにする．

K から K への $\mathbb{Q}_p$-線形写像は，基 $\{1, \gamma, \gamma^2, \ldots, \gamma^{n-1}\}$ によって書いたとき，$\mathbb{Q}_p$ に成分をもつ $n \times n$ 行列を与える．ここで，A を K 内で K の元を γ 倍することにより得られる $\mathbb{Q}_p$-線形写像を表すものとする．(これは以前，元のノルムの 3 つの定義に関する議論で用いたタイプの行列である．) すると行列 A^i は γ^i 倍することで得られる線形写像に対応する行列であり，行列 $I + A$ は $1 + \gamma$ 倍する線形写像に対応する行列である[11]．(より一般に，多項式 $P \in \mathbb{Q}_p[X]$ について，$P(\gamma)$ 倍する線形写像に対応する行列は，$P(A)$ である．)

次の主張を証明する：実数の列 $\{\|A^i\|\}_{i=0,1,2,\ldots}$ は上に有界である．そうでないと仮定する．すると数列 $\{i_j\}$，$j = 1, 2, \ldots$ で $\|A^{i_j}\| > j$ となるものが見出せる．$b_j \stackrel{\text{定義}}{=} \|A^{i_j}\|$ とおく．これは行列 A^{i_j} の n^2 個ある成分を動かしたときの $|\ |_p$ の最大値である．β_j を A^{i_j} の成分で $|\ |_p$ で最大値をとるものとする．したがって $|\beta_j|_p = \|A^{i_j}\| = b_j$ である．行列 B_j を $B_j = A^{i_j}/\beta_j$ で定義する．すなわち A^{i_j} の各成分を β_j で割ってできる行列である．($\|A^{i_j}\| > j$ であるから $\beta_j \neq 0$ となることに注意．) すると明らかに $\|B_j\| = 1$ である．上限ノルムに関する単位球面はコンパクトであるから（練習問題 2 と 8 を見よ），部分列 $\{B_{j_k}\}_{k=1,2,\ldots}$ で，ある行列 B に収束するものが存在する．$\det B_j = (\det A^{i_j})/\beta_j^n$ より

$$|\det B_j|_p < |\det A^{i_j}|_p/j^n = |\mathbb{N}_{K/\mathbb{Q}_p}(\gamma)^{i_j}|_p/j^n = |\gamma|_p^{n i_j}/j^n \leq 1/j^n.$$

上限ノルムにおける収束の定義より，B の各成分は，B_{j_k} の対応する各成分を $k \to \infty$ として極限をとったものである．よって $\det B = \lim \det B_{j_k} = 0$ となる．

$\det B = 0$ であるから，零でない元 $l \in K$ で，これを基 $\{1, \gamma, \gamma^2, \ldots, \gamma^{n-1}\}$ によって表示されたベクトルと考えたとき $Bl = 0$ となるものが存在する．ここ

---

[11] ここで I は単位行列を表している．

で，この事実から B が零行列となることが導かれることを示そう．そうであれば $\|B\| = 1$ に矛盾し，したがって主張の $\{\|A^i\|\}$ が有界であることが導かれる．

$\{\gamma^i l\}_{i=0,1,2,\ldots,n-1}$ は $\mathbb{Q}_p$-ベクトル空間 K の基となるので，任意の i について $B\gamma^i l = 0$ を示せば十分である．しかし γ^i 倍する写像に対応する行列は A^i であるから，$B\gamma^i l = (BA^i)l = A^i B l = 0$ が得られる．ここで関係式 $BA^i = A^i B$ は B が $B_j = A^{i_j}/\beta_j$ の形の行列の極限であること，すなわち A のべきのスカラー倍と，そのような行列 B_j が可換であることから導かれる．これより，われわれの主張である $\{\|A^i\|\}$ が，ある定数 C によって抑えられることが示された．

任意の $n \times n$ 行列 $A = (a_{ij})$ に対して，$|\det A|_p \le (\max_{i,j} |a_{ij}|_p)^n = \|A\|^n$ が得られる．これは，行列式を展開し，加法，乗法に関する非アルキメデス的ノルムの性質を用いれば明らかである．

ここで N を十分大きくとり，次を考える：
$$(I+A)^N = I + \binom{N}{1}A + \cdots + \binom{N}{N-1}A^{N-1} + A^N.$$
すると次が得られる．
$$|1+\gamma|_p^N = |\det(I+A)^N|_p^{1/n} \le \|(I+A)^N\| \le \left(\max_{0 \le i \le N} \left\|\binom{N}{i}A^i\right\|\right)$$
$$\le \left(\max_{0 \le i \le N} \|A^i\|\right) \le C.$$

よって $|1+\gamma|_p \le \sqrt[N]{C}$ が得られる．$N \to \infty$ とすれば求めていた $|1+\gamma|_p \le 1$ が得られる．（第 I 章 §2 のオストロフスキの定理の証明との相似性に注意．）□

R を（可換）環とする．すなわち，R は 2 つの演算 $+$ と $\cdot$ をもち，乗法の逆元の存在を除く体の定義の条件をすべて満たすものである．言い換えれば，演算 $+$ に関して加法群，演算 $\cdot$ に関して可換性をもち，さらに分配法則を満たすものである．R において，$xy = 0$ から $x = 0$ または $y = 0$ が結論付けられるとき，R は**整域** (integral domain) であるという．$\mathbb{Z}$ や $\mathbb{Z}_p$ は整域の例となっている．

R の真部分集合 I が，R の加法部分群であり，すべての $x \in R$ と $a \in I$ について $xa \in I$ となるとき，R の**イデアル** (ideal) と呼ばれる．環 $\mathbb{Z}$ において，固定された整数の倍数全体はイデアルとなる[12]．任意の $r \ge 1$ に対して，集合 $\{x \in \mathbb{Z}_p \mid |x|_p < r\}$ は $\mathbb{Z}_p$ のイデアルである．$r = p^{-n}$ とすれば，これは p 進整数で，その p

---

[12] この定義では，1 の倍数全体，すなわち $\mathbb{Z}$ は除いている．

進展開の最初の $n+1$ 位の数が 0 となるものの集合である．

I_1 と I_2 を R のイデアルとしたとき，集合

$$\{x \in R \mid x = x_1 x_1' + \cdots + x_m x_m' \ (x_i \in I_1, \ x_i' \in I_2)\}$$

が R のイデアルとなることは容易にチェックできる．このイデアルを $I_1 I_2$ で表し，2つのイデアルの**積**と呼ぶ．イデアル I は，次の条件を満たすとき**素** (prime) であるという：$x_1 x_2 \in I$ から $x_1 \in I$ または $x_2 \in I$ が導かれる．

次のことが容易に確かめられる（練習問題 5 を見よ）：$\mathbb{Z}_p$ はちょうど一つの素イデアルをもつ．すなわち，それは

$$p\mathbb{Z}_p \stackrel{定義}{=} \{x \in \mathbb{Z}_p \mid |x|_p < 1\}$$

であり，$\mathbb{Z}_p$ のイデアルはすべて

$$p^n \mathbb{Z}_p \stackrel{定義}{=} \{x \in \mathbb{Z}_p \mid |x|_p \leq p^{-n}\}$$

の形をとる．

I を R のイデアルとする．加法的剰余類 $x+I$ の集合が環となることは容易にわかる．これは R/I で表される．（この環を記述する別の方法がある：R に，$x-y \in I$ のときに，$x \sim y$ とすることにより同値関係を定義し，同値類の集合を考えるというものである．）たとえば，$R = \mathbb{Z}$（または $R = \mathbb{Z}_p$）ならば，すでに見たように R/pR は，p 個の元からなる体 $\mathbb{F}_p$ である．

R のイデアル M は，M を真に含むイデアルが存在しないとき，**極大** (maximal) であるという．次の事実をチェックすることは容易である．

(1) イデアル P が素イデアルであるということと，R/P が整域であることとは同値である．

(2) イデアル M が極大イデアルであるということと，R/M が体であることとは同値である．

K を $\mathbb{Q}_p$ の有限次拡大体とする．（または，より一般に，K は体 F の代数拡大体で，F はある整域 R の商体となっているものとする．たとえば，$F = \mathbb{Q}$ は，$R = \mathbb{Z}$ の商体で，$F = \mathbb{Q}_p$ は $R = \mathbb{Z}_p$ の商体である．）A を元 $\alpha \in K$ で，$x^n + a_1 x^{n-1} + \cdots + a_{n-1} x + a_n = 0 \ (a_i \in \mathbb{Z}_p)$ の形の方程式を満たすものからなる K の部分集合とする．（任意の $\alpha \in K$ は，もちろんこの形の方程式で，係数を $\mathbb{Q}_p$ からとった

ものを満たすが，必ずしも a_i が $\mathbb{Z}_p$ に入っているとは限らない.）A は「K 内での $\mathbb{Z}_p$ の整閉包 (integral closure)」と呼ばれる．

次を示すことは難しくはない．$\alpha \in A$ であれば，そのモニック既約多項式は上の形をしている．さらに整閉包はつねに環となる．（一般的な証明については，Lang の *Algebra*, 237–240 ページを参照のこと．われわれが扱う K 内の $\mathbb{Z}_p$ の整閉包の場合に環になることは，次の命題で証明される．）

命題． K を $\mathbb{Q}_p$ の n 次拡大体とし
$$A = \{x \in K \mid |x|_p \leq 1\},$$
$$M = \{x \in K \mid |x|_p < 1\}$$
とおく．すると A は環であり，$\mathbb{Z}_p$ の K 内の整閉包となる．M は A の唯一の極大イデアルであり，A/M は $\mathbb{F}_p$ のたかだか n 次の有限次拡大体である．

証明． A が環になること，M が A 内のイデアルであることは，加法，乗法に関する非アルキメデス的ノルムの性質を用いて容易にチェックできる．そこで $\alpha \in K$ は $\mathbb{Q}_p$ 上 m 次とし，$\mathbb{Z}_p$ 上整，すなわち $\alpha^m + a_1\alpha^{m-1} + \cdots + a_m = 0 \, (a_i \in \mathbb{Z}_p)$ と考える．もし $|\alpha|_p > 1$ と仮定すると
$$|\alpha|_p^m = |\alpha^m|_p = |a_1\alpha^{m-1} + \cdots + a_m|_p \leq \max_{1 \leq i \leq m} |a_i\alpha^{m-i}|_p$$
$$\leq \max_{1 \leq i \leq m} |\alpha^{m-i}|_p = |\alpha|_p^{m-1}$$

であるから矛盾する．逆に $|\alpha|_p \leq 1$ としよう．すると $\alpha = \alpha_1$ の $\mathbb{Q}_p$ 上のすべての共役について，$|\alpha_i|_p = \prod_{j=1}^m |\alpha_j|_p^{1/m} = |\alpha|_p \leq 1$ が成り立つ．α のモニック既約多項式のすべての係数は α_i の積の和または差（いわゆる α_i に関する「対称多項式」）であるから，これらの係数もまた $|\ |_p \leq 1$ となる．それらは $\mathbb{Q}_p$ に入っているから，$\mathbb{Z}_p$ に入っていなければならない．

ここで M が A の任意のイデアルを含むことを示そう．$\alpha \in A$, $\alpha \notin M$ とする．すると $|\alpha|_p = 1$ であり，これより $|1/\alpha|_p = 1$ となり，$1/\alpha \in A$ がわかる．よって α を含む任意のイデアルは，$(1/\alpha) \cdot \alpha = 1$ を含むことになり，これは不可能である．

M の定義より，$M \cap \mathbb{Z}_p = p\mathbb{Z}_p$ となることに注意せよ．

体 A/M を考える．この元は剰余類 $a+M$ であることを思い出そう．a と b が $\mathbb{Z}_p$

の元であるとき，$a+M$ と $b+M$ が同じ剰余類であることと，$a-b \in M \cap \mathbb{Z}_p = p\mathbb{Z}_p$ であることとが同値である．したがって，$a \in \mathbb{Z}_p$ に対して，剰余類 $a + p\mathbb{Z}_p \mapsto$ 剰余類 $a + M$ で定義される $\mathbb{Z}_p/p\mathbb{Z}_p$ から A/M への包含写像 (inclusion) が存在する．$\mathbb{Z}_p/p\mathbb{Z}_p$ は p 個の元をもつ体 $\mathbb{F}_p$ であるから，これは A/M が $\mathbb{F}_p$ の拡大体であることを意味する．

ここで A/M が $\mathbb{F}_p$ 上有限次であることを示そう．実際には $[A/M : \mathbb{F}_p] \leq [K : \mathbb{Q}_p]$ を示す．$n = [K : \mathbb{Q}_p]$ としたとき，任意の $n+1$ 個の元 $\overline{a}_1, \overline{a}_2, \ldots, \overline{a}_{n+1} \in A/M$ が $\mathbb{F}_p$ 上線形従属（一次従属）でなければならないことを示そう．$i = 1, 2, \ldots, n+1$ に対して，a_i を A の元で写像 $A \to A/M$ のもとで $\overline{a}_i$ に写るものとする（すなわち，a_i は剰余類 $\overline{a}_i$ の中の任意の元で，言い換えれば $\overline{a}_i = a_i + M$ である）．$[K : \mathbb{Q}_p] = n$ であるから，$a_1, a_2, \ldots, a_{n+1}$ は $\mathbb{Q}_p$ 上線形従属であることが導かれる：

$$a_1 b_1 + a_2 b_2 + \cdots + a_{n+1} b_{n+1} = 0, \quad b_i \in \mathbb{Q}_p.$$

p の適当なべきを掛けることにより，すべての b_i が $b_i \in \mathbb{Z}_p$ で，なおかつ少なくとも一つの b_i が $p\mathbb{Z}_p$ に入らないと仮定してよい．上記の表示の A/M での像は

$$\overline{a}_1 \overline{b}_1 + \overline{a}_2 \overline{b}_2 + \cdots + \overline{a}_{n+1} \overline{b}_{n+1} = 0$$

となる．ここで $\overline{b}_i$ は b_i の $\mathbb{Z}_p/p\mathbb{Z}_p$ 内の像である（すなわち $\overline{b}_i$ は b_i の p 進展開の最初の位の数）．少なくとも一つの b_i が $p\mathbb{Z}_p$ に含まれないから，少なくとも一つの $\overline{b}_i$ が 0 ではない．したがって，目標であった $\overline{a}_1, \overline{a}_2, \ldots, \overline{a}_{n+1}$ の線形従属性が示された． □

体 A/M は K の**剰余体**と呼ばれる．それは $\mathbb{F}_p$ のある有限次数 f をもつ拡大体である．A 自身は K 内の $|\ |_p$ の「付値環」と呼ばれる．

練習問題

1. 有限次ベクトル空間 V 上の 2 つのベクトル空間ノルム $\|\ \|_1$ と $\|\ \|_2$ が同値であることと，$c_1 > 0$ と $c_2 > 0$ が存在して，すべての $x \in V$ に対して

$$\|x\|_2 \leq c_1 \|x\|_1 \quad \text{かつ} \quad \|x\|_1 \leq c_2 \|x\|_2$$

となることとが同値であることを証明せよ．

2. F はノルム $\|\ \|$ をもつ体とする．V を F 上の有限次ベクトル空間で基 $\{v_1, v_2, \ldots, v_n\}$ をもつものとする．

$$\|a_1v_1 + \cdots + a_nv_n\|_{\sup} \stackrel{定義}{=} \max_{1 \leq i \leq n}(\|a_i\|)$$

が V 上のノルムとなることを証明せよ[13]．F が局所コンパクトならば，V は $\|\ \|_{\sup}$ に関して局所コンパクトであることを証明せよ．

3. $V = \mathbb{Q}_p(\sqrt{p})$, $v_1 = 1$, $v_2 = \sqrt{p}$ とする．$\mathbb{Q}_p(\sqrt{p})$ 上の上限ノルムは，$\mathbb{Q}_p(\sqrt{p})$ の**体ノルム**とはならないことを示せ．

4. $V = K$ が体のとき，上限ノルムは（任意の基 $\{v_1, \ldots, v_n\}$ に対して）$n = \dim K > 1$ のとき，体ノルムになりうるか？ $\mathbb{Q}_p$ の有限次拡大体 K が，体ノルムである上限ノルムをもつことがないのは，どのような場合か論ぜよ．

5. $\mathbb{Z}_p$ がちょうど一つの素イデアル，すなわち $p\mathbb{Z}_p$ をもつこと，そして $\mathbb{Z}_p$ 内のすべてのイデアルが $p^n\mathbb{Z}_p$ $(n = 1, 2, 3, \ldots)$ の形であることを示せ．

6. ノルム $\|\ \|_V$ をもつベクトル空間 V が局所コンパクトであれば，それは完備であることを証明せよ．

7. ノルム $\|\ \|_V$ をもつベクトル空間 V が局所コンパクトであることと $\{x \mid \|x\|_V \leq 1\}$ がコンパクトとなることが同値であることを証明せよ．

8. ノルム $\|\ \|_V$ をもつベクトル空間 V が局所コンパクトならば $\{x \mid \|x\|_V = 1\}$ はコンパクトであることを証明せよ．

3. $\mathbb{Q}_p$ の代数閉包

§2 の2つの定理をまとめると，$|\ |_p$ は $\mathbb{Q}_p$ の任意の有限次拡大体に対して，一意的な拡張（これもまた $|\ |_p$ で表す）をもつという結論になる．$\mathbb{Q}_p$ の代数閉包 $\overline{\mathbb{Q}}_p$ は，そのような拡大体の和集合であるから，$|\ |_p$ は $\overline{\mathbb{Q}}_p$ に一意的に拡張される．具体的にいえば，$\alpha \in \overline{\mathbb{Q}}_p$ がモニック既約多項式 $x^n + a_1x^{n-1} + \cdots + a_n$ をもてば，$|\alpha|_p = |a_n|_p^{1/n}$ である．

K を $\mathbb{Q}_p$ の n 次の拡大とする．$\alpha \in K^\times$ に対して

$$\operatorname{ord}_p \alpha \stackrel{定義}{=} -\log_p |\alpha|_p = -\log_p |\mathbb{N}_{K/\mathbb{Q}_p}(\alpha)|_p^{1/n} = -\frac{1}{n}\log_p |\mathbb{N}_{K/\mathbb{Q}_p}(\alpha)|_p.$$

この定義は $\alpha \in \mathbb{Q}_p$ のときは，以前の定義 ord_p に一致し，明らかに $\operatorname{ord}_p \alpha\beta = \operatorname{ord}_p \alpha + \operatorname{ord}_p \beta$ という性質をもつ．$\operatorname{ord}_p \alpha$ の定義は，$\alpha \in K$, $[K : \mathbb{Q}_p] < \infty$ であるような体 K の取り方には依存しない．写像 ord_p のもとでの $K^\times$ の像は $(1/n)\mathbb{Z} \stackrel{定義}{=} \{x \in \mathbb{Q} \mid nx \in \mathbb{Z}\}$ に含まれる．この像は $(1/n)\mathbb{Z}$ の自明でない加法的部分群で $\mathbb{Z}$ を含むものであるから，n を割り切るある正整数 e により，$(1/e)\mathbb{Z}$ の形をとらなければならない．この整数 e は，$\mathbb{Q}_p$ 上 K の「**分岐指数 (index of ramification)**」と呼ばれる．もし $e = 1$ であれば，K は $\mathbb{Q}_p$ の**不分岐拡大**であると呼ばれる．$\pi \in K$

---

[13] 本文で「上限ノルム」と呼ばれたものである．

を $\mathrm{ord}_p \pi = (1/e)$ となる任意の元とする．すると明らかに，K の任意の元 $x \in K$ は

$$x = \pi^m u, \quad \text{ここで } |u|_p = 1 \text{ かつ } m \in \mathbb{Z} \text{ (実際，} m = e \cdot \mathrm{ord}_p x\text{)},$$

の形に一意的に書くことができる．

等式 $n = e \cdot f$ が証明できる（練習問題 12 を見よ）．ここで $n = [K : \mathbb{Q}_p]$，e は分岐指数，そして f は剰余体 A/M の $\mathbb{F}_p$ 上の次数を表す．いかなる場合においても，$f \leq n$ かつ $e \leq n$ となることは，証明済みである．K が不分岐拡大体の場合，すなわち $e = 1$ のときは前段落で述べた π は p 自身にとれる．なぜなら $\mathrm{ord}_p p = 1 = (1/e)$ であるからである．これと対照的である $e = n$ の場合は，拡大体 K は**完全分岐** (totally ramified) と呼ばれる．

命題．K を完全分岐とし，$\pi \in K$ は $\mathrm{ord}_p \pi = (1/e)$ となる性質をもつものとする．すると π は，次に述べる「アイゼンシュタイン方程式」

$$x^e + a_{e-1} x^{e-1} + \cdots + a_0 = 0, \quad a_i \in \mathbb{Z}_p$$

を満たす（第 I 章，§5 の練習問題 14 を見よ）．ここでアイゼンシュタイン方程式とは，すべての i について $a_i \equiv 0 \pmod{p}$，かつ $a_0 \not\equiv 0 \pmod{p^2}$ を満たすものである．逆に，α が $\mathbb{Q}_p$ 上のアイゼンシュタイン方程式の根の一つであれば，$\mathbb{Q}_p(\alpha)$ は $\mathbb{Q}_p$ 上 e 次の完全分岐拡大体である．

証明．a_i は π の共役の対称多項式であり，共役はすべて $|\ |_p = p^{-1/e}$ であるので，$|a_i|_p < 1$ が導かれる．a_0 については，$|a_0|_p = |\pi|_p^e = 1/p$ を得る．

逆に，第 I 章 §5 の練習問題 14 で，われわれはアイゼンシュタイン多項式が既約であることを見た．したがって，根 α を添加した拡大体は次数 e をもつ．$\mathrm{ord}_p a_0 = 1$ であるから，$\mathrm{ord}_p \alpha = (1/e) \mathrm{ord}_p a_0 = 1/e$ となり，$\mathbb{Q}_p(\alpha)$ は完全分岐となる． □

e が p で割り切れない場合には，次数 e に完全分岐拡大を得るために使用できる多項式の根の種類について，正確な説明を与えることができる（e が p で割り切れない場合は，「従順分岐（tamely ramification，馴分岐とも）」，$p \mid e$ の場合は「野性分岐（wild ramification，暴分岐とも）」と呼ばれる）．従順分岐拡大は $x^e - pu = 0$ ($u \in \mathbb{Z}_p^\times$) の形の方程式の解を添加して得られる．すなわち，そのような拡大

は，つねに p の e 乗根と p 進単数の積を添加して得られる（練習問題13と14を見よ）.

ここで K を $\mathbb{Q}_p$ の任意の有限次拡大体とする．次に述べる命題は，K が不分岐，すなわち $e = 1$ であれば K は非常に特別なタイプであり，1の根を添加して得られるものであること，一方で分岐する場合は，まず，「極大不分岐拡大」を得るために1の根を添加し，次にこの部分体にアイゼンシュタイン多項式の根を添加して得られることを主張している．**注意**：次の命題の証明は，少々退屈なので，次章のもっと重要な内容に到達することを急ぐ読者は，初読の際は読み飛ばした方がよいかもしれない（第III章，§4 の難しい練習問題もスキップしてよい）．

命題．$\mathbb{Q}_p$ の f 次の不分岐拡大 K_f^{unram} がちょうど一つ存在し，それは1の原始 $(p^f - 1)$ 乗根を一つ添加することにより得られる．もし K が $\mathbb{Q}_p$ の n 次拡大で，分岐指数が e, 剰余体次数が f であれば（練習問題12で証明されるように $n = ef$ である），$K = K_f^{\mathrm{unram}}(\pi)$ である．ここで π は K_f^{unram} に係数をもつアイゼンシュタイン多項式を満たすものである．

証明．$\overline{\alpha}$ を乗法群 $\mathbb{F}_{p^f}^{\times}$ の生成元とする（§1 の最後にある命題を見よ）．また $\overline{P}(x) = x^f + \overline{a}_1 x^{f-1} + \cdots + \overline{a}_f, \overline{a}_i \in \mathbb{F}_p$ を $\overline{\alpha}$ の $\mathbb{F}_p$ 上のモニック既約多項式とする（§1 の練習問題5を見よ）．各 i に対して，$a_i \in \mathbb{Z}_p$ を mod p で還元すると $\overline{a}_i$ になるものとし，$P(x) = x^f + a_1 x^{f-1} + \cdots + a_f$ とおく．明らかに，$P(x)$ は $\mathbb{Q}_p$ 上既約である．そうでないとすると，$P(x)$ が $\mathbb{Z}_p$ に係数をもつ2つの多項式の積として書け，mod p で還元すると $\overline{P}(x)$ が積で書けてしまうからである．$\alpha \in \overline{\mathbb{Q}}_p$ を $P(x)$ の根の一つとする．$\widetilde{K} = \mathbb{Q}_p(\alpha), \widetilde{A} = \{x \in K \mid |x|_p \leq 1\}, \widetilde{M} = \{x \in K \mid |x|_p < 1\}$ とおく．すると，剰余類 $\alpha + \widetilde{M}$ は $\mathbb{F}_p$ 上 f 次の既約多項式 $\overline{P}(x)$ を満たすので，$[\widetilde{K} : \mathbb{Q}_p] = f$ となる．よって $[\widetilde{A}/\widetilde{M} : \mathbb{F}_p] = f$ で，$\widetilde{K}$ は次数 f の不分岐拡大体である．（われわれはまだ，それがただ一つであることは証明してはいない．）

$\widetilde{K}$ を命題の2番目の部分にある体とする．$A = \{x \in \widetilde{K} \mid |x|_p \leq 1\}$ を $\widetilde{K}$ 内の $|\ |_p$ の付値環，$M = \{x \in \widetilde{K} \mid |x|_p < 1\}$ を A の極大デアルとすると $A/M = \mathbb{F}_{p^f}$ となる．$\overline{\alpha} \in \mathbb{F}_{p^f}$ を乗法群 $\mathbb{F}_{p^f}^{\times}$ の生成元とする．$\alpha_0 \in A$ を mod M で還元すると $\overline{\alpha}$ となるものとする．最後に，$\pi \in \widetilde{K}$ を $\mathrm{ord}_p \pi = 1/e$ となる任意の元とすると $M = \pi A$ である．

われわれは $\alpha \equiv \alpha_0 \pmod{\pi}$ で $\alpha^{p^f - 1} - 1 = 0$ となる α が存在することを示す．証明は以前ヘンゼルの補題の証明で用いたタイプの議論である．すなわち

$\alpha \equiv \alpha_0 + \alpha_1 \pi \pmod{\pi^2}$ と書くと，mod π^2 で $0 \equiv (\alpha_0 + \alpha_1 \pi)^{p^f-1} - 1 \equiv \alpha_0^{p^f-1} - 1 + (p^f-1)\alpha_1 \pi \alpha_0^{p^f-2} \equiv \alpha_0^{p^f-1} - 1 - \alpha_1 \pi \alpha_0^{p^f-2} \pmod{\pi^2}$ となることが必要である．しかし $\alpha_0^{p^f-1} \equiv 1 \pmod{\pi}$ であり，$\alpha_1 = (\alpha_0^{p^f-1}-1)/(\pi \alpha_0^{p^f-2}) \pmod{\pi}$ とおけば，mod π^2 で求めている合同式が得られる．ヘンゼルの補題で行ったように，この方法を続けることにより，方程式 $\alpha^{p^f-1} = 1$ に対する解 $\alpha = \alpha_0 + \alpha_1\pi + \alpha_2\pi^2 + \cdots$ が得られる．

$\alpha, \alpha^2, \ldots, \alpha^{p^f-1}$ はすべて異なることに注意せよ．これは，それらの mod M の還元である $\overline{\alpha}, \overline{\alpha}^2, \ldots, \overline{\alpha}^{p^f-1}$ がすべて異なるからである．言い換えれば，α は 1 の原始 (p^f-1) 乗根である．また f は剰余体の次数であるから $[\mathbb{Q}_p(\alpha) : \mathbb{Q}_p] \geq f$ となることに注意しておく．$([\mathbb{Q}_p(\alpha) : \mathbb{Q}_p] = f$ は，すぐ後で示される．）

上の議論を，とくに証明の最初の段落で構成された体 $\widetilde{K}$ に適用する．よって $\widetilde{K} \supset \mathbb{Q}_p(\alpha)$ である．ここで α は 1 の原始 (p^f-1) 乗根の一つである．$f = [\widetilde{K} : \mathbb{Q}_p] \geq [\mathbb{Q}_p(\alpha) : \mathbb{Q}_p] \geq f$ であるから $\widetilde{K} = \mathbb{Q}_p(\alpha)$ が導かれる．したがって，次数 f の不分岐拡大体は，ただ一つである．これを $\widetilde{K}_f^{\mathrm{unram}}$ とする．

われわれは $\mathbb{Q}_p$ 上 $n = ef$ 次の体 K に戻る．$E(x)$ を $\widetilde{K} = K_f^{\mathrm{unram}}$ 上の π のモニック既約多項式とする．$\{\pi_i\}$ を K_f^{unram} 上の π の共役とする．すなわち $E(x) = \prod(x - \pi_i)$ とする．d を $E(x)$ の次数，c を $E(x)$ の定数項とする．すると $\mathrm{ord}_p c = d \, \mathrm{ord}_p \pi = d/e$ である．しかし $ef = n = [K : \mathbb{Q}_p] = [K : K_f^{\mathrm{unram}}][K_f^{\mathrm{unram}} : \mathbb{Q}_p] = [K : K_f^{\mathrm{unram}}] \cdot f$ であるから $d \leq e$ が導かれる．$c \in K_f^{\mathrm{unram}}$ だから $\mathrm{ord}_p c$ は整数である．これより $d = e$ で $\mathrm{ord}_p c = 1$ が結論付けられる．したがって $E(x)$ はアイゼンシュタイン多項式であり，$K = K_f^{\mathrm{unram}}(\pi)$ となる． $\square$

系． K を $\mathbb{Q}_p$ の n 次拡大体で，分岐指数を e，剰余体次数を f とし，π を $\mathrm{ord}_p \pi = 1/e$ となるように選ぶ．すると，任意の $\alpha \in K$ は

$$\alpha = \sum_{i=m}^{\infty} a_i \pi^i$$

の形に一意的に書ける．ここで $m = e\,\mathrm{ord}_p \alpha$ で，それぞれの a_i は，$a_i^{p^f} = a_i$（すなわち，タイヒミュラーの位の数[14]）を満たす．

系の証明は容易であるので，読者に委ねる．

---

[14] 第 I 章 §4 の最後の段落と第 I 章 §5 の練習問題 13 を見よ．

m を p で割り切れない任意の正の整数とすると，p のべき p^f で，mod m で 1 と合同なものを見つけることができる（すなわち，f を m と素な剰余類のなす乗法群[15] $(\mathbb{Z}/m\mathbb{Z})^\times$ における p の位数とすればよい）．すると，もし $p^f - 1 = mm'$ で，$\mathbb{Q}_p$ に 1 の原始 $(p^f - 1)$ 乗根 α を添加すれば，$\alpha^{m'}$ は 1 の原始 m 乗根であることが導かれる．よって次が結論付けられる：**$\mathbb{Q}_p$ の有限次不分岐拡大体は位数が p で割り切れないような 1 のべき根を添加することによって得られる拡大になっている．**

$\mathbb{Q}_p$ の有限次不分岐拡大体の和集合は，$\mathbb{Q}_p^{\mathrm{unram}}$ と書かれ，「$\mathbb{Q}_p$ の極大不分岐拡大体」と呼ばれる．$\mathbb{Q}_p^{\mathrm{unram}}$ の整数環 $\mathbb{Z}_p^{\mathrm{unram}}$（これもまた「付値環」と呼ばれる）は

$$\mathbb{Z}_p^{\mathrm{unram}} \stackrel{\text{定義}}{=} \{x \in \mathbb{Q}_p^{\mathrm{unram}} \mid |x|_p \leq 1\}$$

で与えられ，（ただ一つの）極大イデアル $M^{\mathrm{unram}} = p\mathbb{Z}_p^{\mathrm{unram}} = \{x \in \mathbb{Q}_p^{\mathrm{unram}} \mid |x|_p < 1\} = \{x \in \mathbb{Q}_p^{\mathrm{unram}} \mid |x|_p \leq 1/p\}$ をもつ．剰余体 $\mathbb{Z}_p^{\mathrm{unram}}/p\mathbb{Z}_p^{\mathrm{unram}}$ は $\mathbb{F}_p$ の代数閉包 $\overline{\mathbb{F}}_p$ であることが容易に導かれる．すべての $\overline{x} \in \overline{\mathbb{F}}_p$ は，ただ一つの「タイヒミュラー代表元」$x \in \mathbb{Z}_p^{\mathrm{unram}}$ をもち，これは 1 の根で $\mathbb{Z}_p^{\mathrm{unram}}/p\mathbb{Z}_p^{\mathrm{unram}}$ に像 $\overline{x}$ をもつ．このことより $\mathbb{Z}_p^{\mathrm{unram}}$ はしばしば「$\overline{\mathbb{F}}_p$ の標数 0 への持ち上げ」（または「$\overline{\mathbb{F}}_p$ のヴィット・ベクトル (Witt vector)」[16] と呼ばれる．

$\mathbb{Q}_p^{\mathrm{unram}}$ は $\overline{\mathbb{Q}}_p$ よりはるかに小さな体で，多くの状況で，$\overline{\mathbb{Q}}_p$ の代わりに用いられる．

不分岐拡大の「反対に位置する」ものは，完全分岐拡大である．完全分岐拡大体は，たとえば 1 の原始 p^r 乗根を添加することによって得られる．この場合は，次数 $n = e = p^{r-1}(p-1)$ の完全分岐拡大体が得られる（練習問題 7 を見よ）．しかし，不分岐の場合と異なり，1 の根を添加することで，すべての完全分岐拡大が得られるわけではない．たとえば $x^m - p$ の根を添加すれば，明らかに m 次の完全分岐拡大体 K が得られるが，もし K が 1 の原始 p^r 乗根を添加した体に含まれていれば，$m \mid p^{r-1}(p-1)$ で，これは $m > p$ かつ $p \nmid m$ なら不可能である．$\mathbb{Q}_p$ のすべての完全分岐拡大体の集合についていえることは，この節の冒頭の命題と練習問題 14 に含まれている．

繰り返して述べるが，次の通りである：$\mathbb{Q}_p$ の拡大体で，分岐指数 e，剰余体次数 f をもつものは，まず 1 の原始 $(p^f - 1)$ 乗根を添加し，そうして得られた体

---
[15] m を法とした既約剰余類群と呼ばれる．その位数は $\varphi(m)$ で与えられる．ここで φ はオイラーの関数．
[16] E. Witt (1911–1991). ドイツの数学者．ネーター (E. Noether) のもとで学位を取得．主に 2 次形式の理論に多くの業績を残した．

K_f^{unram} に K_f^{unram} に係数をもつアイゼンシュタイン多項式の根を添加することにより得られる．

この節の最後に，有用な 2 つの命題を提示しよう．

命題（クラスナーの補題[17]）． $a, b \in \overline{\mathbb{Q}}_p$ （$\mathbb{Q}_p$ の代数閉包）とし，b と a は，a のすべての共役 a_i $(a_i \neq a)$ より近いとする．すなわち

$$|b-a|_p < |a_i - a|_p \quad (a_i \neq a)$$

とすると $\mathbb{Q}_p(a) \subset \mathbb{Q}_p(b)$ が成り立つ．

証明． $K = \mathbb{Q}(b)$ とおき，$a \notin K$ と仮定する．a の K 上の共役の個数は $[K(a) : K]$ 個で，これは > 1 であるから，少なくとも一つの a_i が $a_i \notin K$, $a_i \neq a$ である．さらに $K(a)$ から $K(a_i)$ への同型写像 σ で K の元を固定し，a を a_i に写すものが存在する．われわれはノルムの拡張の一意性を得ているから，すべての $x \in K(a)$ に対して $|\sigma(x)|_p = |x|_p$ となることがわかる．とくに $|b - a_i|_p = |\sigma(b) - \sigma(a)|_p = |b - a|_p$ が得られ，よって

$$|a_i - a|_p \leq \max(|a_i - b|_p, |b - a|_p) = |b - a|_p < |a_i - a|_p$$

となり矛盾する． $\square$

クラスナーの補題は，より一般的な状況でもまったく同じように証明できる：K を $\mathbb{Q}_p$ の有限次拡大体とする．$a, b \in \overline{\mathbb{Q}}_p$ とし，a の K 上のすべての共役 $(a_i \neq a)$ が $|b - a|_p < |a_i - a|_p$ を満たせば $K(a) \subset K(b)$ が成り立つ．

K をノルム $\|\ \|$ をもつ任意の体とする．$f, g \in K[X]$ とする．すなわち，$f = \sum a_i X^i$, $g = \sum b_i X^i$ を K に係数をもつ 2 つの多項式とする．このとき，f から g への距離 $\|f - g\|$ を

$$\|f - g\| \stackrel{\text{定義}}{=} \max_i \|a_i - b_i\|$$

で定義する．

命題． K を $\mathbb{Q}_p$ の有限次拡大体とする．$f(X) \in K[X]$ は次数 n をもつものとする：

---

[17] M. Krasner (1912–1985). ロシア出身のフランスの数学者．代数的整数論，p 進解析で業績を挙げた．

$$f(X) = a_n X^n + a_{n-1} X^{n-1} + \cdots + a_1 X + a_0.$$

f の $\overline{\mathbb{Q}}_p$ 内の根はすべて異なると仮定する．すると，任意の $\varepsilon > 0$ に対して，ある $\delta > 0$ が存在して，$g = \sum_{i=0}^n b_i X^i \in K[X]$ が次数 n をもち，$|f - g|_p < \delta$ ならば，$f(X)$ の任意の根 α_i に対して $g(X)$ の根 β_i が，ちょうど一つ存在して $|\alpha_i - \beta_i|_p < \varepsilon$ となる．

証明．$g(X)$ の各根 β に対して，次が得られる．

$$|f(\beta)|_p = |f(\beta) - g(\beta)|_p = \left| \sum_{i=0}^n (a_i - b_i) \beta^i \right|_p$$
$$\leq \max_i (|a_i - b_i|_p |\beta|_p^i)$$
$$\leq |f - g|_p \max(1, |\beta|_p^n) < \delta C_1^n.$$

ここで C_1 はある適当な定数とする（練習問題3を見よ）．$C_2 = \min_{1 \leq i < j \leq n} |\alpha_i - \alpha_j|_p$ とおく．α_i たちは，すべて異なるから $C_2 \neq 0$ である．すると関係式 $|\beta - \alpha_i|_p < C_2$ はたかだか一つの α_i について可能である（もし他の $\alpha_j \neq \alpha_i$ について成り立つとすれば $|\alpha_i - \alpha_j|_p \leq \max(|\alpha_i - \beta|_p, |\beta - \alpha_j|_p) < C_2$ となってしまうからである）．次の不等式に注意せよ．

$$C_1^n \delta > |f(\beta)|_p$$
$$= |a_n \prod (\beta - \alpha_i)|_p \quad (\text{なぜなら } f(X) = a_n \prod (X - \alpha_i))$$
$$= |a_n|_p \prod |\beta - \alpha_i|_p.$$

この不等式より，十分小さな δ に対して $|\beta - \alpha_i|_p < C_2$ となる α_i が存在しなければならない．そのような α_i に対して

$$|\beta - \alpha_i|_p < \frac{C_1^n \delta}{|a_n|_p \prod_{j \neq i} |\beta - \alpha_j|_p}$$
$$\leq \frac{C_1^n \delta}{|a_n|_p \cdot C_2^{n-1}}$$

であり，δ を適当に選ぶことにより，最後の式は $< \varepsilon$ となるようにできる． □

4. Ω

これまでのところ，われわれは $\mathbb{Q}_p$ の代数拡大だけを扱ってきた．しかし，さきにも述べたように，これだけでは複素数体の p 進類似を得るには不十分である．

定理 12. $\mathbb{Q}_p$ の代数閉包 $\overline{\mathbb{Q}}_p$ は完備ではない．

証明． われわれは $\overline{\mathbb{Q}}_p$ 内のコーシー列 $\{a_i\}$ で，a_i の極限 a が，$a \in \overline{\mathbb{Q}}_p$ とはならない例を与えなければならない．

b_i を $\overline{\mathbb{Q}}_p$ 内の 1 の原始 $(p^{2^i} - 1)$ 乗根とする．すなわち $b_i^{p^{2^i}-1} = 1$ であり，$m < p^{2^i} - 1$ となる m については，$b_i^m \neq 1$ となるものとする．$i' > i$ のとき，$2^i \mid 2^{i'}$ から $p^{2^i} - 1 \mid p^{2^{i'}} - 1$ が導かれるので $b_i^{p^{2^{i'}}-1} = 1$ が成り立つ．（実際，p の指数として，2^i の代わりに，第 i 項が第 $(i+1)$ 項を割り切るような増大列，たとえば，3^i, $i!$ などで置き換えてもよい．）したがって，$i' > i$ ならば b_i は $b_{i'}$ のべきである．

$$a_i = \sum_{j=0}^{i} b_j p^{N_j}$$

とおく．ここで $0 = N_0 < N_1 < N_2 < \cdots$ は，後で選択される非負整数の増大列である．b_j, $j = 0, 1, \ldots, i$ は不分岐拡大体 $\mathbb{Q}_p(b_j)$ における a_i の p 進展開の位の数であることに注意せよ．なぜなら b_j はタイヒミュラー代表元となっているからである．明らかに $\{a_i\}$ はコーシー列である．

われわれは N_j, $j > 0$ を帰納的に決めていく．$j \leq i$ となる j について N_j が定義されたとき，$a_i = \sum_{j=0}^{i} b_j p^{N_j}$ とする．$K = \mathbb{Q}_p(b_j)$ とおく．§3 において，K は 2^i 次の不分岐ガロア拡大体であることが証明されている．まず，$\mathbb{Q}(a_i) = K$ となることに注意せよ．そうでないとすると，K の自明でない $\mathbb{Q}_p$-自己同型写像 σ で，a_i を固定するようなものが存在する（この章の §1 の項 (11) を参照）．しかしながら $\sigma(a_i)$ を考えると，p 進展開 $\sum_{j=0}^{i} \sigma(b_j) p^{N_j}$ をもち，$\sigma(b_i) \neq b_i$ であり，（p 進展開が異なるので）$\sigma(a_i) \neq a_i$ となる．

次に，N_{j+1} を次のようにして決める．第 III 章 §1 の練習問題 9 により，$N_{i+1} > N_i$ である数 N_{i+1} が存在して，a_i は次の形のどのような合同式も満たさない：

$$\alpha_n a_i^n + \alpha_{n-1} a_i^{n-1} + \cdots + \alpha_1 a_i + \alpha_0 \equiv 0 \pmod{p^{N_{i+1}}}.$$

ここで $n < 2^i$ で，α_j は $\alpha_j \in \mathbb{Z}_p$ ですべてが p で割り切れることがないようなもの

である.

これがわれわれが構成した列 $\{a_i\}$ である.

$a \in \overline{\mathbb{Q}}_p$ を $\{a_i\}$ の極限値とする. すると a は方程式

$$\alpha_n a^n + \alpha_{n-1} a^{n-1} + \cdots + \alpha_1 a + \alpha_0 = 0$$

を満たす. ここですべての α_i が $\alpha_i \in \mathbb{Z}_p$ で, すべてが p で割り切れるということがないものとしてよい. $2^i > n$ となる i を選ぶ. $a \equiv a_i \pmod{p^{N_i+1}}$ であるから

$$\alpha_n a_i^n + \alpha_{n-1} a_i^{n-1} + \cdots + \alpha_1 a_i + \alpha_0 \equiv 0 \pmod{p^{N_i+1}}.$$

となり矛盾が導かれ, 定理は証明された. □

われわれは, $\overline{\mathbb{Q}}_p$ ばかりでなく, $\mathbb{Q}_p^{\mathrm{unram}}$ もまた完備でないという事実を証明したことに注意せよ.

われわれはここで「穴を埋め」, $\overline{\mathbb{Q}}_p$ を**完備化**し, 新しい体 Ω を定義する. 厳密にいうと, これは $\overline{\mathbb{Q}}_p$ の元からなるコーシー列の同値類を考え, $\mathbb{Q}$ から $\mathbb{Q}_p$ を構成した方法 (または, $\mathbb{Q}$ から $\mathbb{R}$, より一般に**任意**の距離空間における完備化の方法) とまったく同じ方法で進めることを意味する. 直観的にいえば, $\overline{\mathbb{Q}}_p$ の数, たとえば定理 12 の証明において考えたタイプの数の収束無限和で与えられるすべての数を投入して, 新しい体 Ω を構成するのである.

$\mathbb{Q}$ から $\mathbb{Q}_p$ にいくときと同じように, $\overline{\mathbb{Q}}_p$ から Ω にいくときも, $\overline{\mathbb{Q}}_p$ 上のノルム $|\ |_p$ を, $|x|_p = \lim_{i \to \infty} |x_i|_p$ とおくことにより, Ω 上に拡張し定義できる. ここで $\{x_i\}$ は $x \in \Omega$ の同値類に含まれる $\overline{\mathbb{Q}}_p$ の元からなるコーシー列である (第 I 章 §4 参照). $\mathbb{Q}$ から $\mathbb{Q}_p$ へのときのように, $x \neq 0$ ならば, この極限値 $|x|_p$ は, 十分大きい i に対する $|x_i|_p$ に一致する.

われわれはまた, 関数 ord_p も Ω に拡張する:

$$\mathrm{ord}_p x = -\log_p |x|_p.$$

$A = \{x \in \Omega \mid |x|_p \leq 1\}$ を Ω の「付値環」, $M = \{x \in \Omega \mid |x|_p < 1\}$ をその極大イデアルとし, $A^\times = \{x \in \Omega \mid |x|_p = 1\} = A - M$ を A の可逆元の集合とする. $x \in A^\times$ と仮定する. すなわち $|x|_p = 1$ とする. $\overline{\mathbb{Q}}_p$ は Ω 内で稠密であるから, 代数的元 x' で $x - x' \in M$, すなわち $|x - x'|_p < 1$ となるものを見つけることができる. $|x'|_p = 1$ あるから, x' は $\mathbb{Z}_p$ 上整である. すなわち x' は $\mathbb{Z}_p$ に係数を

もつモニック多項式を満たす．その多項式を mod p で還元することにより，剰余類 $x + M = x' + M$ が $\mathbb{F}_p$ 上代数的，すなわち，ある $\mathbb{F}_{p^f}$ に入ることがわかる．ここで $\omega(x)$ を 1 の $(p^f - 1)$ 乗根で，$x + M \in \mathbb{F}_{p^f}$ のタイヒミュラー代表元となるものとし，$\langle x \rangle = x/\omega(x)$ とおく．すると $\langle x \rangle \in 1 + M$ となる．言い換えると，任意の $x \in A^\times$ は，1 のべき根 $\omega(x)$ と 1 を中心とした単位開円板内の元 $\langle x \rangle$ の積として表される．（もし $x \in \mathbb{Z}_p$ であれば，上で述べたことは，x の p 進展開の最初の位の数を a_0 とすると，x は，a_0 のタイヒミュラー代表元と $1 + p\mathbb{Z}_p$ の元の積として表されると単純に言い換えられる．）最後に，0 でない任意の $x \in \Omega$ は p の分数べきと絶対値が 1 のある元 $x_1 \in \Omega$ の積として表せることに注意せよ．すなわち，$\operatorname{ord}_p x = r = a/b$ とし（練習問題 1），p^r を多項式 $X^b - p^a$ の $\overline{\mathbb{Q}}_p$ 内の任意の根とする．すると，ノルムが 1 のある x_1 があり，$x = p^r x_1 = p^r \omega(x_1) \langle x_1 \rangle$ となる．言い換えれば，**0 でない Ω の任意の元は，p の分数べき，1 のべき根，1 を中心とした単位開円板の元の積として表される．**

次の定理は，Ω が複素数体の p 進類似であるということを教えてくれる．

定理 13．Ω は代数閉体である．

証明． $f(X) = X^n + a_{n-1}X^{n-1} + \cdots + a_1 X + a_0, a_i \in \Omega$ とする．われわれは $f(X)$ が Ω に根をもつことを示さねばならない．各 $i = 0, 1, \ldots, n-1$ に対して，$\{a_{ij}\}_j$ を a_i に収束する $\overline{\mathbb{Q}}_p$ の元の列とする．$g_j(X) = X^n + a_{n-1,j}X^{n-1} + \cdots + a_{1,j}X + a_{0,j}$ とおく．r_{ij} $(i = 1, 2, \ldots, n)$ を $g_j(X)$ の根とする．$j = 1, 2, 3, \ldots$ に対して，i_j $(1 \leq i_j \leq n)$ で，$\{r_{i_j, j}\}$ がコーシー列となるものが見つけられることを示そう．すなわち，$r_{i_j, j}$ が与えられたとき，その条件を満たすような $r_{i_{j+1}, j+1}$ を求めたい．$\delta_j = |g_j - g_{j+1}|_p = \max_i(|a_{i,j} - a_{i,j+1}|_p)$ とおく（これは $j \to 0$ のとき 0 に近づく）．$A_j = \max(1, |r_{i_j, j}|_p^n)$ とする．明らかに一様な定数 A が存在して，すべての j に対して $A_j \leq A$ となる（練習問題 3）．すると次が得られる．

$$\prod_i |r_{i_j, j} - r_{i, j+1}|_p = |g_{j+1}(r_{i_j, j})|_p$$
$$= |g_{j+1}(r_{i_j, j}) - g_j(r_{i_j, j})|_p$$
$$\leq \delta_j A.$$

よって，左辺の $|r_{i_j, j} - r_{i, j+1}|_p$ のうちの少なくとも一つが $\leq \sqrt[n]{\delta_j A}$ である．求めていた $r_{i_{j+1}, j+1}$ をそのような $r_{i, j+1}$ とする．明らかに，この $r_{i_j, j}$ はコーシー列となる．

そこで $r = \lim_{j\to\infty} r_{i_j,j} \in \Omega$ とする．すると

$$f(r) = \lim_{j\to\infty} f(r_{i_j,j}) = \lim_{j\to\infty} g_j(r_{i_j,j}) = 0$$

が得られる． □

第 I 章と第 III 章の内容を総合すると，$\mathbb{Q}$ を含み，代数閉体かつ $|\ |_p$ に関して完備であるような最小の体 Ω を構成したということである．（厳密にいえば，次のようになる：Ω' をそのような任意の体とする．Ω' は完備だから $\mathbb{Q}$ を p 進完備化した体と同型な体（これも $\mathbb{Q}_p$ と書く）を含まなければならない．Ω' は $\mathbb{Q}_p$ を含み，代数閉体だから $\mathbb{Q}_p$ の代数閉包と同型な体を含まなければならない．これも $\overline{\mathbb{Q}}_p$ と書く．これで Ω' は $\overline{\mathbb{Q}}_p$ を含み，完備であるから，$\overline{\mathbb{Q}}_p$ の完備化と同型な体を含まなければならない．これは Ω である．このようにして，これらの性質をもつ任意の体は Ω と同型な体を含まなければならない．重要なことは，完備化も代数閉包も同型を除いて一意的であるということである．）

実際には，Ω は Ω_p と表記すべきである．そうすることは，われわれが行ったことはすべて，最初に固定した素数 p に依存していることを思い出させるからである[18]．しかし，表記を簡潔にするため，p という添え字は省略する．

体 Ω は，p 進解析学が展開される，美しく巨大な領域である．

練習問題

1. $\overline{\mathbb{Q}}_p^\times$ 上 $|\ |_p$ のとりうる値の（正の実数内の）集合は p の有理数べきの集合となることを証明せよ．Ω ではどうなるか？ 関数 ord_p を $\Omega^\times$ に拡張したものは，$\mathrm{ord}_p x = -\log_p |x|_p$（すなわち，$|x|_p$ を得るには $1/p$ べきを上げる）としたことを思い出す．$\Omega^\times$ 上の ord_p の可能な値の集合はどのようなものか？ $\overline{\mathbb{Q}}_p$ や Ω が局所コンパクトではないことを証明せよ．これは，通常のアルキメデス的距離（複素平面上の通常の距離の定義）のもとで局所コンパクトである複素数体 $\mathbb{C}$ との際立った差異である．
2. Ω における「楕円 (ellipse)」を，2 点 $a, b \in \Omega$ からの距離の和が固定された実数 r である点の集合として定義したらどうなるであろうか？ この「楕円」は，a, b, r に応じて，2 つの異なる円，2 つの円の交点，空集合のいずれかであることを示せ．「双曲線 (hyperbola)」を $\{x \in \Omega \mid |x - a|_p - |x - b|_p = r\}$ で定義するとどうなるか？
3. $g(X) = X^n + b_{n-1}X^{n-1} + \cdots + b_1 X + b_0$ とし，$C_0 \overset{\text{定義}}{=} \max_i |b_i|_p$ とおく．C_0 のみに依存して決まる定数 C_1 が存在して，$g(X)$ の任意の根 β に対して，$|\beta|_p < C_1$ となることを示せ．
4. K を $\mathbb{Q}_p$ の有限次拡大体とし，α をモニック既約多項式 $f(X) \in K[X]$ の根とする．次を証明せよ：ある $\varepsilon > 0$ が存在して，$f(X)$ と同じ次数をもつ多項式 $g(X)$ で $|f - g|_p < \varepsilon$ となるものは，$K(\beta) = K(\alpha)$ となる根 β をもつ．f が既約でなければ，これ

---

[18] 本によっては，Ω を $\mathbb{C}_p$ と表している．$\mathbb{C}$ の p 進類似である点が強調された記号である．

は必ずしも成り立たないことを示せ.
5. $\mathbb{Q}_p$ の有限次拡大体 K は,有理数体 $\mathbb{Q}$ の有限次拡大体 F で $[F:\mathbb{Q}]=[K:\mathbb{Q}_p]$ かつ K 内で稠密となるものを含むことを示せ.ここで,F が K 内で稠密とは,任意の $x \in K$ と任意の $\varepsilon > 0$ に対して,$|x-y|_p < \varepsilon$ となる $y \in F$ が存在することをいう.
6. p を素数で -1 が $\mathbb{Q}_p$ で平方根をもたないものとする(第 III 章,§1 の練習問題 8 を見よ).クラスナーの補題を用いて,正の数 ε で,$|a-1|_p < \varepsilon$ となる限り $\mathbb{Q}_p(\sqrt{-a}) = \mathbb{Q}_p(\sqrt{-1})$ となるようなものを見つけよ.この ε に関して $|a-p|_p < \varepsilon$ から $\mathbb{Q}_p(\sqrt{a}) = \mathbb{Q}_p(\sqrt{p})$ が導かれるか?($p=2$ の場合は別に扱う.)
7. a を $\overline{\mathbb{Q}}_p$ 内の 1 の原始 p^n 乗根,すなわち $a^{p^{n-1}} \neq 1$ とする.$|a-1|_p$ を求めよ.$n=1$ の場合,$X^{p-1}+p=0$ の $\overline{\mathbb{Q}}_p$ 内の任意の根 β に対して,$\mathbb{Q}_p(a) = \mathbb{Q}_p(\beta)$ となることを示せ.また,a が 1 の原始 m 乗根で,m が p べきでないとき $|a-1|_p = 1$ であることを示せ.
8. K を $\mathbb{Q}_p$ の有限次拡大体とする.m を正の整数とし,$(K^\times)^m$ を $K^\times$ の元の m 乗全体の集合とする.次の条件を仮定する:(1) $|m|_p = 1$,(2) K は 1 以外の 1 の m 乗根を含まない.(たとえば,$K = \mathbb{Q}_p$ のときは,これら 2 つの条件がともに成立することと,m が,p,$p-1$ 双方と互いに素であることが同値であることを示すことは,一つの練習問題である.)$(K^\times)^m$ の $K^\times$ 内の乗法的部分群としての指数 (index) が m となることを示せ.(ここで,指数とは同値類 $K^\times / (K^\times)^m$ の個数である.)
9. 前問において,K が自明でない 1 の m 乗根を含まないという条件を除いたとき,$K^\times$ 内の $(K^\times)^m$ の指数は,K に含まれる 1 の m 乗根の個数を w としたとき,mw と一致することを示せ.
10. K を $\mathbb{Q}_p$ の完全分岐拡大体とする.p が m を割り切らないとき,K 内の 1 の m 乗根は,すべて $\mathbb{Q}_p$ に含まれることを示せ.
11. 集合 $\mathbb{Q}_p, \overline{\mathbb{Q}}_p, \Omega$ の濃度 (cardinality) を決定せよ.
12. $n = [K:\mathbb{Q}_p]$,e を分岐指数,f を剰余体次数としたとき,$n = ef$ を証明せよ.
13. K を $\mathbb{Q}_p$ の次数 e の完全分岐拡大体とする.$\operatorname{ord}_p \alpha = 1$ となる $\alpha \in \mathbb{Z}_p$ に対して,ある $\beta \in K$ が存在して,$|\beta^e - \alpha|_p < 1/p$ となることを示せ.
14. K を従順完全分岐 (tamely totally ramified) 拡大体とする.ヘンゼルの補題におけるタイプの議論を用いて,前問の $\beta \in K$ はさらに $\beta^e \in \mathbb{Q}_p$ となるように調整できることを示せ.すなわち,β は,$\operatorname{ord}_p \alpha = 1$ となる $\alpha \in \mathbb{Z}_p$ に対して,$X^e - \alpha = 0$ を満たすようにできる.$K = \mathbb{Q}_p(\beta)$ に注意(これも説明せよ).
15. 複素数 $\mathbb{C}$ は,有理数や代数的数よりもはるかに個数が多い.なぜなら後者の集合は可算無限であるのに対し,$\mathbb{C}$ は連続体の濃度をもつからである.Ω も正確には述べないが,$\overline{\mathbb{Q}}_p$ よりはるかに大きい(練習問題 11 を見よ).次を示せ.Ω の元の可算集合で,Ω が,それらの元を添加して得られる体(すなわち,それらの元と $\overline{\mathbb{Q}}_p$ の元を含む有理的表示全体のなす体)上代数拡大となるものは存在しない.これを,Ω は「$\overline{\mathbb{Q}}_p$ 上非可算無限超越次数」をもつという.(注意:この練習問題と次の練習問題は難しい!)
16. Ω は $\mathbb{Q}_p^{\mathrm{unram}}$ を p 進完備化した体上で可算無限超越次数をもつか?

第IV章　p 進べき級数

1. 初等関数

非アルキメデス的ノルム $\|\ \|$ から導かれる距離空間において，ある列がコーシー列であることと，隣接した項の差が 0 に近づくこととは同値であり，もしその距離空間が完備であれば，無限和（級数）が収束することと，一般項が 0 に近づくこととが同値であったことを思い出そう．したがって，

$$f(X) = \sum_{n=0}^{\infty} a_n X^n, \quad a_n \in \Omega$$

の形に表示したものを考えれば，$|a_n x^n|_p \to 0$ となるような x を X に代入するごとに，$f(x)$ の値 $\sum_{n=0}^{\infty} a_n x^n$ を与えることができる．

アルキメデスの場合（$\mathbb{R}$ や $\mathbb{C}$ 上のべき級数の場合）のように，その「収束半径」は

$$r = \frac{1}{\limsup |a_n|_p^{1/n}}$$

で定義される．ここで，「$1/r = \limsup |a_n|_p^{1/n}$」という記法は，$1/r$ が，**任意の** $C > 1/r$ に対して，C より大きい $|a_n|_p^{1/n}$ が有限個しかないような**最小の**実数であることを意味する．またこれと同値であるが，$1/r$ は最大の「集積点 (accumlation point)」，すなわち $\{|a_n|_p^{1/n}\}$ の部分列の極限値として起こりうる最大の実数である．たとえば，$\lim_{n \to \infty} |a_n|_p^{1/n}$ が存在すれば，$1/r$ は単に，この極限値となる．

われわれは，「収束半径」という用語を，級数が $|x|_p < r$ のとき収束し，$|x|_p > r$ のとき発散することを示すことにより正当化しよう．まず，$|x|_p < r$ と仮定し，

$|x|_p = (1-\varepsilon)r$ とおく. すると $|a_n x^n|_p = (r|a_n|_p^{1/n})^n (1-\varepsilon)^n$ である. $|a_n|_p^{1/n} > 1/(r - \frac{1}{2}\varepsilon r)$ となる n は有限個しか存在しないので

$$\lim_{n\to\infty} |a_n x^n|_p \leq \lim_{n\to\infty} \left(\frac{(1-\varepsilon)r}{(1-\frac{1}{2}\varepsilon)r}\right)^n = \lim_{n\to\infty} \left(\frac{1-\varepsilon}{1-\frac{1}{2}\varepsilon}\right)^n = 0$$

が得られる. 同様に $|x|_p > r$ であるならば, $a_n x^n$ は, $n \to \infty$ のとき 0 には近づかないことが, 容易にわかる. $r = \infty$ のとき, すべての x に対して $\lim_{n\to\infty}|a_n x^n|_p = 0$ が容易にチェックできる.

$|x|_p = r$ のときはどうであろうか？ アルキメデス的なとき, 区間や円板の境界の場合は事情が少し複雑である. たとえば, $\log(1+x) = \sum_{n=1}^{\infty}(-1)^{n+1}x^n/n$ の収束半径は 1 である. $|x| = 1$ のときを考えると, $x = -1$ の場合は, 発散し, 他の x の値（すなわち, 実数のときは $x = 1$, 複素数のときは単位円から $x = -1$ を除いたもの）については, 収束する（「絶対収束」ではなく「条件収束」）.

しかし, 非アルキメデス的な場合は, $|x|_p = r$ となるすべての点に対して, 単純な答えがある. これは級数が収束することと, 各項が 0 に近づくこと, すなわち $|a_n|_p |x|_p^n \to 0$ であることとが同値であったことに由来する. さらに, この条件は, ノルム $|x|_p$ のみに依存し, 与えられたノルムをもつ, x の特別な値に依存しないことを意味し「条件収束」（$\sum \pm a_n$ が $\pm$ の取り方により, 収束したり, 発散したりする）などは存在しない.

同じ例 $\sum_{n=1}^{\infty}(-1)^{n+1}x^n/n$ をとって, p 進的な場合を考えれば, $|a_n|_p = p^{\mathrm{ord}_p n}$ であり, $\lim_{n\to\infty}|a_n|_p^{1/n} = 1$ が得られる. 級数は, $|x|_p < 1$ に対して収束し, $|x|_p > 1$ については発散する. $|x|_p = 1$ のときは, $|a_n x^n|_p = p^{\mathrm{ord}_p n} \geq 1$ で, このようなすべての x に対して級数は発散する.

ここで, ある記号を導入する. R を環とし, $R[\![X]\!]$ で, R に係数をもつ不定元 X の形式的べき級数環を表す. すなわち, $\sum_{n=0}^{\infty} a_n X^n$, $a_i \in R$ で表せるもので, 加法, 減法は通常の方法で定義する. R としては, ここでは通常 $\mathbb{Z}$, $\mathbb{Q}$, $\mathbb{Z}_p$, $\mathbb{Q}_p$ または Ω をとる. この記号を用いて, 他の集合も略記することがある. たとえば,

$$1 + XR[\![X]\!] \stackrel{\text{定義}}{=} \{f \in R[\![X]\!] \mid f \text{ の定数項 } a_0 \text{ が } 1\}$$

などである.

われわれは「点 $a \in \Omega$ を中心とする半径 $r \in \mathbb{R}$ の閉円板」を

$$D_a(r) \stackrel{\text{定義}}{=} \{x \in \Omega \mid |x - a|_p \leq r\},$$

「点 $a \in \Omega$ を中心とする半径 $r \in \mathbb{R}$ の開円板」を

$$D_a(r^-) \stackrel{\text{定義}}{=} \{x \in \Omega \mid |x-a|_p < r\},$$

で定義する．また $D(r) \stackrel{\text{定義}}{=} D_0(r)$, $D(r^-) \stackrel{\text{定義}}{=} D_0(r^-)$ とおく．（注意：Ω 内の閉円板 $D(r)$ を指す場合，r は $|\ |_p$ のとりうる可能な値，すなわち，p の有理べきである正実数であると理解する．$|x|_p = r$ となる $x \in \Omega$ が存在しない場合は，つねに $D(r^-)$ と書き表す．）

（注意点：「閉」と「開」という用語は，アルキメデスの場合の類推から使われているにすぎない．位相の観点からすると，この用語は適当でない．すなわち，正数 c に対して集合 $C_c = \{x \in \Omega \mid |x-a|_p = c\}$ は位相の意味では開集合である．なぜなら，任意の点 $x \in C_c$ に対して，たとえば，円板 $D_x(c^-)$ を考えると，そのすべての点は C_c に属するからである．それら C_c たちのいかなる和集合も開集合である．$D_a(r)$, $D_a(r^-)$ そしてそれらの補集合も，それらの和集合である．たとえば，$D_a(r^-)$ については，$D_a(r^-) = \bigcup_{c<r} C_c$ である．よって，$D_a(r)$ も $D_a(r^-)$ も，同時に**開集合かつ閉集合である**．Ω における，この特異な状態を表す用語は「完全不連結位相空間 (totally disconnected topological space)」[1]である．）

以上の記号に慣れるために，自明な補題を証明しておこう．

補題 1．任意の $f(X) \in \mathbb{Z}_p[\![X]\!]$ は $D(1^-)$ で収束する．

証明．$f(X) = \sum_{n=0}^{\infty} a_n X^n$, $a_n \in \mathbb{Z}_p$ とおき，$x \in D(1^-)$ とする．すると $|x|_p < 1$ である．すべての n について $|a_n|_p \leq 1$ であり，よって $|a_n x^n|_p \leq |x|_p^n \to 0$ $(n \to \infty)$ となる． □

もう一つの簡単な補題は，次のものである．

補題 2．（開あるいは閉の）円板 $D = D(r)$ または $D(r^-)$ で収束するような任意の

$$f(X) = \sum_{n=0}^{\infty} a_n X^n \in \Omega[\![X]\!]$$

は D 上連続である．

証明．$|x - x'|_p < \delta$ と仮定する．ここで $\delta < |x|_p$ は，後に選択するものである．

---
[1] 定義は，非自明な連結部分集合をもたない位相空間のこと．

(われわれは $x \neq 0$ と仮定する．$x = 0$ の場合は，独立して，容易にチェックできる．) 次が得られる．

$$|f(x) - f(x')|_p = \left|\sum_{n=0}^{\infty}(a_n x^n - a_n x'^n)\right|_p$$
$$\leq \max_n |a_n x^n - a_n x'^n|_p$$
$$= \max_n(|a_n|_p|(x-x')(x^{n-1} + x^{n-2}x' + \cdots + xx'^{n-2} + x'^{n-1})|_p).$$

しかし
$$|x^{n-1} + x^{n-2}x' + \cdots + xx'^{n-2} + x'^{n-1}|_p \leq \max_{1\leq i\leq n}|x^{n-i}x'^{i-1}|_p$$
$$= |x|_p^{n-1}$$

が成り立つ．よって
$$|f(x) - f(x')|_p \leq \max_n(|x-x'|_p|a_n|_p|x|_p^{n-1})$$
$$< \frac{\delta}{|x|_p}\max_n(|a_n|_p|x|_p^n)$$

が得られる．$|a_n|_p|x|_p^n$ は $n \to \infty$ のとき有界であるから，この $|f(x) - f(x')|_p$ は適当な δ に対して $< \varepsilon$ となる． □

ここで，われわれの考えた級数 $\sum_{n=1}^{\infty}(-1)^{n+1}X^n/n$ に戻ってみる．これはすでに見たように，円板 $D(1^-)$ を収束円板としてもつ．すなわち，この級数は $D(1^-)$ 上で定義され，Ω に値をもつ関数を与える．この関数を $\log_p(1+X)$ で表す．ここで添え字 p は，Ω を求めるために用いられた $\mathbb{Q}$ 上のノルムを与えた素数を思い起こさせ，またこの関数を古典的な $\log(1+X)$ 関数（これは $\mathbb{R}$ または $\mathbb{C}$ の部分集合を定義域とし，値域も $\mathbb{R}$ または $\mathbb{C}$ 内としている）と混同しないように注意させるためのものである．ただし，不幸なことに「p 進対数 (p-adic logarithm)」に対する記号 $\log_p$ は「p を底とする log」に対する古典的な記号と同じである．以下では，とくに断らない限り，$\log_p$ とは，次に与えられる **p 進対数関数**を表すものとする：

$$\log_p(1+X)\colon D(1^-) \longrightarrow \Omega, \quad \log_p(1+x) = \sum_{n=1}^{\infty}(-1)^{n+1}x^n/n.$$

アルキメデスと p 進関数の場合を混同する危険性については，以下でも説明される．また，この節の練習問題 8–10 も参照されたい．

微分方程式を学んだことのある人なら誰でも（そうでない人もたくさんいるが），$\exp(x) = e^x = \sum_{n=0}^{\infty}x^n/n!$ が古典数学で最も重要な関数であることを理解しているだろう．そこで級数 $\sum_{n=0}^{\infty}X^n/n!$ を p 進的に見てみよう．古典的な指数関数においては，分母にある $n!$ のおかげで，いたるところで収束している．しかし，分母が大きいことは古典的にはよいことであるが，p 進的には，あまりよいこととはいえない．すなわち次が容易に計算できる（第 I 章，§2 の練習問題 14 を見よ）．

$$\mathrm{ord}_p(n!) = \frac{n-S_n}{p-1} \quad (S_n \text{ は } n \text{ を } p \text{ を底として展開したときの位の数の和}),$$

$$|1/n!|_p = p^{(n-S_n)/(p-1)}.$$

収束半径に対する公式 $r = 1/(\limsup|a_n|_p^{1/n})$ より

$$\mathrm{ord}_p r = \liminf\left(\frac{1}{n}\mathrm{ord}_p a_n\right)$$

が得られる（ここで数列の「$\liminf$」は集積点の最小値である）．$a_n = 1/n!$ の場合，これは

$$\mathrm{ord}_p r = \liminf\left(-\frac{n-S_n}{n(p-1)}\right)$$

となるが，$\lim_{n\to\infty}(-(n-S_n)/(n(p-1))) = -1/(p-1)$ である．よって $\sum_{n=0}^{\infty}x^n/n!$ は $|x|_p < p^{-1/(p-1)}$ のとき収束し，$|x|_p > p^{-1/(p-1)}$ のとき発散することがわかる．$|x|_p = p^{-1/(p-1)}$ のとき，すなわち $\mathrm{ord}_p x = 1/(p-1)$ のときはどうなるか？　その場合

$$\mathrm{ord}_p(a_n x^n) = -\frac{n-S_n}{p-1} + \frac{n}{p-1} = \frac{S_n}{p-1}$$

となる．もしたとえば，p のべき，$n = p^m$ を選べば $S_n = 1$ であり，$\mathrm{ord}_p(a_{p^m}x^{p^m}) = 1/(p-1)$，$|a_{p^m}x^{p^m}|_p = p^{-1/(p-1)}$ が得られ，よって $n\to\infty$ のとき，$a_n x^n \not\to 0$ となる．したがって $\sum_{n=0}^{\infty}X^n/n!$ の収束円板は $D(p^{-1/(p-1)-})$（指数の最後の $-$ は通常の開円板を表すものである）．

106　第 IV 章　p 進べき級数

$$\exp_p(X) \stackrel{\text{定義}}{=} \sum_{n=0}^{\infty} X^n/n! \in \mathbb{Q}_p[\![X]\!]$$

と表そう（**p 進指数関数**）．

　$D(p^{-1/(p-1)-}) \subset D(1^-)$ である．したがって $\exp_p$ は，$\log_p$ より小さな円板で収束することに注意せよ！

　$\log, \exp$ と $\log_p, \exp_p$ の混同を避けることは重要であるが，$\log$ と $\exp$ の間に成り立つ基本的な性質を p 進数の場合に引き継ぐことができる．たとえば，積の $\log$ が $\log$ たちの和と一致するという $\log$ がもつ基本的性質を求めてみよう．$x \in D(1^-)$ と $y \in D(1^-)$ に対して $(1+x)(1+y) = 1 + (x+y+xy) \in 1 + D(1^-)$ であることに注意せよ．したがって，

$$\log[(1+x)(1+y)] = \sum_{n=1}^{\infty}(-1)^{n+1}(x+y+xy)^n/n$$

を得る．一方，$\mathbb{Q}$ 上の **2 つ**の不定元をもつ，べき級数の環（$\mathbb{Q}[\![X,Y]\!]$ で表す）において，次の関係式が得られる：

$$\sum(-1)^{n+1}X^n/n + \sum(-1)^{n+1}Y^n/n = \sum(-1)^{n+1}(X+Y+XY)^n/n.$$

これは次の理由による．$\mathbb{R}$ または $\mathbb{C}$ 上では，$\log(1+x)(1+y) = \log(1+x) + \log(1+y)$ であるため，上の等式の両辺の差を $F(X,Y)$ とすると，これは区間 $(-1,1)$ 内のすべての実変数 X, Y について 0 とならなければならない．したがって，$F(X,Y)$ の X^mY^n の係数は，すべての m, n について 0 とならなければならない．

　$F(X,Y)$ が形式的べき級数として 0 となる理由についての上記の議論は，われわれがしばしば必要とする典型的な推論である．X と Y に関するべき級数に関する表示があったとする．たとえば，$\log(1+X), \log(1+Y)$ と $\log(1+X+Y+XY)$ の関係式で，これが X, Y に，ある区間の実変数を代入したとき，恒等的に 0 になるとする．するとこの表示の X^mY^n の係数を集めたものは，つねに 0 となるものである．これは p 進数とは無関係の一般的な事実であるから，ここでは慎重に証明するためにわき道にそれることはしない．しかし，その事実を証明できるかどうか疑問がある場合，それを証明する方法についての詳しい説明とヒントについては，後にある練習問題 21 を参照されたい．

　p 進的な設定に戻って，次のことに注意せよ．一つの級数が Ω において収束す

れば，その項の順序をいかに変更しても，その級数は同じ値に収束する．（この事実は，容易にチェックできる．それは，この場合「条件収束」というものが存在しないということと関係している．）したがって，$\log[(1+x)(1+y)] = \sum_{n=1}^{\infty}(-1)^{n+1}(x+y+xy)/n$ は $\sum_{m,n=0}^{\infty} c_{m,n} x^n y^m$ の形に書ける．しかしながら $\mathbb{Q}[\![X,Y]\!]$ の「形式的等式」により，有理数 $c_{m,n}$ は $n=0$ または $m=0$ でない限り 0 となることがわかり，さらに $c_{n,0} = c_{0,n} = (-1)^{n+1}/n,\ (c_{0,0}=0)$ が導かれる．言い換えると，次のように書けることがわかる．

$$\log_p[(1+x)(1+y)] = \sum_{n=1}^{\infty}(-1)^{n+1}x^n/n + \sum_{n=1}^{\infty}(-1)^{n+1}y^n/n$$
$$= \log_p(1+x) + \log_p(1+y).$$

この公式から直ちに得られることとして，$1+x$ が 1 の p^m 乗根の場合を考えてみよう．すると $|x|_p < 1$ であり（第 III 章，§4 の練習問題 7 を見よ），$p^m \log_p(1+x) = \log_p(1+x)^{p^m} = \log_p 1 = 0$ となる．よって $\log_p(1+x) = 0$ が得られる．

まったく同様の方法で，exp に関するよく知られた法則が，p 進の場合に証明できる：$x, y \in D(p^{-1/(p-1)-})$ のとき，$x+y \in D(p^{-1/(p-1)-})$ であり，$\exp_p(x+y) = \exp_p x \cdot \exp_p y$．

さらに，$\log_p$ と $\exp_p$ が，互いに逆関数である限り，アルキメデスの場合に類似した結果が得られる．正確に述べてみよう．$x \in D(p^{-1/(p-1)-})$ とする．すると $\exp_p x = 1 + \sum_{n=1}^{\infty} x^n/n!$ で $\mathrm{ord}_p(x^n/n!) > n/(p-1) - (n-S_n)/(p-1) = S_n/(p-1) > 0$．したがって，$\exp_p x - 1 \in D(1^-)$ となる．次を考える．

$$\log_p(1+\exp_p x - 1) = \sum_{n=1}^{\infty}(-1)^{n+1}(\exp_p x - 1)^n/n$$
$$= \sum_{n=1}^{\infty}(-1)^{n+1}\left(\sum_{m=1}^{\infty} x^m/m!\right)^n \bigg/ n.$$

しかし，この級数は項を並べ替えることにより，$\sum_{n=1}^{\infty} c_n x^n$ の形の級数にすることができる．以前と同じ理由で，$\mathbb{R}$ や $\mathbb{C}$ 上で成立する等式 $\log(\exp x) = x$ から導かれる $\mathbb{Q}[\![X,Y]\!]$ 上の次の形式的等式が得られる．

$$\sum_{n=1}^{\infty}(-1)^{n+1}\left(\sum_{m=1}^{\infty} X^m/m!\right)^n \bigg/ n = X.$$

よって $c_1 = 1$ で, $n > 1$ である n については $c_n = 0$ であることがわかり,

$$x \in D(p^{-1/(p-1)-}) \text{ に対して } \log_p(1 + \exp_p x - 1) = x$$

が得られる.

逆向きの関係, すなわち $\exp_p(\log_p(1 + x))$ を考えるには, 少し注意が必要である. なぜなら, x が $\log_p(1 + X)$ の収束域 $D(1^-)$ にあったとしても, $\log_p(1 + x)$ が $\exp_p X$ の収束域 $D(p^{-1/(p-1)-})$ にあるとは**限らない**からである. うまく進むのは, $x \in D(p^{-1/(p-1)-})$ となる場合である. なぜなら, この条件のもとで, $n \geq 1$ のとき

$$(\mathrm{ord}_p\, x^n/n) - \frac{1}{p-1} > \frac{n}{p-1} - \mathrm{ord}_p\, n - \frac{1}{p-1} = \frac{n-1}{p-1} - \mathrm{ord}_p\, n$$

であり, 最後の式は, $n = 1$ と $n = p$ のとき最小値 0 をとる. したがって

$$\mathrm{ord}_p \log_p(1 + x) \geq \min_n \mathrm{ord}_p\, x^n/n > 1/(p-1)$$

となる. よって, すべてのことが以前のように実行できて

$$x \in D(p^{-1/(p-1)-}) \text{ ならば } \exp_p(\log_p(1 + x)) = 1 + x$$

が得られる.

$\log_p$ と $\exp_p$ について, 証明した事実は, 次のように簡潔に述べることができる.

命題. 関数 $\log_p$ と $\exp_p$ は, 1 を中心とした半径 $p^{-1/(p-1)}$ の開円板のなす乗法群と, 0 を中心とした半径 $p^{-1/(p-1)}$ の開円板のなす加法群の間の, 互いに逆写像となるような同型写像を与える. (これを正確に述べれば, 次の通りである:$\log_p$ は, これら 2 つの集合の間の 1 対 1 対応で, 2 つの数の積の像が, それぞれの像の和を与え, $\exp_p$ はその逆写像を与える.)

上記の同型写像は, 実数の場合の類似であって, その場合は, 正の実数のなす乗法群と実数全体のなす加法群の間の互いに逆となる同型写像を与えている.

とくにこの命題は, $\log_p$ が $D_1(p^{-1/(p-1)-})$ 上で単型, すなわち $D_1(p^{-1/(p-1)-})$ の異なる 2 つの数は, 同じ $\log_p$ を与えないことも主張している. $D_1(p^{-1/(p-1)-})$ は, このことが成り立つ最大の円板であることは容易にわかる. 実際, 1 の原始 p 乗根 ζ については, $|\zeta - 1|_p = p^{-1/(p-1)}$ であり (第 III 章, §4 の練習問題 7 を見

よ），$\log_p \zeta = 0 = \log_p 1$ となっている．

同様にして，次の関数が定義できる．

$$\sin_p \colon D(p^{-1/(p-1)-}) \longrightarrow \Omega, \qquad \sin_p X = \sum_{n=0}^{\infty} (-1)^n X^{2n+1}/(2n+1)!;$$

$$\cos_p \colon D(p^{-1/(p-1)-}) \longrightarrow \Omega, \qquad \cos_p X = \sum_{n=0}^{\infty} (-1)^n X^{2n}/(2n)!.$$

古典数学で重要な関数のもう一つのものとして，2項級数

$$B_a(x) = (1+x)^a = \sum_{n=0}^{\infty} (a(a-1)\cdots(a-n+1)/n!) x^n$$

がある．任意の $a \in \mathbb{R}$ または $\mathbb{C}$ に対して，この級数は，（a が非負整数でない限り）$|x| < 1$ なら収束し，$|x| > 1$ なら発散する．$|x| = 1$ での振舞いは，少し複雑で，a の値に依存する．

ここで，任意の $a \in \Omega$ に対して

$$B_{a,p}(X) \stackrel{\text{定義}}{=} \sum_{n=0}^{\infty} \frac{a(a-1)\cdots(a-n+1)}{n!} X^n$$

と定義し，その収束を調べよう．はじめに，$|a|_p > 1$ と考える．すると $|a-i|_p = |a|_p$ で，n 番目の項の $|\ |_p$ は，$|ax^n_p/n!|_p$ に一致する．したがって，$B_{a,p}(X)$ は収束域として $D(p^{-1/(p-1)}/|a|_p^-)$ をもつ．

$|a|_p \le 1$ と考える．この場合，状況はより複雑で，a に依存する．われわれは完全な答えは導き出せないだろう．いずれの場合においても，そのような a については $|a-i|_p \le 1$ であるから，$|a(a-1)\cdots(a-n+1)/n! x^n|_p \le |x^n/n!|_p$ となり，$B_{a,p}(X)$ は少なくとも $D(p^{-1/(p-1)-})$ で収束する．

$a \in \mathbb{Z}_p$ の場合における $B_{a,p}(X)$ の収束について，より正確な結果がすぐに必要となる．$B_{a,p}(X) \in \mathbb{Z}_p[\![X]\!]$ を示そう．（もしこれが示されれば，補題1より，$D(1^-)$ で収束することがわかる．）そのために $a(a-1)\cdots(a-n+1)/n! \in \mathbb{Z}_p$ を示したい．a_0 を $\mathrm{ord}_p(a-a_0) > N$ となるような，n より大きな正の整数とする（N は，後で選択される数）．すると，$a_0(a_0-1)\cdots(a_0-n+1)/n! = \binom{a_0}{n} \in \mathbb{Z} \subset \mathbb{Z}_p$ である．適当な N に対して，$a_0(a_0-1)\cdots(a_0-n+1)/n!$ と $a(a-1)\cdots(a-n+1)/n!$ の差が $|\ |_p \le 1$ であることを示せば十分である．しかし，これは多項式 $X(X-$

$1)\cdots(X-n+1)$ が連続であることから導かれる．したがって

$$a \in \mathbb{Z}_p \quad \text{ならば} \quad B_{a,p}(X) \in \mathbb{Z}_p[\![X]\!]$$

となる．

$a \in \mathbb{Z}_p$ の場合の重要な例として，$a = 1/m$, $m \in \mathbb{Z}$, $p \nmid m$ の場合を考える．$x \in D(1^-)$ とする．すると等式 $\log_p(1+x)(1+y) = \log_p(1+x) + \log_p(1+y)$ を示すときに使われた議論と同様の議論により

$$[B_{1/m,p}(x)]^m = 1+x$$

が得られる．したがって，$B_{1/m,p}(x)$ は $1+x$ の m 乗根である（$p \mid m$ の場合も，これは成立するが，そのときは $D(|m|_p p^{-1/(p-1)-})$ の中の x のみを代入する値として使える）．したがって，a が通常の有理数であるときはいつでも，次の略記法を採用することができる：$B_{a,p}(X) = (1+X)^a$．

しかし注意しなければならないことがある！　次のような「パラドックス」はどうであろうか？　$\mathbb{Z}_7$ において，$4/3 = (1+7/9)^{1/2}$ を考えると，$\text{ord}_7 7/9 = 1$ であるから，$x = 7/9$ と $n \geq 1$ に対して

$$\left|\frac{1/2(1/2-1)\cdots(1/2-n+1)}{n!}x^n\right|_7 \leq 7^{-n}/|n!|_7 < 1$$

となる．よって

$$1 > \left|\left(1+\frac{7}{9}\right)^{1/2}-1\right|_7 = \left|\frac{4}{3}-1\right|_7 = \left|\frac{1}{3}\right|_7 = 1.$$

どこに誤りがあるのだろうか？

$4/3 = (1+7/9)^{1/2}$ と書いた時点で，われわれは杜撰であった．$\mathbb{R}$ においても $\mathbb{Q}_7$ においても，$16/9$ は2つの平方根 $\pm 4/3$ もつ．$\mathbb{R}$ においては，$(1+7/9)^{1/2}$ に対する級数は，$4/3$ に収束する．すなわち，正の値の方がとられている．$\mathbb{Q}_7$ においては，平方根は mod 7 で 1 と合同である．すなわち，$-4/3 = 1 - 7/3$ がとられている．したがって，有理数からなる**まったく同じ級数**

$$\sum_{n=0}^{\infty} \frac{1/2(1/2-1)\cdots(1/2-n+1)}{n!}\left(\frac{7}{9}\right)^n$$

は，7進的にもアルキメデス的絶対値の場合にも，それぞれ一つの有理数に収束

するが，収束する有理数は異なる！　これは次に述べる「偽定理 (false theorem)」の反例となる．

偽定理 1. $\sum_{n=1}^{\infty} a_n$ を有理数の級数で，$|\ |_p$ に関して，ある有理数に収束し，$|\ |_\infty$ に関しても，ある有理数に収束するものとする．すると収束する有理数は，いずれの距離に対しても同じものである．

さらなる「パラドックス」については，練習問題 8–10 を参照のこと．

練習問題

1. 次の級数の正確な収束円板を求めよ（開か閉であるかも明記せよ）．(v) と (vi) における $\log_p$ は，p を底とする古典的な意味での $\log_p$ であり，(vii) における ζ は，1 の原始 p 乗根を意味する．また [ ] は最大整数関数を表す．

   (i) $\sum n! X^n$　　(ii) $\sum p^{n[\log n]} X^n$　　(iii) $\sum p^n X^n$
   (iv) $\sum p^n X^{p^n}$　　(v) $\sum p^{[\log_p n]} X^n$　　(vi) $\sum p^{[\log_p n]} X^n / n$
   (vii) $\sum (\zeta - 1)^n X^n / n!$

2. $\sum a_n$ と $\sum b_n$ がそれぞれ a と b に収束すると仮定する（ここで $a_i, b_i, a, b \in \Omega$）．このとき，$c_n = \sum_{i=0}^{n} a_i b_{n-i}$ により定義される $\sum c_n$ は ab に収束することを示せ．

3. $1 + X\mathbb{Z}_p[\![X]\!]$ は，乗法に関して群になることを証明せよ．D を Ω 内の，0 を中心としてある半径をもつ閉または開円板とする．$\{f \in 1 + X\Omega[\![X]\!] \mid f \text{ は } D \text{ 上で収束}\}$ と定義すると，これは乗法で閉じているが群とはならないことを示せ．固定された λ に対して，級数 $f(X) = 1 + \sum_{i=1}^{\infty} a_i X^i$ で，すべての $i = 1, 2, \ldots$ について $\mathrm{ord}_p(a_i - \lambda i) > 0$ で $i \to \infty$ のとき ∞ に近づくものなす集合とする．するとこれは乗法群になることを示せ．次に $f_j \in 1 + X\mathbb{Z}_p[\![X]\!]$, $j = 1, 2, 3, \ldots$ とし，$f(X) = \prod_{j=1}^{\infty} f_j(X^j)$ とおく．$f(X) \in 1 + X\mathbb{Z}_p[\![X]\!]$ となることをチェックせよ．すべての f_j が閉単位円板 $D(1)$ で収束すると仮定する．このとき $f(X)$ は $D(1)$ で収束するか？（証明または反例を挙げよ．）f_j について，その定数項でないすべての項が p で割り切れるとき，上の答えを変更するか？（証明または反例．）

4. $\{a_n\} \subset \Omega$ を $|a_n|_p$ が有界である列とする．
$$\sum_{n=0}^{\infty} a_n \frac{n!}{x(x+1)(x+2)\cdots(x+n)}$$
   は，$\mathbb{Z}_p$ に含まれないようなすべての $x \in \Omega$ に対して収束することを示せ．$x \in \mathbb{Z}_p$ のときは何がいえるか？

5. i を $\overline{\mathbb{Q}}_p$ の -1 の平方根の一つとする（実際，i は $p \equiv 3 \pmod{4}$ でない限り，$\mathbb{Q}_p$ に含まれている）．$x \in D(p^{-1/(p-1)-})$ に対して $\exp_p(ix) = \cos_p x + i \sin_p x$ となることを示せ．

6. $2^{p-1} \equiv 1 \pmod{p^2}$ であることと，p が $\sum_{j=1}^{p-1} (-1)^j / j$ を割り切ることとが同値であることを示せ（ただし，分数が p で割り切れるとは，分子を割り切ることを意味する）．

7. 有理数
$$2 + 2^2/2 + 2^3/3 + 2^4/4 + 2^5/5 + \cdots + 2^n/n$$

の 2 進序数 (ord$_2$) は，n が大きくなるとき無限大に近づくことを示せ．この 2 進序数を n によって評価せよ．この事実を（p 進解析を使わずに）完全に初等的に証明する方法を思いつくであろうか？

8. 円周率 π が無理数であることを証明する．次の「できすぎた証明 (too-good-to-be-true-proof)」の誤りを見つけよ．$\pi = a/b$ とする．$p \neq 2$ を a を割り切らないような素数とする．すると

$$0 = \sin(pb\pi) = \sin(pa) = \sum_{n=0}^{\infty}(-1)^n(pa)^{2n+1}/(2n+1)! \equiv pa \pmod{p^2}$$

となり，これは不条理である．

9. 次の，e の超越性に関する証明の誤りを見つけよ．e を代数的数とする．すると $e-1$ も代数的である．素数 $p \neq 2$ を，e と $e-1$ が満たす $\mathbb{Q}$ 上のモニック既約多項式のどの係数の分母，分子も割り切らないようなものとする．この事実から $|e|_p = |e-1|_p = 1$ が導かれる（この事実の証明も一つの練習問題）．次が得られる：$1 = |e-1|_p = |(e-1)^p|_p = |e^p - 1 - \sum_{i=1}^{p-1}\binom{p}{i}(-e)^i|_p$．和の中の 2 項係数はすべて p で割り切れ，$|-e|_p = 1$ であるから，$1 = |e^p - 1|_p = |\sum_{n=1}^{\infty} p^n/n!|_p$ となり，これは各項が $|\ |_p < 1$ であるから不可能である．

10. (a) $(1-p/(p+1))^{-n}$ に対する 2 項級数（n は正の有理整数）と $(1+(p^2+2mp)/m^2)^{1/2}$ に関する 2 項級数（m は $m > (\sqrt{2}+1)p$，$p \nmid m$ となる有理整数）を考える．これらの 2 項級数は，実無限和としても p 進無限和としても同じ有理数に収束することを示せ．

(b) $p \geq 7$，$n = (p-1)/2$ とする．$(1+p/n^2)^{1/2}$ が，本文の「偽定理 1」の反例を与えることを示せ．

11. $\alpha \in \mathbb{Q}$ を $1+\alpha$ が零でない有理数 a/b の平方となるものとする（ここで a/b は既約分数で，a, b はともに正とする）．S を $(1+\alpha)^{1/2}$ に対する 2 項級数が $|\ |_p$ で収束するような素数 p 全体の集合とする．したがって，$p \in S$ ならば $(1+\alpha)^{1/2}$ は，$|\ |_p$ に関して，a/b か $-a/b$ に収束する．またその 2 項級数が $|\ |_\infty = |\ |$ で収束すれば，すなわち $\alpha \in (-1, 1)$ ならば，S は「無限個の素数」を含む．次を証明せよ．

(a) 奇素数 p に対して，$p \in S$ であることと，$p \mid a+b$ または $p \mid a-b$ であることとが同値であり，このとき $(1+\alpha)^{1/2}$ は，$p \mid a+b$ のとき $-a/b$ に，$p \mid a-b$ のとき a/b に収束する．

(b) $2 \in S$ であることと，a と b がともに奇数であることとが同値で，このとき $(1+\alpha)^{1/2}$ は，$a \equiv b \pmod{4}$ のとき a/b に，$a \equiv -b \pmod{4}$ のとき $-a/b$ に収束する．

(c) $\infty \in S$ であることと，$0 < a/b < \sqrt{2}$ であることとが同値で，このとき $(1+\alpha)^{1/2}$ は a/b に収束する．

(d) S が空集合となるような α は存在しない．S は $\alpha = 8$, $\frac{16}{9}$, 3, $\frac{5}{4}$ のとき，一つの元だけからなる集合となり，これら以外では，そうではない．

(e) 8, $\frac{16}{9}$, 3, $\frac{5}{4}$ 以外の α で，$(1+\alpha)^{1/2}$ がすべての $p \in S$ に対して，$|\ |_p$ で，同じ値に収束するものは存在しないことを示せ（ボンビエリ[2]の，より一般的な理論の一つの例）．

12. 負ではない任意の整数 k に対して，p 進数 $\sum_{n=0}^{\infty} n^k p^n$ は $\mathbb{Q}$ の元である．

13. $\mathbb{Q}_3$ において，次の等式を示せ．

---

[2] E. Bombieri (1940–). イタリアの数学者．解析数論，代数幾何学，複素解析，偏微分方程式論などで業績を挙げた．1974 年にフィールズ賞を受賞．

$$\sum_{n=1}^{\infty}(-1)^n\frac{3^{2n}}{n\,4^{2n}} = 2\cdot\sum_{n=1}^{\infty}\frac{3^{2n}}{n\,4^n}.$$

14. べき級数 $f(X) = \sum a_n X^n$ の収束円板は，それを微分したべき級数（形式的微分べき級数）$f'(X) = \sum n a_n X^{n-1}$ の収束円板に含まれる．これらの収束円板が，異なるような例を挙げよ．

15. (a) 零でない有理数の無限和で，**すべての** p に対して，$|\ |_p$ で収束し，実でも（すなわち，$|\ |_\infty = |\ |$ でも）収束するものの例を挙げよ．
    (b) そのような無限和は，任意の $|\ |_p$ または $|\ |_\infty$ においても，一つの有理数に収束することがあるか？

16. べき級数を扱う代わりに，よく知られた微分可能な関数の定義にならって，次のように定義したとする．$f\colon \Omega \to \Omega$ が $a \in \Omega$ で「微分可能である」とは，$(f(x)-f(a))/(x-a)$ が $|x-a|_p \to 0$ のとき，Ω で極限値に近づく．はじめに，次を示せ．$f(X) = \sum_{n=0}^{\infty} a_n X^n$ がべき級数なら，それは，その収束円板内のすべての点で微分可能であり，それは項別微分可能，すなわち収束円板の点 a でその微分は $\sum_{n=1}^{\infty} n a_n a^{n-1}$ に一致する．言い換えれば，微分した関数（導関数）は，形式的微分べき級数である．

17. 前問の「微分可能」の定義を用いて，いたるところ微分可能な関数 $f\colon \Omega \to \Omega$ で，その導関数が恒等的に 0 であるが，局所定数関数ではない例を挙げよ（局所定数関数に関する議論については，第 II 章 §3 を見よ）．この例は，$x=0$ におけるすべての導関数の値は 0 ではあるが，0 の近傍では定数ではないものを与える．したがって，これは実解析において，原点で恒等的に 0 となるテイラー級数をもつ特別な関数 e^{-1/x^2} と同じ趣旨をもつものを与える[3]．

18. 通常の解析学における平均値の定理を，関数 $f\colon \mathbb{R} \to \mathbb{R}$, $f(x) = x^p - x$, 区間 $\{x \in \mathbb{R} \mid |x| \leq 1\}$ に適用する．$f(1) = f(-1) = 0$ であるから（$p > 2$ と仮定する），

$$\text{ある } \alpha \in \mathbb{R},\ |\alpha| \leq 1 \text{ が存在して } f'(\alpha) = 0$$

となる．（実際，$\alpha = \pm(1/p)^{1/(p-1)}$ がこれを満たす[4]．）$\mathbb{R}$ を Ω, $|\ |$ を $|\ |_p$ に置き換える．この事実が成立するか？

19. 関数 $f\colon \mathbb{Q}_p \to \mathbb{Q}_p$ を $x = \sum a_n p^n \mapsto \sum g(a_n) p^n$ で定義する．ここで，$\sum a_n p^n$ は x の p 進展開で，$g\colon \{0,1,\ldots,p-1\} \to \mathbb{Q}_p$ は，任意の関数である．f が連続関数となることを証明せよ．$g(a) = a^2$ かつ $p \neq 2$ のときは，f が**いたるところ**微分不可能となることを証明せよ．

20. 任意の N と任意の $j = 1, 2, \ldots, N$ に対して

$$(1+X)^{p^N} - 1 \in p^j \mathbb{Z}[X] + X^{p^{N-j+1}} \mathbb{Z}[X]$$

となることを証明せよ．a/b を $|a/b|_p \leq 1$ となる有理数とし，べき級数 $(1+X)^{a/b}$ の最初の M 個の係数（M は十分大きい）を，ある p 進精度で求めたい．これを実行するための簡単なアルゴリズムの書き方（たとえばコンピュータ・プログラム）について論ぜよ．（$\mathbb{Q}$ ではなく，$\mathbb{Z}/p^n\mathbb{Z}$ 内の計算で実行せよ．それは後者のほうが，コンピュータには実行が容易だからである．）

21. R を任意の環とし，n 変数のべき級数環 $R[\![X_1, \ldots, X_n]\!]$（以下 $R[\![X]\!]$ と略記する）を次のように定義する．集合としては，負でない整数の n 組 $i_1, \ldots, i_n$ で添え字付けら

---

[3] 無限回微分可能ではあるが，実解析的ではない関数の例として挙げられている．
[4] ここでの例は，「平均値の定理」というより，むしろ「ロル (Rolle) の定理」として知られているものである．

れた R の元の列 $\{r_{i_1,\ldots,i_n}\}$ に対し，形式的に $\sum r_{i_1,\ldots,i_n} X_1^{i_1} \cdots X_n^{i_n}$ を考え（時により $\sum r_i X^i$ と略記する），それらの間の加法，乗法を通常の方法で定義したものである．すなわち，添え字の対応でいえば，加法は $\{r_{i_1,\ldots,i_n}\} + \{s_{i_1,\ldots,i_n}\} = \{t_{i_1,\ldots,i_n}\}$，ここで $t_{i_1,\ldots,i_n} = r_{i_1,\ldots,i_n} + s_{i_1,\ldots,i_n}$．乗法は $\{r_{i_1,\ldots,i_n}\} \cdot \{s_{i_1,\ldots,i_n}\} = \{t_{i_1,\ldots,i_n}\}$，ここで $t_{i_1,\ldots,i_n} = \sum r_{j_1,\ldots,j_n} \cdot s_{k_1,\ldots,k_n}$ で，和は添え字の n 組 $j_1,\ldots,j_n$ と $k_1,\ldots,k_n$ で
$$j_1 + k_1 = i_1, \quad j_2 + k_2 = i_2, \quad \ldots, \quad j_n + k_n = i_n$$
となるもの全体にわたる．

ここで，零でないべき級数 f に対して，その極小総次数 $\deg f$ を次で定義する．添え字でいえば，$i_1 + i_2 + \cdots + i_n = d$ で，$r_{i_1,\ldots,i_n}$ が零とはならない最小の d のことである．$R[\![X]\!] = R[\![X_1,\ldots,X_n]\!]$ 上の「X 進位相」を $R[\![X]\!]$ 上に，次のようにノルムを導入することにより定義できる．ある正実数 $\rho < 1$ を固定し，$R[\![X]\!]$ の「X 進ノルム」を
$$|f|_X \stackrel{\text{定義}}{=} \rho^{\deg f} \quad (|0|_X \text{ は } 0 \text{ と定義})$$
で定義する．

(1) $|\ |_X$ により，$R[\![X]\!]$ は非アルキメデス的距離空間になる（第 I 章 §1 参照．「非アルキメデス的」とは，もちろん，3 番目の条件が，$d(x,y) \leq \max(d(x,z), d(z,y))$ で置き換えられることを意味する）．$|f|_X$ が < 1 であることの意味を言葉で述べよ．

(2) $R[\![X]\!]$ が，$|\ |_X$ に関して完備であることを示せ．

(3) べき級数 $f_j \in R[\![X]\!]$ の無限積が零でない，ある数に収束することと，f_j のどれもが 0 ではなく，$|f_j - 1|_X \to 0$ となることとは同値であることを示せ（ここで 1 とは，定数べき級数で，係数の条件でいうと $\{r_{i_1,\ldots,i_n}\}$ で $r_{0,\ldots,0} = 1$ かつその他の $r_{i_1,\ldots,i_n}$ が，すべて 0 となるものである）．次の §2 では，この事実を用いて，その節の最後で定義される「うんざりするような (horrible)」べき級数について，これがきちんとした意味をもつことが確認される．

(4) $f \in R[\![X]\!]$ に対して，f_d を f の係数 $r_{i_1,\ldots,i_n}$ で $i_1 + i_2 + \cdots + i_n > d$ となるものをすべて 0 に置き換えてできる n 変数の多項式とする．$g_1,\ldots,g_n \in R[\![X]\!]$ とする．$f_d(g_1(X), g_2(X),\ldots,g_n(X))$ はすべての d について，矛盾なく定義されることに注意せよ（べき級数の積の有限和であるから）．$|g_j|_X < 1$ ($j = 1,\ldots,n$) のとき，$\{f_d(g_1(X),\ldots,g_n(X))\}_{d=0,1,2,\ldots}$ がコーシー列をなすことを証明せよ．このとき，これを $f \circ g$ で表す．

(5) R として実数体 $\mathbb{R}$ をとり，$f, f_d, g_1,\ldots,g_n$ を (4) で与えられたものとし，$|g_j|_X < 1$ と仮定する．さらに，f とすべての g_j は，ある $\varepsilon > 0$ に対して，$X_i = x_i$ が区間 $[-\varepsilon, \varepsilon]$ にある限り，絶対収束するものとする．(4) で定義された $f \circ g$ は，$X_i = x_i$ が，ある $\varepsilon' > 0$ に関する区間 $[-\varepsilon', \varepsilon']$ にある限り（もとの区間より，狭くなる可能性がある），絶対収束することを証明せよ．

(6) (5) における条件のもとで，任意の $x_1,\ldots,x_n \in [-\varepsilon', \varepsilon']$ に対して，$f \circ g(x_1,\ldots,x_n)$ が値 0 をとるとき，$f \circ g$ は，$R[\![X]\!]$ のべき級数として 0 となることを証明せよ．

(7) 例として $n = 3$ の場合を考え，X_1, X_2, X_3 の代わりに X, Y, Z と書き，

$$f(X,Y,Z) = \sum_{i=1}^{\infty} (-1)^{i+1}(X^i/i + Y^i/i - Z^i/i),$$
$$g_1(X,Y,Z) = X,$$
$$g_2(X,Y,Z) = Y,$$
$$g_3(X,Y,Z) = X + Y + XY$$

とおく．もう一つの例として，$n=2$ の場合に

$$f(X,Y) = \left(\sum_{i=1}^{\infty} (-1)^{i+1} X^i/i\right) - Y,$$
$$g_1(X,Y) = \sum_{i=1}^{\infty} X^i/i!,$$
$$g_2(X,Y) = X$$

とおく．(6) の結果が，初等的な p 進べき級数の基本的な事実を証明するために，どのように使えるかを説明せよ．（さらに，いくつかの場合に f と g_j を構成して確かめよ．）

2. 対数関数，ガンマ関数，アルティン–ハッセ指数関数[5]

この節では，数論におけるさまざまな問題を研究する上で有用であることが証明された p 進解析関数（より正確には「局所」解析関数）のさらなる例を見ていこう．最初のものは，対数関数の岩澤による拡張である．

テイラー級数 $\log_p x = \sum_{n=1}^{\infty} (-1)^{n+1}(x-1)^n/n$ は 1 を中心とした単位開円板で収束したことを思い出そう．次の命題によれば，$\log_p x$ は，ある便利な性質をもち，零でないすべての x に拡張されることがわかる．

命題．次の性質をもつ関数 $\log_p : \Omega^\times \to \Omega$ がただ一つ存在する（ここで $\Omega^\times = \Omega - \{0\}$）：

(1) $\log_p$ は $|x-1|_p < 1$ においては，以前のものと一致する．すなわち

$$|x-1|_p < 1 \text{ のとき } \log_p x = \sum_{n=1}^{\infty} (-1)^{n+1}(x-1)^n/n.$$

---

[5] E. Artin (1898–1962). オーストリア出身の数学者．ドイツ，アメリカで活躍した．代数的整数論の業績で著名で，アルティンの相互法則，アルティンの L-関数など，彼の名を冠した概念が多数存在する．H. Hasse (1898–1979). ドイツの数学者．代数的整数論を主に研究し，業績を挙げた．ハッセの原理は有名である．

(2) すべての $x, y \in \Omega^\times$ に対して $\log_p(xy) = \log_p x + \log_p y$.

(3) $\log_p p = 0$.

証明. 第 III 章 §4 より，0 でない任意の $x \in \Omega$ は，$x = p^r \omega(x_1) \langle x_1 \rangle$ と書けることを思いだそう．ここで p^r は，$r = a/b = \operatorname{ord}_p x$ のときの，方程式 $x^b - p^a = 0$ の固定された根，$\omega(x_1)$ は 1 の根で，かつ $|\langle x_1 \rangle - 1|_p < 1$ である．これより，$\log_p x$ を (1)–(3) と矛盾なく定義する方法は一つしかないことが示される．すなわち (2) と (3) から，$\log_p(p^r) = \log_p(\omega(x_1)) = 0$ が導かれ，したがって

$$\log_p x = \sum_{n=1}^\infty (-1)^{n+1} (\langle x_1 \rangle - 1)^n / n$$

とならなければならない．

こうして，望ましい性質をもつ $\log_p$ の定義は**たかだか**一つしかないことがわかった．すなわち，定義 $\log_p x = \log_p \langle x_1 \rangle$ である．まだ，この定義が，実際に求めている性質を満たしていることの確認が残されている．性質 (1) と (3) は定義から明らかである．

$\log_p x$ の定義の過程において，われわれは p^a の b 乗根をかなり任意に選択した．x の表示の p^r に対して p^a のもう一つ別の b 乗根をとれば，これは x_1 を 1 の b 乗根だけ変化させ，よって $\omega(x_1)$ と $\langle x_1 \rangle$ をある 1 のべき乗根だけ変化させる．新しい $\langle x_1' \rangle$ は古い $\langle x_1 \rangle$ と 1 の p べき乗根だけ異なることに注意せよ．なぜなら，$\zeta = \langle x_1' \rangle / \langle x_1 \rangle$ は，1 を中心とする単位開円板に入っているからである（第 III 章，§4 の練習問題 7 を見よ）．いずれの場合においても，定義 $\log_p x = \log_p \langle x_1 \rangle$ は，この x_1 から x_1' への置き換えによって影響を受けることはない．なぜなら §1 で注意したように $\log_p \zeta = 0$ だからである．このようにして，われわれの定義は，p^r の取り方に依存しないことがわかった．

ここで，性質 (2) を証明しよう．$x = p^r \omega(x_1) \langle x_1 \rangle$，$y = p^s \omega(y_1) \langle y_1 \rangle$，$z = xy = p^{r+s} \omega(z_1) \langle z_1 \rangle$ とする．ここで，p^{r+s} は，$p^r p^s$ と同じ分数べきとは限らない．それは 1 の根だけ異なるかも知れない．しかし，p^{r+s} の取り方を $p^r p^s$ に変えても $\log_p z$ の定義は変わらない．その場合，$z_1 = z/p^r p^s = x_1 y_1$ で，$\langle z_1 \rangle = \langle x_1 \rangle \langle y_1 \rangle$ となり，

$$\log_p z = \log_p \langle z_1 \rangle = \log_p \langle x_1 \rangle + \log_p \langle y_1 \rangle = \log_p x + \log_p y$$

が得られる．ここで，等式の中央の部分は，前節のべき級数 $\sum(-1)^{n+1}x^n/n$ に関する議論で証明されるものである．これで命題の証明は完了した． □

x_0 を 0 でない Ω の元とする．$r = |x_0|_p$ とし，x_0 を中心とし，0 を含まないような最大の円板，すなわち $D_{x_0}(r^-)$ を考える．すると $|x/x_0 - 1|_p < 1$ で

$$\log_p x = \log_p(x_0(1 + x/x_0 - 1)) = \log_p x_0 + \sum_{n=1}^{\infty}(-1)^{n+1}(x-x_0)^n/nx_0^n$$

となる．したがって，関数 $\log_p x$ は $D_{x_0}(r^-)$ において，$x-x_0$ に関する収束べき級数として表現できる．その定義域の任意の点の近傍で，収束べき級数として表現される関数は，**局所解析的** (locally analytic) であるといわれる．したがって，$\log_p x$ は $\Omega - \{0\}$ 上の局所解析的関数である．

§1 の練習問題 16 にあるように，通常の微分の定義は，p 進関数に対しても適用され，べき級数は，その収束域において，つねに微分可能で，その微分した関数（導関数）は，項別微分することによって得られることを思い出そう．とくに，これを $D_{x_0}(r^-)$ 内の $\log_p x$ に適用すると，$x \in D_{x_0}(r^-)$ に対して，次が成り立つ．

$$\begin{aligned}\frac{d}{dx}\log_p x &= \sum_{n=1}^{\infty}(-1)^{n+1}(x-x_0)^{n-1}/x_0^n \\ &= x_0^{-1}\sum_{n=0}^{\infty}(1-x/x_0)^n = x_0^{-1}/(x/x_0) \\ &= 1/x.\end{aligned}$$

したがって，次が得られる．

命題．$\log_p x$ は $\Omega - \{0\}$ で局所解析的で，微分した関数（導関数）は $1/x$ である．

次に議論する関数は，ガンマ関数の p 進類似である．

$\mathbb{R}$ から $\mathbb{R}$ への古典的なガンマ関数は，$n!$ を「補間」する（実際 $\Gamma(s)$ は，複素数 s に対して定義されるが，われわれは，ここでは，それに興味をもたない）．より厳密にいえば，それは $s = 0, -1, -2, -3, \ldots$ を除く（そこでは「極」をもつ），実変数 s の連続関数で，$s = 0, 1, 2, 3, \ldots$ に対しては，

$$\Gamma(s+1) = s!$$

が成り立つ．正の整数の集合は，$\mathbb{R}$ 内で稠密ではないから，上の等式を満たす無限個の関数が存在する．しかし，他のある適当な条件を付与すればただ一つである[6]．このガンマ関数は $s > 0$ に対して

$$\Gamma(s) = \int_0^\infty x^{s-1} e^{-x}\, dx$$

で定義される．したがって，ガンマ関数は，e^{-x} の「メリン変換」となっている（第 II 章の §7）．$s > 0$ に対して，広義積分は収束し，このように定義された $\Gamma(s)$ が，すべての $s > 0$ について $\Gamma(s+1) = s\Gamma(s)$ を満たすことは容易に確かめられる（練習問題 6–7 を見よ）．加えて，$\Gamma(1) = \int_0^\infty e^{-x}\, dx = 1$ であり，$\Gamma(s+1) = s\Gamma(s) = s(s-1)\Gamma(s-1) = \cdots = s!\Gamma(1) = s!$ が確かめられ，この関数が，階乗関数を補間していることがわかる．

われわれはここで，p 進的に同じようなことを実行したい．すなわち，$\mathbb{Z}_p$ から $\mathbb{Z}_p$ への連続関数で，その整数 $s+1$ における値が $s!$ であるようなものを見つけたい．

以下では，$p > 2$ と仮定する．$p = 2$ のときは，少し修正が必要である．

第 II 章 §2 で，正の整数上の関数 $f(s)$ が，どのような条件のもとで $\mathbb{Z}_p$ 全体に補間されたかを思い出そう．そのような，連続的補間が存在することは，任意の $\varepsilon > 0$ に対して，N が存在して

$$s \equiv s' \pmod{p^N} \text{ なら } |f(s) - f(s')|_p < \varepsilon \qquad (*)$$

という事実が成り立つことと同値である．その場合，補間した関数はただ一つに決まり，

$$f(s) = \lim_{\substack{k \to s \\ k \in \mathbb{N}}} f(k)$$

で定義される．

残念ながら，基本的な条件 $(*)$ は $f(s) = (s-1)!$ については成立しない．なぜなら，たとえば，任意の $N > 0$ に対して $|f(1) - f(1+p^N)|_p = 1$ となるからである．これは，$s \geq p$ であればいつでも p が $s!$ を割り切るからである．問題は，s が古典的でアルキメデス的な意味で大きな整数であるときはいつでも，$s!$ が p の大きなべきで割り切れる，すなわち，$s \to \infty$ のとき p 進的に $f(s) \to 0$ となるということ

---

[6] 正の実軸上で「対数的凸」という条件を付け加えれば，ガンマ関数となる（ボーア–モレルップの定理）．

2. 対数関数, ガンマ関数, アルティン–ハッセ指数関数

である.

第 II 章でリーマンゼータ関数を修正(「オイラー因子を除く」)したのと同様に, p で割り切れる部分を捨てて, 階乗関数を修正することができる. すなわち, 次で定義される関数 $f(s)$ を補間してみよう:

$$f(s+1) = \prod_{\substack{j \le s \\ p \nmid j}} j = \frac{s!}{[s/p]! \, p^{[s/p]}}.$$

またしても問題が生じるが(練習問題8を見よ), しかし, $f(s)$ を最後にもう一度, 奇数 s に対して符号を変えるという修正を行えば, 補間ができる.

命題. 次のようにおく.

$$\Gamma_p(k) = (-1)^k \prod_{\substack{j < k \\ p \nmid j}} j, \quad k = 1, 2, 3, \ldots.$$

($k = 1$ のときは, 積条件は空で, このとき積の部分は1と定義する. すなわち $\Gamma_p(1) = -1$.) すると Γ_p は

$$\Gamma_p(s) = \lim_{\substack{k \to s \\ k \in \mathbb{N}}} (-1)^k \prod_{\substack{j < k \\ p \nmid j}} j$$

で定義される連続関数 $\Gamma_p \colon \mathbb{Z}_p \to \mathbb{Z}_p^\times$ に一意的に拡張される.

証明. $(*)$ を証明すれば十分である. 実際

$$k' = k + k_1 p^N \text{ から } \Gamma_p(k) \equiv \Gamma_p(k') \pmod{p^N}$$

が導かれることを示そう. $\Gamma_p(k) \in \mathbb{Z}_p^\times$ であることに注意せよ(すなわち, 連続補間が存在すると同時に, Γ_p は $\mathbb{Z}_p$ から $\mathbb{Z}_p^\times$ への写像となる). よって上の主張の右の合同式は合同関係

$$1 \equiv \Gamma_p(k')/\Gamma_p(k) = (-1)^{k'-k} \prod_{\substack{k \le j < k' \\ p \nmid j}} j \pmod{p^N}$$

と同値である. もしこれが $k_1 = 1$, すなわち $k' = k + p^N$ に対して, 証明されれば k を $k + ip^N$ ($i = 0, \ldots, k_1 - 1$) で置き換えて

$$1 \equiv (-1)^{k+(i+1)p^N-(k+ip^N)} \prod_{\substack{k+ip^N \le j < k+(i+1)p^N \\ p \nmid j}} j \pmod{p^N}$$

となり，積をとることにより，求めている合同式が直ちに得られる．p は奇であるから，$(-1)^{p^N} = -1$，したがって証明は

$$\prod_{\substack{k \le j < k+p^N \\ p \nmid j}} j \equiv -1 \pmod{p^N}$$

を示すことに帰着される．積は $(\mathbb{Z}/p^N\mathbb{Z})^\times$ の合同類をちょうど一度だけ，動くとしてよいから

$$\prod_{\substack{k \le j < k+p^N \\ p \nmid j}} j \equiv \prod_{\substack{0 < j < p^N \\ p \nmid j}} j \pmod{p^N}$$

を得る．したがって，証明で残されていることは，右辺の積が $\equiv -1 \pmod{p^N}$ を示すことである．ここで，$jj' \equiv 1 \pmod{p^N}$ を満たす，j と j' をペアにする．各 j について，このような j' はちょうど一つ存在することに注意せよ．また $p > 2$ であるから $j^2 \equiv 1 \pmod{p^N}$ となる j の値は 2 つ存在する（練習問題 9 を見よ）[7]．したがって，求めていた

$$\prod_{\substack{0 < j < p^N \\ p \nmid j}} j \equiv \left(\prod jj'\right)(1)(-1) \equiv -1 \pmod{p^N}$$

が得られる． □

証明の重要なステップである $\prod_{0<j<p^N, p\nmid j} j$ に対する合同式は，$N=1$ のときのウイルソンの定理 $(p-1)! \equiv -1 \pmod{p}$ の一般化である[8]．

Γ_p の基本的な性質

$$\frac{\Gamma_p(s+1)}{\Gamma_p(s)} = \begin{cases} -s, & (s \in \mathbb{Z}_p^\times \text{ のとき}); \\ -1, & (s \in p\mathbb{Z}_p \text{ のとき}). \end{cases} \tag{1}$$

---

[7] ペア j, j' で，$j = j'$ となる場合，すなわち $j^2 \equiv 1 \pmod{p^N}$ となる j は mod p^N で 2 個あり，$j \equiv \pm 1 \pmod{p^N}$ である．

[8] Sir J. Wilson (1741–1793). イングランドの数学者．彼の名を冠する定理「$(p-1)! \equiv -1 \pmod{p}$」には，さまざまな証明法が知られている．

証明. 両辺の関数は，ともに $\mathbb{Z}_p$ から $\mathbb{Z}_p^\times$ への連続関数であるから，稠密な部分集合 $\mathbb{N}$ 上で，すなわち $s = k \in \mathbb{N}$ のとき，等式をチェックすればよい．しかし，これは $\Gamma_p(k)$ の定義から直ちに導かれる． □

(2) $s \in \mathbb{Z}_p$ と仮定し，$s = s_0 + ps_1$, $s_0 \in \{1, 2, \ldots, p\}$ と表す．ここで s_0 は，$s \in p\mathbb{Z}_p$ でない限り s の最初の桁の位の数，$s \in p\mathbb{Z}_p$ のときは 0 ではなく $s_0 = p$ とする．すると

$$\Gamma_p(s)\Gamma_p(1-s) = (-1)^{s_0}$$

が成り立つ．

証明. 再び連続性により，この等式を $s = k$ のときに確かめれば十分である．$s = 1$ のときは，定義より $\Gamma_p(1) = -1$ であり，また (1) より，$\Gamma_p(0) = -\Gamma_p(1) = 1$ であるから，成立する．ここで帰納法を用いる．$s = k$ のときに，それが成立すると仮定し，$k+1$ のときに示す．性質 (1) を用いて

$$\frac{\Gamma_p(s+1)\Gamma_p(1-(s+1))}{\Gamma_p(s)\Gamma_p(1-s)} = \begin{cases} -s/(-(-s)) = -1, & (s \in \mathbb{Z}_p^\times \text{ のとき}); \\ -1/(-1) = 1, & (s \in p\mathbb{Z}_p \text{ のとき}) \end{cases}$$

を得る．この等式は，$s+1$ のときの等式が，s の場合の等式から導かれることを示している． □

(3) $s \in \mathbb{Z}_p$ に対して s_0 と s_1 を性質 (2) にあるようにとる．m を p では割り切れない任意の正の整数とする．すると

$$\frac{\prod_{h=0}^{m-1} \Gamma_p((s+h)/m)}{\Gamma_p(s) \prod_{h=1}^{m-1} \Gamma_p(h/m)} = m^{1-s_0}(m^{-(p-1)})^{s_1}.$$

注意 1. 表示の右辺は意味をもつ．なぜなら $m^{-(p-1)}$ は，$\bmod p$ と 1 と合同であるから，p 進数のべき乗が定義される（第 II 章 §2 参照）．s_0 は正の整数であるから，m^{1-s_0} はもちろん意味をもつ．

注意 2. 古典的なガンマ関数については，**ガウス–ルジャンドル乗法公式**

$$\frac{\prod_{h=0}^{m-1} \Gamma((s+h)/m)}{\Gamma(s) \prod_{h=1}^{m-1} \Gamma(h/m)} = m^{1-s}$$

を満たすことが示される.

(3) の証明. (3) の式の左辺を $f(s)$, 右辺を $g(s)$ とする. f と g はともに連続であるから, 等式を $s = k \in \mathbb{N}$ に対して確かめれば十分である. $s = k = 1$ のときは, 明らかに両辺ともに 1 である. k に関する帰納法で示そう.

$$\frac{f(s+1)}{f(s)} = \frac{\Gamma_p(s)\Gamma_p((s/m)+1)}{\Gamma_p(s+1)\Gamma_p(s/m)} = \begin{cases} 1/m, & (s \in \mathbb{Z}_p^\times \text{ のとき}); \\ 1, & (s \in p\mathbb{Z}_p \text{ のとき}) \end{cases}$$

が得られる. 一方, 次が確かめられる. $s \in \mathbb{Z}_p^\times$ のとき, $(s+1)_0 = s_0 + 1$ で $(s+1)_1 = s_1$ であるから, $g(s+1)/g(s) = 1/m$ が成り立つ. $s \in p\mathbb{Z}_p$ の場合は, $(s+1)_0 = s_0 - (p-1)$, $(s+1)_1 = s_1 + 1$ であるから, $g(s+1)/g(s) = 1$ を得る. よって $f(s+1)/f(s) = g(s+1)/g(s)$ が確かめられ, 帰納法のステップが完了する. □

これで, p 進ガンマ関数についての議論を終了する.

ここでは, $\exp_p$ よりも「優れた」(つまり, より大きな収束円板をもつ)「初等関数」を紹介する. この関数は, $\exp_p x$ の場合の $D(p^{-1/(p-1)-})$ よりも優れた収束性が必要とされる状況において, しばしば $\exp$ と同様な役割を果たすものとして使用することができる. このため, はじめに, 通常の指数関数に対する「メービウス関数」による無限積表示を与えよう. ここでメービウス関数は, 数論でしばしば現れるものである[9]. $n \in \{1, 2, 3, \ldots\}$ に対して

$$\mu(n) = \begin{cases} 0, & (n \text{ は 1 より大きな平方数で割り切れる}); \\ (-1)^k & (n \text{ は } k \text{ 個の異なる素因子の積}) \end{cases}$$

と定義する[10]. たとえば, $1 = \mu(1) = \mu(6) = \mu(221) = \mu(1155)$, $0 = \mu(9) = \mu(98)$, $-1 = \mu(2) = \mu(97) = \mu(30) = \mu(105)$. μ に関する基本的事実の一つとして, μ の正整数 n の約数に関する値の和は, $n = 1$ のとき 1 となり, その他の場合は 0 となる事実がある. なぜなら $n = p_1^{a_1} \cdots p_s^{a_s}$ を素因数分解とすると, $s \geq 1$ のとき

$$\sum_{d|n} \mu(d) = \sum_{\substack{\varepsilon_i = 0 \text{ または } 1 \\ i = 1, \ldots, s}} \mu(p_1^{\varepsilon_1} \cdots p_s^{\varepsilon_s}) = \sum (-1)^{\sum \varepsilon_i} = (1-1)^s = 0$$

---

[9] A. F. Möbius (1790–1868). ドイツの数学者. ガウスに師事. 専門は数論, トポロジー. 「メービウスの帯」でも知られる.
[10] $\mu(1)$ は 1 を 0 個の素因数の積と考えて 1 とする. $\mu(1) = 1$.

となるからである[11].

われわれは，ここで $\mathbb{Q}[\![X]\!]$ で成り立つ，次の「形式的等式」を示す．

$$\exp(X) = \prod_{n=1}^{\infty}(1-X^n)^{-\mu(n)/n} \overset{\text{定義}}{=} \prod_{n=1}^{\infty} B_{-\mu(n)/n,p}(-X^n).$$

(この無限級数の無限積は意味をもつ．それは n 番目の級数が $1 + \mu(n)/nX^n$ からスタートする，すなわち n 乗より小さな X のべきをもたない．したがって，X の任意のべき乗の係数を決定するためには，有限個の級数を掛け合わせるだけでよい．) これを証明するために，両辺の log をとる．次が得られる．

$$\log \prod_{n=1}^{\infty}(1-X^n)^{-\mu(n)/n} = -\sum_{n=1}^{\infty} \frac{\mu(n)}{n} \log(1-X^n)$$
$$= \sum_{n=1}^{\infty} \frac{\mu(n)}{n} \sum_{m=1}^{\infty} \frac{X^{nm}}{m}$$
$$= \sum_{j=1}^{\infty} \left[\frac{X^j}{j} \sum_{n|j} \mu(n)\right] \quad (j = nm).$$

(最後の等式では，X の同じべきの係数を集めている．) 上で述べた μ の基本的性質より，最後の式は X となることがわかる．両辺の exp をとれば，求めていた形式的等式が得られる．

(これまでわれわれは，形式的べき級数について，変数が実数であるかのように操作することは，関係する級数がすべて 0 を中心とする，ある区間で収束する限り正当化されるという原則を，何度か用いてきた．たとえば，$\log_p$ に関する議論や前節の練習問題 21 で論じた原則を用いてきた．)

$\prod_{n=1}^{\infty}(1-X^n)^{-\mu(n)/n}$ を p 進的に見たとき，「トラブル」がどこで発生するかに焦点を絞ることができる．ここで「トラブル」とは，なぜ $D(1^-)$ ではなく，$D(p^{-1/(p-1)-})$ でのみ収束するかということである．すなわち $p \mid n$ で，n が平方因子をもたないとき，$(1-X^n)^{-\mu(n)/n}$ は，以下の x を代入したときのみ収束する：

$$|x^n|_p = |x|_p^n \in D(r^-), \quad \text{ここで} \quad r = p^{-1/(p-1)} \bigg/ \left|-\frac{\mu(n)}{n}\right|_p = p^{-1/(p-1)} |n|_p.$$

たとえば，$n = p$ ならば，正確に

---

[11] リーマンゼータ関数 $\zeta(s)$ に対して，ディリクレ級数の間の等式 $1/\zeta(s) = \sum \mu(n) n^{-s}$ が成り立つ．

$$|x|_p < \left(p^{-1/(p-1)}\frac{1}{p}\right)^{1/p} = p^{-1/(p-1)}$$

のときに収束する.

しかし, $p \nmid n$ であれば問題はない：すなわち $-\mu(n)/n \in \mathbb{Z}_p$ で, $(1-X^n)^{-\mu(n)/n} \in \mathbb{Z}_p[\![X]\!]$ となるからである. (この場合 $(1-X^n)^a$ は $B_{a,p}(-X^n) = \sum_{i=0}^{\infty} a(a-1) \cdots (a-i+1)/i! \, (-X^n)^i$ と略記されることを思い出そう.)

そこで, 無限積の「悪い」項を無視すること (これは第 II 章で, p 進ゼータ関数を定義するために「オイラー因子を取り除く」ことに類似する) により, **アルティン–ハッセ指数関数**と呼ばれる, 新しい関数 E_p を定義する：

$$E_p(X) \stackrel{\text{定義}}{=} \prod_{\substack{n=1 \\ p \nmid n}}^{\infty} (1-X^n)^{-\mu(n)/n} \in \mathbb{Q}[\![X]\!].$$

各無限級数 $B_{-\mu(n)/n,p}(-X^n)$ は $1 + X^n \mathbb{Z}_p[\![X]\!]$ に入っているから, 無限積は意味をもち (任意の X のべきの係数を得るためには, 有限個の級数を掛ければよい), これは $1 + X\mathbb{Z}_p[\![X]\!]$ に入っている.

次の μ 関数に関する性質を用いて, $E_p(X)$ に対するシンプルな表示が得られる：

$$\sum_{\substack{d \mid n \\ p \nmid d}} \mu(d) = \begin{cases} 1, & (n \text{ は } p \text{ のべき}); \\ 0 & (\text{その他}). \end{cases}$$

これは, μ に関する前述の性質を n の代わりに $n/p^{\mathrm{ord}_p n}$ に適用することにより直ちに導かれる. $\mathbb{R}$ 上 (または $\mathbb{C}$ 上) で, $E_p(X)$ を考え, 前のように対数をとれば

$$\log E_p(X) = -\sum_{\substack{n=1 \\ p \nmid n}}^{\infty} \frac{\mu(n)}{n} \sum_{m=1}^{\infty} \frac{X^{mn}}{m} = \sum_{j=1}^{\infty} \left[\frac{X^j}{j} \sum_{\substack{n \mid j \\ p \nmid n}} \mu(n)\right]$$

$$= \sum_{m=0}^{\infty} X^{p^m}/p^m$$

が得られる. よって $\mathbb{Q}[\![X]\!]$ 内の形式的べき級数の等式として

$$E_p(X) = \exp\left(X + \frac{X^p}{p} + \frac{X^{p^2}}{p^2} + \frac{X^{p^3}}{p^3} + \cdots\right)$$

2. 対数関数, ガンマ関数, アルティン–ハッセ指数関数

となる.

$E_p(X)$ に関して重要なことは,$\exp_p(X)$ とは異なり,$E_p(X) \in \mathbb{Z}_p[\![X]\!]$ となることである. したがって,$D(1^-)$ で収束する. これは真の収束円板である. すなわち $D(1)$ では収束しない.

ドゥオーク[12]による有用かつ一般的な補題を紹介して, この節を締めくくる.

補題 3. $F(X) = \sum a_i X^i \in 1 + X\mathbb{Q}_p[\![X]\!]$ とする. すると $F(X) \in 1 + X\mathbb{Z}_p[\![X]\!]$ であることと $F(X^p)/(F(X))^p \in 1 + pX\mathbb{Z}_p[\![X]\!]$ となることとは同値である.

証明. $F(X) \in 1 + X\mathbb{Z}_p[\![X]\!]$ と仮定する. すると $(a+b)^p \equiv a^p + b^p \pmod{p}$ と $a \in \mathbb{Z}_p$ に対して $a^p \equiv a \pmod{p}$ となることより, ある $G(X) \in X\mathbb{Z}_p[\![X]\!]$ があって

$$(F(X))^p = F(X^p) + pG(X)$$

と書ける. よって

$$\frac{F(X^p)}{(F(X))^p} = 1 - \frac{pG(X)}{(F(X))^p} \in 1 + pX\mathbb{Z}_p[\![X]\!]$$

となる. なぜなら仮定より,$(F(X))^p \in 1 + X\mathbb{Z}_p[\![X]\!]$ で, これを反転させて $1/(F(X))^p \in 1 + X\mathbb{Z}_p[\![X]\!]$ となるからである (第 IV 章, §1 の練習問題 3 を見よ).

反対向きを示すために

$$F(X^p) = (F(X))^p G(X), \qquad G(X) \in 1 + pX\mathbb{Z}_p[\![X]\!],$$
$$G(X) = \sum b_i X^i, \qquad F(X) = \sum a_i X^i,$$

と書き表す. 帰納法により,$a_i \in \mathbb{Z}_p$ を示す. 仮定より $a_0 = 1$ である.$i < n$ となる i について $a_i \in \mathbb{Z}_p$ と仮定する. すると $(F(X))^p G(X) = F(X^p)$ の両辺の X^n の係数を調べることにより

$$\left(\sum_{i=0}^n a_i X^i\right)^p \left(1 + \sum_{i=1}^n b_i X^i\right) \text{ の } X^n \text{ の係数} = \begin{cases} a_{n/p} & (p \mid n \text{ のとき}) \\ 0 & (\text{その他}) \end{cases}$$

がわかる. 左辺の多項式を展開し,$p \mid n$ のときは,$a_{n/p}$ を引き算すれば ($a_{n/p} \equiv a_{n/p}^p \pmod{p}$ に注意して), その結果は,pa_n に $p\mathbb{Z}_p$ の元の集まりを加えたものになる. したがって $pa_n \in p\mathbb{Z}_p$ が得られ, 結局 $a_n \in \mathbb{Z}_p$ となる. □

---

[12] B. M. Dwork (1923–1998). アメリカの数学者. 第 V 章で, 特別な場合に解説される「有限体上のゼータ関数」の有理性 (ヴェイユ予想の最初の部分) を証明した.

ドゥオークの補題を使えば，$E_p(X) = e^{X+(X^p/p)+(X^{p^2}/p^2)+\cdots}$ が $\mathbb{Z}_p$ に係数をもつことを（無限積を用いずに）簡単に，直接証明できる（練習問題 17 を見よ）．

ドゥオークの補題は，一見すると少し奇妙に見えるが，実は p 進解析学における深い現象の一例である．$F(X^p)/(F(X))^p$ について何かわかれば，F について何かわかるということである．この商の表現 $F(X^p)/(F(X))^p$ は，X を p 乗してから F を適用するのと，F を適用してから p 乗するのとで，どれだけ差があるか，すなわち F が p 乗写像と，どれだけかけ離れているかを測るものでもある．他の p 進数の文脈で見てきたように，p 乗写像は重要な役割を果たしている（有限体に関する節の内容を思い出してほしい）．つまりドゥオークの補題は，もし F が p 乗写像と「mod p の範囲内で可換」，すなわち $F(X^p)/(F(X))^p = 1 + p \cdot \sum (p\text{進整数})X^i$ ならば，F が p 進整数の係数をもつと主張している．

われわれは，この補題を，ドゥオークによるゼータ関数の有理性の証明に登場する関数に適用する．まず，補題 3 が次のように一般化されることに注意せよ：$F(X,Y) = \sum a_{m,n} X^n Y^m$ を **2 変数** X, Y のべき級数で定数項が 1 であるものとする．すなわち

$$F(X,Y) \in 1 + X\mathbb{Q}_p[\![X,Y]\!] + Y\mathbb{Q}_p[\![X,Y]\!]$$

とする．するとすべての $a_{m,n}$ たちが $\mathbb{Z}_p$ に入ることと

$$F(X^p, Y^p)/(F(X,Y))^p \in 1 + pX\mathbb{Z}_p[\![X,Y]\!] + pY\mathbb{Z}_p[\![X,Y]\!]$$

となることとは同値である．証明は，補題 3 とまったく同様に実行できる．

$\mathbb{Q}_p[\![X,Y]\!]$ 内の級数 $F(X,Y)$ を次のように定義する：

$F(X,Y)$
$= B_{X,p}(Y) B_{(X^p-X)/p, p}(Y^p) B_{(X^{p^2}-X^p)/p^2, p}(Y^{p^2}) \cdots B_{(X^{p^n}-X^{p^{n-1}})/p^n, p}(Y^{p^n}) \cdots$
$= (1+Y)^X (1+Y^p)^{(X^p-X)/p} (1+Y^{p^2})^{(X^{p^2}-X^p)/p^2} \cdots (1+Y^{p^n})^{(X^{p^n}-X^{p^{n-1}})/p^n} \cdots$
$= \sum_{i=0}^{\infty} \frac{X(X-1)\cdots(X-i+1)}{i!} Y^i \times$
$\quad \prod_{n=1}^{\infty} \left(\sum_{i=0}^{\infty} \frac{X^{p^n} - X^{p^{n-1}}}{p^n} \left(\frac{X^{p^n} - X^{p^{n-1}}}{p^n} - 1 \right) \cdots \left(\frac{X^{p^n} - X^{p^{n-1}}}{p^n} - i + 1 \right) \frac{Y^{ip^n}}{i!} \right).$

任意の $X^n Y^m$ の係数を得るためには，積の中の有限個の項をとるだけでよく，これは矛盾なく定義された $1 + X\mathbb{Q}_p[\![X,Y]\!] + Y\mathbb{Q}_p[\![X,Y]\!]$ 内の無限級数 $F(X,Y) =$

$\sum a_{m,n} X^n Y^m$ である．補題 3 の一般化を $a_{m,n} \in \mathbb{Z}_p$ を示すために使う．すなわち

$$\frac{F(X^p, Y^p)}{(F(X,Y))^p} = \frac{(1+Y^p)^{X^p}(1+Y^{p^2})^{(X^{p^2}-X^p)/p}(1+Y^{p^3})^{(X^{p^3}-X^{p^2})/p^2}\cdots}{(1+Y)^{pX}(1+Y^p)^{X^p-X}(1+Y^{p^2})^{(X^{p^2}-X^p)/p}\cdots}$$

$$= \frac{(1+Y^p)^X}{(1+Y)^{pX}}$$

が得られる．われわれは，$(1+Y^p)^X/(1+Y)^{pX}$ が $1+pX\mathbb{Z}_p[\![X,Y]\!]+pY\mathbb{Z}_p[\![X,Y]\!]$ に入っていることを示さなければならない．補題 3 の逆向きの主張を適用すれば，$1+Y \in 1+Y\mathbb{Z}_p[\![Y]\!]$ だから

$$(1+Y^p)/(1+Y)^p = 1+pYG(Y), \quad G(Y) \in \mathbb{Z}_p[\![Y]\!]$$

が導かれる．したがって

$$\frac{(1+Y^p)^X}{(1+Y)^{pX}} = (1+pYG(Y))^X$$

$$= \sum_{i=0}^{\infty} \frac{X(X-1)\cdots(X-i+1)}{i!} p^i (YG(Y))^i$$

となり，これは明らかに $1+pX\mathbb{Z}_p[\![X,Y]\!]+pY\mathbb{Z}_p[\![X,Y]\!]$ に入る．これで $F(X,Y) \in \mathbb{Z}_p[\![X,Y]\!]$ が示された．

練習問題

1. $\log_7 42 \bmod 7^4$ と $\log_2 15 \bmod 2^{12}$ を求めよ．
2. 写像 $\log_p$ の $\mathbb{Z}_p$ の像は，$p>2$ のとき $p\mathbb{Z}_p$，$p=2$ のとき $4\mathbb{Z}_2$ であることを証明せよ．
3. $p>2, a \in \mathbb{Z}_p$ とする．p^2 が $\log_p a$ を割り切ることと，$a^{p-1} \equiv 1 \pmod{p^2}$ となることとが同値であることを証明せよ．
4. 局所解析的関数 $x\log_p x - x$ を微分した関数（導関数）を求めよ．
5. $f: \Omega^\times \to \Omega$ は，この節の最初の命題の (1) と (2) を満たすものとする．$f(x)$ は，ある定数 $c \in \Omega$ により，$f(x) = \log_p x + c \operatorname{ord}_p x$ の形でなければならないことを証明せよ．
6. 広義積分 $\int_0^\infty x^{s-1} e^{-x} dx$ が収束することと，$s>0$ であることとが同値であることを確かめよ．
7. 部分積分法を用いて，等式 $\Gamma(s+1) = s\Gamma(s)$ を証明せよ．ここで $\Gamma(s)$ は，問題 6 で与えられた積分である．
8. $s \in \mathbb{N}$ に対して $f(s) = \prod_{j<s, p \nmid j} j$ で定義される関数は $\mathbb{Z}_p$ 上の連続関数としては拡張されないことを示せ．
9. $p>2$ とする．$j^2 - 1 \equiv 0 \pmod{p^N}$ なら，$j \equiv \pm 1 \pmod{p^N}$ となることを示せ．$p=2$ のときはどうなるか？
10. $\Gamma_p(1/2)^2 = -\left(\frac{-1}{p}\right)$ を示せ．ここで $\left(\frac{-1}{p}\right)$ は，$x^2 = -1$ が $\mathbb{F}_p$ で解をもてば 1 で，もたなければ -1 で定義されるものである．
11. $\Gamma_5(1/4)$ と $\Gamma_7(1/3)$ をそれぞれ 4 位の桁まで計算せよ（コンピュータかプログラムが組

める電卓をもっていなければ，2位の桁まででよい）．
12. $\sqrt{-1} \in \mathbb{Z}_5$ を最初の3位の桁まで計算した根，$\sqrt{-3} \in \mathbb{Z}_7$ を2位の桁まで計算した根とする．第I章§5の練習問題9と上の練習問題11を用いて，次の等式の成立を4位の桁まで確かめよ：
$$\Gamma_5(1/4)^2 = -2 + \sqrt{-1}, \qquad \Gamma_7(1/3)^3 = (1 - 3\sqrt{-3})/2.$$

注意：これらの等式は「正しい」ことが知られているが，（p進コホモロジーを用いない）実際的な証明は知られていない．これらは，より一般的な状況の特殊なケースである．これを説明するために，例として2番目の等式をとる．$p=7$ とし，$\zeta = e^{2\pi i/7} \in \mathbb{C}$ を1の原始p乗根，
$$\omega = (-1 + \sqrt{-3})/2 = e^{2\pi i/3}$$
を自明でない1の$(p-1)$乗根とする．次に乗法群$\mathbb{F}_p^\times$の生成元をとる．いまの場合，$p=7$ であるから3をとる．
$$g \stackrel{\text{定義}}{=} \sum_{i=1}^{6} \omega^i \zeta^{3i}$$
はガウス和として知られている．考えている等式の左辺が，$g^3/7$ であることを示すことは難しくはない．より一般に，a/d が有理数で，分母が$p-1$を割り切るときはいつでも，p進数$\Gamma_p(a/d)^d$ は，体$\mathbb{Q}(\omega)$の元となる．ここでωは1の原始d乗根である．（練習問題10では，$a/d = 1/2$, $\omega = -1$ である別のケースを与えている．）すなわち，$\Gamma_p(a/d)^d$ は，適当なガウス和で表されることがわかった．（以上の取り扱いについては，Lang, *Cyclotomic Fields*, または，Koblitz, *p-adic Analysis: a Short Course on Recent Work* を参照のこと．）

たとえば，$\Gamma(1/3)$ は超越的であることが知られているので，これは Γ_p と古典的なΓ-関数との大きな違いを示している．

13. $s = r/(p-1)$ を区間 $(0,1)$ 内の有理数とし，m を p では割り切れない正の整数とする．
$$\frac{\prod_{h=0}^{m-1} \Gamma_p((s+h)/m)}{\Gamma_p(s) \prod_{h=1}^{m-1} \Gamma_p(h/m)}$$
が $m^{(1-s)(1-p)}$ のタイヒミュラー代表元（すなわち，$\mathbb{Z}_p$ 内の1の$(p-1)$乗根で mod p で $m^{1-p+r} \equiv m^r$ と合同なもの）に一致することを証明せよ．（Γ_p を古典的Γ-関数で置き換えれば，上の表示は m^{1-s} に一致することを思い出そう．）

14. $\exp_p X$, $(\sin_p X)/X$, $\cos_p X$ は，それらの収束域のなかで零点をもたないことを示せ．また $E_p(X)$ は $D(1^-)$ 内で零点をもたないことを示せ．

15. $p = 2, 3$ のとき，$E_p(X)$ の X のべきの係数を，X^4 の項まで求めよ．

16. $E_p(X)$ の X のべきの係数を X^{p-1} まで求めよ．X^p の係数も求めよ．X^p の係数が $\mathbb{Z}_p$ の元であるという事実は，初等整数論のどのような事実を反映しているか？

17. ドゥオークの補題を用いて，$E_p(X)$ の係数が $\mathbb{Z}_p$ に入ることの別証明を与えよ．

18. ドゥオークの補題を使って次を示せ：$f(X) = \exp\left(\sum_{i=0}^\infty b_i X^i\right)$, $b_i \in \mathbb{Q}_p$ としたとき，$f(X) \in 1 + X\mathbb{Z}_p[\![X]\!]$ であることと，$i = 0, 1, 2, \ldots$ に対して，$b_{i-1} - pb_i \in p\mathbb{Z}_p$（ただし，$b_{-1} \stackrel{\text{定義}}{=} 0$）となることとが同値である．

3. 多項式に対するニュートン多角形

$f(X) = 1 + \sum_{i=1}^{n} a_i X^i \in 1 + X\Omega[X]$ を Ω に係数をもち，定数項が 1 である n 次の多項式とする．実平面における，次の点列を考える：

$(0, 0), (1, \mathrm{ord}_p a_1), (2, \mathrm{ord}_p a_2), \ldots, (i, \mathrm{ord}_p a_i), \ldots, (n, \mathrm{ord}_p a_n).$

($a_i = 0$ のときは，省略するか，水平軸（x 軸）から「無限に」遠いところにあると考える．）$f(X)$ の**ニュートン多角形** (Newton polygon) とは，これらの点の集合の「凸包 (convex hull)」である．すなわち，$(0, 0)$ と $(n, \mathrm{ord}_p a_n)$ をつなぐ凸多角形の一部で，すべての $(i, \mathrm{ord}_p a_i)$ は，その辺上にあるかまたは上部にあるものである．具体的な規則としては，この凸包は次のように構成される．まず $(0, 0)$ を通る垂直線を考えて，$(0, 0)$ を中心に反時計回りに回転させ，最初に交わった $(i, \mathrm{ord}_p a_i)$ を $(i_1, \mathrm{ord}_p a_{i_1})$ とし，$(0, 0)$ と $(i_1, \mathrm{ord}_p a_{i_1})$ を結んだ線分を最初の線分とする．次に $(i_1, \mathrm{ord}_p a_{i_1})$ を通る垂直線をこの点に関して反時計回りに回転させ，交わった最初の $(i, \mathrm{ord}_p a_i)$ を $(i_2, \mathrm{ord}_p a_{i_2})$ とする．$(i_1, \mathrm{ord}_p a_{i_1})$ と $(i_2, \mathrm{ord}_p a_{i_2})$ を結んでニュートン多角形の 2 番目の線分とする．以下 $(i_2, \mathrm{ord}_p a_{i_2})$ について同様の手続きを実行し，この手続きを続ければ，$(n, \mathrm{ord}_p a_n)$ に至る．これらの線分をつないでできたものが，上の点列のニュートン多角形である．

例として，図 IV.1 に $f(X) = 1 + X^2 + \frac{1}{3}X^3 + 3X^4 \in \mathbb{Q}_3[X]$ のニュートン多角形が挙げられている．

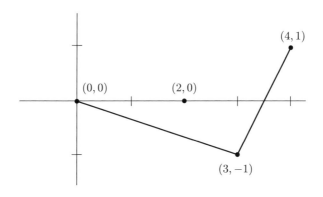

図 **IV.1**

ニュートン多角形の頂点とは，勾配 (slope) が変化する点 $(i_j, \mathrm{ord}_p a_{i_j})$ を意味する．点 (i, m) と (i', m') を結ぶ線分を考えれば，$(m' - m)/(i' - i)$ で与えられる．「この勾配の長さ」とは，ここでは $i' - i$ を意味するものとする．すなわち，線分を水平軸（x 軸）に射影したときの長さを意味するものとする．

補題 4. 上の記号において，$f(X) = (1 - X/\alpha_1) \cdots (1 - X/\alpha_n)$ を $f(X)$ の根 $\alpha_i \in \Omega$ による因数分解とする．$\lambda_i = \mathrm{ord}_p(1/\alpha_i)$ とする．λ を長さ l をもつニュートン多角形の勾配とすれば，λ_i のうち，ちょうど l 個は λ と等しいことが導かれる．

言い換えれば，$f(X)$ のニュートン多角形の勾配は（重複度を込めて）$f(X)$ の根の逆数の p 進位数である．

証明． α_i は $\lambda_1 \leq \lambda_2 \leq \cdots \leq \lambda_n$ となるように並べられていると仮定してよい．$\lambda_1 = \lambda_2 = \cdots = \lambda_r < \lambda_{r+1}$ とする．はじめに，ニュートン多角形の最初の線分が $(0,0)$ から $(r, r\lambda_1)$ を結んだものであることを示そう．各 a_i は，$1/\alpha_1, 1/\alpha_2, \ldots, 1/\alpha_n$ の i 番目の対称多項式に $(-1)^i$ を掛けたものであること，すなわち $1/\alpha$ たちの可能な i 個の積の和であることを思い出そう．そのような積の p 進位数は，少なくとも $i\lambda_1$ であり，同じことは a_i にも当てはまる．したがって，点 $(i, \mathrm{ord}_p a_i)$ は，点 $(i, i\lambda_1)$ かそれよりも上にある．すなわち，$(0,0)$ と $(r, r\lambda_1)$ を結ぶ直線上か，その上方にある．

ここで a_r を考える．$1/\alpha$ たちのいくつかある r 個の積の中で，ちょうど一つが，その p 進位数として $r\lambda_1$ をもち，それは積 $1/(\alpha_1 \alpha_2 \cdots \alpha_r)$ である．他の積は，p 進位数が $> r\lambda_1$ となる．なぜなら，その積は $\lambda_{r+1}, \lambda_{r+2}, \ldots, \lambda_n$ のうち少なくとも一つを含んでいなければならないからである．このようにして，a_r は p 進位数が $r\lambda_1$ であるものと，位数が $> r\lambda_1$ であるものとの和として表される．したがって，「二等辺三角形原理」により，$\mathrm{ord}_p a_r = r\lambda_1$ となる．

$i > r$ の場合を考える．上と同様にして，$1/\alpha$ たちの i 個の積は，その p 進位数として $> i\lambda_1$ となるものをもつ．よって $\mathrm{ord}_p a_i > i\lambda_1$ である．ニュートン多角形の構成法を考えれば，最初の線分は $(0,0)$ と $(r, r\lambda_1)$ を結ぶ線分であることがわかる．

$$\lambda_s < \lambda_{s+1} = \lambda_{s+2} = \cdots = \lambda_{s+r} < \lambda_{s+r+1}$$

であるとき，点 $(s, \lambda_1 + \lambda_2 + \cdots + \lambda_s)$ と $(s+r, \lambda_1 + \lambda_2 + \cdots + \lambda_s + r\lambda_{s+1})$ を結ん

だ線分がニュートン多角形の線分となっていることの証明は，上と類似の議論で証明できるので，読者に任せる．　　　　　　　　　　　　　　　　　　　□

4. べき級数に対するニュートン多角形

$f(X) = 1 + \sum_{i=1}^{\infty} a_i X^i \in 1 + X\Omega[\![X]\!]$ を，べき級数とする．$f_n(X) = 1 + \sum_{i=1}^{n} a_i X^i$ を $f(X)$ の n 番目の部分和とする．この節では，$f(X)$ は多項式ではない，すなわち無限個の a_i が 0 でないと仮定する．$f(X)$ のニュートン多角形は，$f_n(X)$ のニュートン多角形の「極限」として定義される．より正確に述べれば，多項式 $f(X)$ のニュートン多角形の構成と同じ作り方（レシピ）に従う．すなわち，すべての点 $(0,0), (1, \mathrm{ord}_p a_1), \ldots, (i, \mathrm{ord}_p a_i), \ldots$ をプロットし，点 $(0,0)$ を通る垂直線を，反時計回りに点 $(i, \mathrm{ord}_p a_i)$ に交わるまで回転させる．そして，さらにその点を通る垂直線を回転させ，最も遠い，そのような点まで回転させ，以下同様にする．しかし，次に述べるような3つの事態が，起こりうることに注意しておかなければならない：

(1) 有限の長さをもつ無限個の線分（辺）が存在する場合がある．たとえば $f(X) = 1 + \sum_{i=1}^{\infty} p^{i^2} X^i$ とおくと，$f(X)$ のニュートン多角形は，放物線 $y = x^2$ の右半分に内接する多角線である（図 IV.2）．

図 IV.2

(2) ある点で回転する直線が，同時に任意に離れた点 $(i, \mathrm{ord}_p\, a_i)$ と交わる場合がある．たとえば，$f(X) = 1 + \sum_{i=1}^{\infty} X^i$ のニュートン多角形は，単に 1 本の無限の長さをもつ水平半直線である．

(3) ある点で直線を回転したとき，もっと遠くにあるどの $(i, \mathrm{ord}_p\, a_i)$ とも交わらないが，それ以上回転させれば，直線はそのような点を越えて，すなわちいくつかの $(i, \mathrm{ord}_p\, a_i)$ の上を通ることになる場合がある．単純な例としては，$f(X) = 1 + \sum_{i=1}^{\infty} pX^i$ がある．この場合，$(0,0)$ を通る直線は，水平の位置まで回転したとき，点 $(i,1)$ の間を通過せずに，それ以上回転することはできない．このような場合，ニュートン多角形の最後の線分の勾配は，すべての $(i, \mathrm{ord}_p\, a_i)$ の下を通過するすべての可能な勾配のうちの，上限として定義する．上の例では，勾配は 0 で，そのニュートン多角形は一つの水平半直線からなる（図 IV.3）．

$(0,0)$ を通る垂直線を，点 $(i, \mathrm{ord}_p\, a_i)$ の上を横切らずに回転することができない場合，上記 (3) の退化したケースが発生する．たとえば，これは $f(X) = \sum_{i=0}^{\infty} X^i / p^{i^2}$ としたときに起こることである．この場合，$f(X)$ の収束半径は 0，すなわち $f(x)$ は 0 ではない任意の x に対して発散することが容易にわかる．以下では，このようなケースは考察から除外し，$f(X)$ は自明でない収束円板をもつと仮定する．

多項式の場合，ニュートン多角形が便利なのは，根の逆数がどのくらいの半径のところにあるかが，一見してわかるからである．われわれは，べき級数 $f(X)$ のニュートン多角形が，$f(X)$ の零点がどこにあるかを教えてくれることを証明しよう．しかしその前に，とくにわかりやすい例について，当面の調査を行ってみよう．

$$f(X) = 1 + \frac{X}{2} + \frac{X^2}{3} + \cdots + \frac{X^i}{i+1} + \cdots = -\frac{1}{X} \log_p(1-X)$$

とする．$f(X)$ のニュートン多角形は点 $(0,0), (p-1,-1), (p^2-1,-2), \ldots, (p^j-1,-j), \ldots$ を結んだ多角線で，この節のはじめに挙げたリストでは，(1) のタイプ

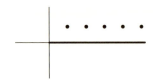

図 IV.3

図 IV.4

である ($p=3$ の場合,図 IV.4 を見よ).もし,§3 の補題 4 のべき級数での類似が成立するならば,このニュートン多角形より,$f(X)$ は p 進位数が $1/(p^{j+1}-p^j)$ である根を,きっちりと $p^{j+1}-p^j$ 個もつことが期待される.

$-1/X \log_p(1-X)$ の根とは,どのようなものであろうか? まず,$x = 1-\zeta$ とおく.ここで ζ は 1 の原始 p^{j+1} 乗根とする.第 III 章 §4 の練習問題 7 より,$\mathrm{ord}_p x = 1/(p^{j+1}-p^j)$ であることがわかり,第 IV 章 §1 の $\log_p x$ の議論より,$\log_p(1-x) = \log_p \zeta = 0$ が得られる.1 の原始 p^{j+1} 乗根は,$p^{j+1}-p^j$ 個あるから,これは予想していた根のすべてを与える.$D(1^-)$ 内に $f(X)$ の他の零点が存在するであろうか?

$x \in D(1^-)$ をそのような根とする.すると任意の j について,$x_j = 1-(1-x)^{p^j} \in D(1^-)$ はまた根となる.なぜなら,$\log_p(1-x_j) = p^j \log_p(1-x) = 0$ だからである.しかし十分大きい j については,$x_j \in D(p^{-1/(p-1)-})$ となり,$x_j \in D(p^{-1/(p-1)-})$ については,$1-x_j = \exp_p(\log_p(1-x_j)) = \exp_p 0 = 1$ となる.よって $(1-x)^{p^j} = 1$ で,x は,すでに上で考えた根の一つでなければならない.したがって,ニュートン多角形の外観 (appearance) は,$\log_p(1-X)$ のすべての根に関する認識と一致している.

ここで,ニュートン多角形が,多項式の場合と同様に,べき級数の場合にも同様の役割を果たすことを証明する.しかし,その前にもっと単純な結果を証明する.それは,べき級数の収束半径が,そのニュートン多角形から一見してわかるというものである.

補題 5. べき級数 $f(X) = 1 + \sum_{i=1}^{\infty} a_i X^i \in 1 + X\Omega[\![X]\!]$ のニュートン多角形の勾配の上限 (least upper bound of all slopes) を b とする.すると,$f(X)$ の収束半径は p^b である (b は無限の可能性もある.その場合 $f(X)$ は Ω 全体で収束する).

証明. はじめに,$|x|_p < p^b$ とする.すなわち $\mathrm{ord}_p x > -b$ である.$\mathrm{ord}_p x = -b'$

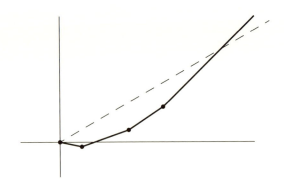

図 IV.5

とする ($b' < b$). すると $\mathrm{ord}_p(a_i x^i) = \mathrm{ord}_p a_i - ib'$ となる. しかし明らかに (図 IV.5 を見よ), 十分遠くでは, $(i, \mathrm{ord}_p a_i)$ は $(i, b'i)$ より, 上の方に位置する. 言い換えれば, $\mathrm{ord}_p(a_i x^i) \to \infty$ で, $f(X)$ は $X = x$ で収束する.

$|x|_p > p^b$ とする. すなわち $\mathrm{ord}_p x = -b' < -b$ とする. すると同様にして, $\mathrm{ord}_p(a_i x^i) = \mathrm{ord}_p a_i - b'i$ は, 無限個の i について負となる. したがって, $f(x)$ は収束しない. よって $f(X)$ の収束半径が, ちょうど p^b であることが結論付けられる. □

注意: この補題は, $|x|_p = p^b$ のとき, 収束するか発散するかについては, 何も語ってはいない. 収束円上 (「円周上」) での収束は, 冒頭のリストの (3) のタイプでしか起こりえないことは容易にわかる. そして, それは $(i, \mathrm{ord}_p a_i)$ が, 最後の (無限の) 線分より上にある距離が, $i \to \infty$ のとき ∞ に近づく場合にのみ起こりうる. この振舞いを表しているべき級数は $f(X) = 1 + \sum_{i=1}^{\infty} p^i X^{p^i}$ で, このニュートン多角形は $(0,0)$ から伸びる水平線である. この $f(X)$ は $\mathrm{ord}_p x = 0$ のとき収束する.

補題 4 のべき級数の場合の類似の主張を証明する前に, 最後にもう一つ注意しておくことがある. $c \in \Omega$, $\mathrm{ord}_p c = \lambda$ とし, $g(X) = f(X/c)$ とおく. すると g のニュートン多角形は, f のニュートン多角形から, 直線 $y = \lambda x$ ($(0,0)$ を通り, 勾配 λ の直線) を引き算することによって得られる. これは, $f(X) = 1 + \sum a_i X^i$, $g(X) = 1 + \sum b_i X^i$ としたとき, $\mathrm{ord}_p b_i = \mathrm{ord}_p(a_i/c^i) = \mathrm{ord}_p a_i - \lambda i$ となることから得られる.

補題 6. λ_1 を $f(X) = 1 + \sum_{i=1}^{\infty} a_i X^i \in 1 + X\Omega[\![X]\!]$ のニュートン多角形の最初の勾配とする．$c \in \Omega$ を $\mathrm{ord}_p c = \lambda \leq \lambda_1$ とする．さらに $f(X)$ は閉円板 $D(p^\lambda)$ 上で収束すると仮定する（補題 5 より，これは $\lambda < \lambda_1$ であるか，または $f(X)$ のニュートン多角形が 1 個より多くの線分をもてば自動的に成り立つ）．

$$g(X) = (1 - cX)f(X) \in 1 + X\Omega[\![X]\!]$$

とおく．すると $g(X)$ のニュートン多角形は，$(0,0)$ を $(1, \lambda)$ と結び，$f(X)$ のニュートン多角形を右に 1，上に λ だけ平行移動したものをつなげることによって得られる．言い換えれば，$g(X)$ のニュートン多角形は，多項式 $(1 - cX)$ のニュートン多角形とべき級数 $f(X)$ のニュートン多角形を「つなげる」ことによって得られる．さらに，$f(X)$ のニュートン多角形の最後の勾配が λ_f であり，$D(p^{\lambda_f})$ で収束すれば，$g(X)$ も $D(p^{\lambda_f})$ で収束する．逆に，$g(X)$ が $D(p^{\lambda_f})$ で収束すると，$f(X)$ もそうである．

証明． まず，$c = 1$, $\lambda = 0$ の特別な場合を考える．その場合は，補題は成立すると仮定し，$f(X)$ と $g(X)$ は補題にあるものとする．すると $f_1(X) = f(X/c)$ と $g_1(X) = (1 - X)f_1(X)$ は，補題の条件の c, λ, λ_1 をそれぞれ 1, 0, $\lambda_1 - \lambda$ で置き換えることにより満足している（この補題の直前の「注意」を参照のこと）．そうすると，f_1, g_1 について成立していると仮定している補題は，$g_1(X)$ のニュートン多角形の形と（f が $D(p^{\lambda_f})$ 上収束するときの，g_1 の $D(p^{\lambda_f})$ 上での収束）を与える．$g(X) = g_1(cX)$ であるから，再び補題の前の「注意」にある内容を用いれば，求めている $g(X)$ のニュートン多角形に関する情報が得られる（図 IV.6 を見よ）．

このようにして，補題 6 は $c = 0$, $\lambda = 0$ のとき証明すれば十分であることがわかった．$g(X) = 1 + \sum_{i=1}^{\infty} b_i X^i$ とする．すると，$g(X) = (1 - X)f(X)$ であるから，$i \geq 0$ について，$b_{i+1} = a_{i+1} - a_i$ ($a_0 = 1$) が得られる．したがって，

$$\mathrm{ord}_p b_{i+1} \geq \min(\mathrm{ord}_p a_{i+1}, \mathrm{ord}_p a_i)$$

となり，等号は $\mathrm{ord}_p a_{i+1} \neq \mathrm{ord}_p a_i$ のとき成立する（二等辺三角形原理による）．点 $(i, \mathrm{ord}_p a_i)$ と $(i, \mathrm{ord}_p a_{i+1})$ はともに，$f(X)$ のニュートン多角形上または，その上方に位置するので，点 $(i, \mathrm{ord}_p b_{i+1})$ も同様である．もし $(i, \mathrm{ord}_p a_i)$ が頂点ならば，$\mathrm{ord}_p a_{i+1} > \mathrm{ord}_p a_i$ で，$\mathrm{ord}_p b_{i+1} = \mathrm{ord}_p a_i$ となる．このことは，$g(X)$ のニュートン多角形は，$f(X)$ のニュートン多角形の最後の頂点まで，補題で述べ

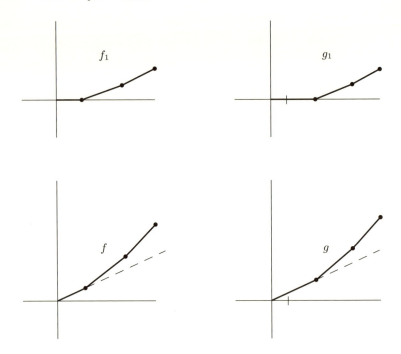

図 IV.6

た形状をもたなければならないことを意味する．示さなければならないこととして残っているのは，$f(X)$ のニュートン多角形が，無限個の最終勾配 λ_f をもつ場合，$g(X)$ もそうなるということ，それから $f(X)$ が $D(p^\lambda)$ で収束すれば，$g(X)$ もそうであることある（その逆も示さねばならない）．$\operatorname{ord}_p b_{i+1} \geq \min(\operatorname{ord}_p a_{i+1}, \operatorname{ord}_p a_i)$ であるから，$g(X)$ は，$f(X)$ が収束するときは，いつでも収束する．われわれは，$g(X)$ のニュートン多角形が，λ_f より**大きい**勾配 λ_g をもつ可能性を排除しなければならない．もし $g(X)$ のニュートン多角形が，そのような勾配をもつとすれば，ある大きな i に対して，点 $(i+1, \operatorname{ord}_p a_i)$ は $g(X)$ のニュートン多角形より下にある．すると，すべての $j \geq i+1$ に対して $\operatorname{ord}_p b_j > \operatorname{ord}_p a_i$ が得られる．これは第一に $\operatorname{ord}_p a_{i+1} = \operatorname{ord}_p a_i$ を意味する．なぜなら，$a_{i+1} = b_{i+1} + a_i$ だからである．すると同様に $\operatorname{ord}_p a_{i+2} = \operatorname{ord}_p a_{i+1}$ なども得られ，結局，すべての $j > i$ について $\operatorname{ord}_p a_j = \operatorname{ord}_p a_i$ となり，これは $f(X)$ が $D(1)$ で収束すると仮定したことに矛盾する．逆の主張（g の収束から f の収束が導かれること）も，同様の方法

で証明される. □

補題 7. $f(X) = 1 + \sum_{i=1}^{\infty} a_i X^i \in 1 + X\Omega[\![X]\!]$ を，そのニュートン多角形の最初の勾配が λ_1 である，べき級数とする．$f(X)$ は閉円板 $D(p^{\lambda_1})$ で収束し，$(0,0)$ を通り勾配 λ_1 の直線が，ある点 $(i, \text{ord}_p a_i)$ を通るものとする．（これらの条件は，ともにニュートン多角形が 1 個より多くの勾配をもてば，自動的に満たされる．）すると，$\text{ord}_p x = -\lambda_1$ かつ $f(x) = 0$ となる x が存在する．

証明. 簡単のために，最初 $\lambda_1 = 0$ の場合を考え，一般の場合をこの場合に帰着させる．とくに，すべての i について $\text{ord}_p a_i \geq 0$ で，$\text{ord}_p a_i \to \infty$ $(i \to \infty)$ である．$N \geq 1$ を，$\text{ord}_p a_i = 0$ となるような最大の i とする（$f(X)$ のニュートン多角形がただ一つの水平直線である場合を除き，N は勾配 $\lambda_1 = 0$ の最初の線分の長さである．）$f_n(x) = 1 + \sum_{i=1}^{n} a_i X^i$ とおく．補題 4 より，$n \geq N$ に対して，多項式 $f_n(X)$ は，ちょうど N 個の根 $x_{n,1}, \ldots, x_{n,N}$ で $\text{ord}_p x_{n,i} = 0$ となるものをもつ．初項を $x_N = x_{N,1}$ とし，$n \geq N$ に対して x_{n+1} を $x_{n+1,1}, \ldots, x_{n+1,N}$ の中で $|x_{n+1,i} - x_n|_p$ が最小となるものとする．$\{x_n\}$ がコーシー列であることを示し，その極限 x が求めている性質を満たすことを示そう．

$n \geq N$ に対して，S_n を $f_n(X)$ の根の集合とする（根の重複も数える）．すると $n \geq N$ に対して，x_{n+1} の取り方より，次が得られる：

$$|f_{n+1}(x_n) - f_n(x_n)|_p = |f_{n+1}(x_n)|_p \quad (f_n(x_n) = 0 \text{ だから})$$
$$= \prod_{x \in S_{n+1}} \left|1 - \frac{x_n}{x}\right|_p$$
$$= \prod_{i=1}^{N} |1 - x_n/x_{n+1,i}|_p.$$

ここで，$x \in S_{n+1}$ が，$\text{ord}_p x < 0$ ならば $|1 - x_n/x|_p = 1$ である．$|x_{n+1,i}|_p = 1$ であり，x_{n+1} の取り方から

$$|f_{n+1}(x_n) - f_n(x_n)|_p = \prod_{i=1}^{N} |x_{n+1,i} - x_n|_p \geq |x_{n+1} - x_n|_p^N.$$

したがって，

$$|x_{n+1} - x_n|_p^N \leq |f_{n+1}(x_n) - f_n(x_n)|_p = |a_{n+1} x_n^{n+1}|_p = |a_{n+1}|_p$$

となる．$n \to \infty$ のとき，$|a_{n+1}|_p \to 0$ であるから，$\{x_n\}$ がコーシー列であることが導かれる．

$x_n \to x \in \Omega$ とすれば，$f(x) = \lim_{n \to \infty} f_n(x)$ であり，

$$|f_n(x)|_p = |f_n(x) - f_n(x_n)|_p = |x - x_n|_p \left| \sum_{i=1}^{n} a_i \frac{x^i - x_n^i}{x - x_n} \right|_p \leq |x - x_n|_p$$

が成り立つ．これは，$|a_i|_p \leq 1$ と

$$|(x^i - x_n^i)/(x - x_n)|_p = |x^{i-1} + x^{i-2}x_n + x^{i-3}x_n^2 + \cdots + x_n^{i-1}|_p \leq 1$$

から導かれる．よって，$f(x) = \lim_{n \to \infty} f_n(x) = 0$ となる．これは，補題を $\lambda_1 = 0$ の場合に証明している．

一般の場合は，これから容易に導かれる．$\pi \in \Omega$ を $\mathrm{ord}_p \pi = \lambda_1$ となる任意の元とする．そのような元は存在する．実際，たとえば，$(0,0)$ を通り，勾配 λ_1 の直線上にある $(i, \mathrm{ord}_p a_i)$ に対して，a_i の i 乗根をとればよい．$g(X) = f(X/\pi)$ とおく．すると，$g(X)$ は $\lambda_1 = 0$ で補題の条件を満たす．したがって，すでに証明したことにより，$\mathrm{ord}_p x_0 = 0$ となる x_0 で $g(x_0) = 0$ となるものが存在する．$x = x_0/\pi$ とおけば，$\mathrm{ord}_p x = -\lambda_1$ で，$f(x) = f(x_0/\pi) = g(x_0) = 0$ となる．　□

補題 8. $f(X) = 1 + \sum_{i=1}^{\infty} a_i X^i \in 1 + X\Omega[\![X]\!]$ は収束し，α で値 0 をとるものとする．$g(X) = 1 + \sum_{i=1}^{\infty} b_i X^i を f(X) を 1 - X/\alpha$ で割って，またはこれと同値であるが，$f(X)$ に $1 + X/\alpha + X^2/\alpha^2 + \cdots + X^i/\alpha^i + \cdots$ を掛けて得られるものとする．すると，$g(X)$ は $D(|\alpha|_p)$ で収束する．

証明． $f_n(X) = 1 + \sum_{i=1}^{n} a_i X^i$ とする．明らかに

$$b_i = 1/\alpha^i + a_1/\alpha^{i-1} + a_2/\alpha^{i-2} + \cdots + a_{i-1}/\alpha + a_i$$

であり，

$$b_i \alpha^i = f_i(\alpha)$$

となる．よって，$f(\alpha) = 0$ より，$|b_i \alpha^i|_p = |f_i(\alpha)|_p \to 0 \ (i \to \infty)$ となる．　□

定理 14 (**p 進ワイエルシュトラス準備定理**)．$f(X) = 1 + \sum_{i=1}^{\infty} a_i X^i \in 1 + X\Omega[\![X]\!]$ は，$D(p^\lambda)$ で収束するものとする．N を次のように決める．$f(X)$ のニュートン

多角形の勾配が $\leq \lambda$ となる線分の水平方向の長さが有限である場合（すなわち，$f(X)$ のニュートン多角形が無限の長さをもつ，勾配 λ の最終線分をもたない場合），その水平方向の長さの合計を N とする．一方，$f(X)$ のニュートン多角形の最後の線分の勾配が λ である場合は，最後の線分上にある点 $(i, \mathrm{ord}_p a_i)$ の i の最大値を N とする（そのような i は存在する．なぜなら $f(X)$ が $D(p^\lambda)$ で収束するからである）．すると，次数 N の多項式 $h(X) \in 1 + X\Omega[X]$ と，$D(p^\lambda)$ 上で収束し，$D(p^\lambda)$ で根をもたないべき級数 $g(X) = 1 + \sum_{i=1}^\infty b_i X^i$ が存在して

$$h(X) = f(X) \cdot g(X)$$

を満たす．多項式 $h(X)$ は，これらの性質により一意的に決まり，そのニュートン多角形は，$f(X)$ のものと $(N, \mathrm{ord}_p a_N)$ まで一致する．

証明．N に関する帰納法を用いる．$N = 0$ のとき，$f(X)$ の「逆」べき級数である $g(X) = 1/f(X)$ が，$D(p^\lambda)$ で収束し，根をもたないこと示さなければならない．これは，第 IV 章 §1 の練習問題 3 の一部であるが，重要な事実であるので，練習問題を飛ばしてしまった読者のために，ここで証明を与えておこう．いつものように（補題 6 と 7 の証明や，補題 6 の直前の注意を参照），$\lambda = 0$ の場合に容易に帰着できる．

そこで，$f(X) = 1 + \sum a_i X^i$, $\mathrm{ord}_p a_i > 0$, $\mathrm{ord}_p a_i \to \infty$, $g(X) = 1 + \sum b_i X^i$ と仮定する．$f(X)g(X) = 1$ であるから，$i \geq 1$ に対して

$$b_i = -(b_{i-1}a_1 + b_{i-2}a_2 + \cdots + b_1 a_{i-1} + a_i)$$

が得られ，これから i に関する帰納法により $\mathrm{ord}_p b_i > 0$ が容易に導かれる．次に $\mathrm{ord}_p b_i \to \infty$ $(i \to \infty)$ を示さなければならない．ある大きな数 M が与えられたとする．m を $i > m$ なら $\mathrm{ord}_p a_i > M$ となるように選ぶ．ε を

$$\varepsilon = \min(\mathrm{ord}_p a_1, \mathrm{ord}_p a_2, \ldots, \mathrm{ord}_p a_m) > 0$$

とおく．$i > nm$ ならば，$\mathrm{ord}_p b_i > \min(M, n\varepsilon)$ となることを示そう．そうすると $\mathrm{ord}_p b_i \to \infty$ が得られるであろう．この主張を n に関する帰納法で示す．$n = 0$ のときは明らかである．$n \geq 1$ かつ $i > nm$ とする．

$$b_i = -(b_{i-1}a_1 + \cdots + b_{i-m}a_m + b_{i-(m+1)}a_{m+1} + \cdots + a_i)$$

と表す．$j>m$ となる j についての項 $b_{i-j}a_j$ は，$\mathrm{ord}_p(b_{i-j}a_j) \geq \mathrm{ord}_p a_j > M$ となり，一方 $j \leq m$ の場合は，帰納法の仮定（$i-j>(n-1)m$ だから）と ε の定義より，$\mathrm{ord}_p(b_{i-j}a_j) \geq \mathrm{ord}_p b_{i-j} + \varepsilon > \min(M, (n-1)\varepsilon) + \varepsilon$ が得られる．よって b_i に対する表現の和の各項は $\mathrm{ord}_p > \min(M, n\varepsilon)$ となる．これは，上記の主張を証明しており，$N=0$ のとき，定理は証明された．

$N \geq 1$ として，$N-1$ に対しては，定理は成立すると仮定する．$\lambda_1 \leq \lambda$ を $f(X)$ のニュートン多角形の最初の勾配とする．補題 7 より，$f(\alpha)=0$ かつ $\mathrm{ord}_p \alpha = -\lambda_1$ となる α がとれる．

$$f_1(X) = f(X)\left(1 + \frac{X}{\alpha} + \frac{X^2}{\alpha^2} + \cdots + \frac{X^i}{\alpha^i} + \cdots\right)$$
$$= 1 + \sum a'_i X^i \in 1 + X\Omega[\![X]\!]$$

とおく．補題 8 より，$f_1(X)$ は $D(p^{\lambda_1})$ で収束する．$c = 1/\alpha$ とする．すると，$f(X) = (1-cX)f_1(X)$ となる．もし，$f_1(X)$ のニュートン多角形が最初の勾配として λ_1 より小さい λ'_1 をもてば，補題 7 より $f_1(X)$ は，p 進位数が $-\lambda'_1$ である根をもち，$f(X)$ もそうなり，これは不可能であることが容易にわかる．よって $\lambda'_1 \geq \lambda_1$ となり，補題 6 の条件が得られる（補題 6 の f, g, λ_1, λ の役割を f_1, f, λ'_1, λ_1 が果たす）．補題 6 より，$f_1(X)$ のニュートン多角形は，$f(X)$ のニュートン多角形から，$(0,0)$ と $(1,\lambda_1)$ を結んだ線分を取り除いたものと同じである．加えて，補題 6 より f が（よって f_1 が）最終勾配 λ をもつとき（これは，f が $D(p^\lambda)$ 上で収束することから出る），f_1 も $D(p^\lambda)$ 上で収束しなければならないことも導かれる．

したがって，$f_1(X)$ は定理の条件で，N を $N-1$ に置き換えたものを満たしている．帰納法の仮定より，次数 $N-1$ の多項式 $h_1(X) \in 1 + X\Omega[X]$ と，$D(p^\lambda)$ で収束し，零点をもたない，べき級数 $g(X) \in 1 + X\Omega[\![X]\!]$ で

$$h_1(X) = f_1(X) \cdot g(X)$$

となるものが存在する．両辺に $(1-cX)$ を乗じて，$h(X) = (1-cX)h_1(X)$ とおけば，

$$h(X) = f(X) \cdot g(X)$$

で $h(X)$ と $g(X)$ は，求めている性質を満たしている．

最後に，$h(X)$ の一意性を示す．$\widetilde{h}(X) \in 1 + X\Omega[X]$ を，次数 N のもう一つの多項式で，$\widetilde{h}(X) = f(X)g_1(X)$ かつ $g_1(X)$ は $D(p^\lambda)$ で収束し，零点をもたないものとする．$\widetilde{h}(X)g(X) = f(X)g(X)g_1(X) = h(X)g_1(X)$ であるから，$h(X)$ の一意性は，もし，$\widetilde{h}g = hg_1$ から $\widetilde{h}$ と h が同じ重複度をもつ同じ零点をもつことが示されれば，証明されたことになる．このことは，N に関する帰納法で示すことができる．$N = 1$ のときは，$x \in D(p^\lambda)$ について $\widetilde{h}(x) = 0 \leftrightarrow h(x) = 0$ であるから明らかである．$N > 1$ と仮定する．$-\lambda$ を $h(X)$ の根 α で，ord_p が最小となるときの $\mathrm{ord}_p \alpha$ として一般性を失うことはない．α は，$h(X)$ と $\widetilde{h}(X)$ の最小の ord_p をもつ根だから，$\widetilde{h}(X)g(X) = h(X)g_1(X)$ の両辺を $(1 - X/\alpha)$ で割ることができ，補題 8 を用いて，われわれの N に関する主張を，$N-1$ の場合に帰着させることができる．これにより，定理 14 の証明が完結する． □

系． $f(X) \in 1 + X\Omega[\![X]\!]$ のニュートン多角形の線分が，有限の長さ N，勾配 λ をもてば，$f(x) = 0$ かつ $\mathrm{ord}_p x = -\lambda$ となる値 x は重複度をこめて N 個存在する．

定理 14 からのもう一つの帰結は次の通りである．いたるところ収束するようなべき級数は，そのすべての根 r に関する $(1 - X/r)$ の（無限）積に因数分解される．とくに，それがいたるところ収束し，零点をもたなければ，それは定数にならざるをえないという事実である（練習問題 13 を見よ）．この事実は，実数や複素数の場合と対照的である．それらの場合は，関数 e^x（または，より一般に，h をいたるところ収束するべき級数としたときの関数 $e^{h(x)}$）がある．複素解析学では，いたるところ収束するべき級数の根による無限積展開は p 進の場合より複雑である．すなわち，複素変数の「整関数」の「ワイエルシュトラス積」を得るためには指数因子を入れなければならない[13]．

このように，p 進数の場合の定理 14 から得られる単純な無限積展開は，いたるところ収束する指数関数がないおかげである．つまり，現在の文脈では，$\exp_p$ の収束性が悪いのは，幸運なことである．しかし，他の文脈，たとえば p 進微分方程式論においては，うまく収束する exp が存在しないことは，事情を複雑にしている．

---

[13] 与えられた点を零点にもつ整関数を，無限積の部分（ワイエルシュトラス積）と指数関数に関する部分（指数因子）の積として構成できる．

練習問題

1. 次の多項式のニュートン多角形を求めよ．((v) は 2 通りの方法で．)
   - (i) $1 - X + pX^2$
   - (ii) $1 - X^3/p^2$
   - (iii) $1 + X^2 + pX^4 + p^3 X^6$
   - (iv) $\sum_{i=1}^{p} i X^{i-1}$
   - (v) $(1-X)(1-pX)(1-p^3 X)$
   - (vi) $\prod_{i=1}^{p^2}(1 - iX)$

2. (a) $f(X) \in 1 + X\mathbb{Z}_p[X]$ のニュートン多角形は，点 $(0,0)$ と (n,m) を結ぶ，ただ一つの線分であるとする．n と m が，互いに素な整数ならば，$f(X)$ は $\mathbb{Z}_p$ 係数の 2 つの多項式の積の形に因数分解されないことを示せ．
   (b) (a) の事実を用いて，アイゼンシュタインの既約性規準の別証明を与えよ（第 I 章，§5 の練習問題 14 を見よ）．
   (c) (a) の逆は正しいか？ すなわち，すべての既約多項式は，このタイプのニュートン多角形をもつか？（証明または反例）．

3. $f(X) \in 1 + X\mathbb{Z}_p[X]$ を $2n$ 次の多項式とする．α が $f(X)$ の逆根なら，p/α も（同じ重複度で）そうであるとする．このことから，$f(X)$ のニュートン多角形の形について何かいえるか？ $n = 1, 2, 3, 4$ のとき，そのような $f(X)$ のニュートン多角形の形のすべての可能性を挙げよ．

4. 次のべき級数のニュートン多角形を求めよ．
   - (i) $\sum_{i=0}^{\infty} X^{p^i-1}/p^i$
   - (ii) $\sum_{i=0}^{\infty} ((pX)^i + X^{p^i})$
   - (iii) $\sum_{i=0}^{\infty} i! X^i$
   - (iv) $\sum_{i=0}^{\infty} X^i/i!$
   - (v) $(1 - pX^2)/(1 - p^2 X^2)$
   - (vi) $(1 - p^2 X)/(1 - pX)$
   - (vii) $\prod_{i=0}^{\infty}(1 - p^i X)$
   - (viii) $\sum_{i=0}^{\infty} p^{[i\sqrt{2}]} X^i$

5. べき級数のニュートン多角形の有限線分の勾配は，有理数であるが，(もしあれば) 無限線分の勾配は，必ずしもそうではないことを示せ（例を挙げよ）．

6. 補題 7 において，$(0,0)$ を通る勾配 λ_1 の線分が点 $(i, \mathrm{ord}_p a_i)$ $(i > 0)$ を通るという条件を外すと誤りであることを，反例を挙げて示せ．

7. $f(X) \in 1 + X\Omega[\![X]\!]$ のニュートン多角形が，本文中の退化したケース (3) の場合，すなわち，$(0,0)$ を通る垂直線となる場合とする．言い換えると，$(0,0)$ を通る垂直線を反時計回りに少しでも回転させると，それはある点 $(i, \mathrm{ord}_p a_i)$ の上を通る場合である．このとき，$f(x)$ は 0 でない任意の $x \in \Omega$ に対して発散することを示せ．

8. $f(X) = 1 + \sum_{i=1}^{\infty} a_i X^i \in 1 + X\Omega[\![X]\!]$ は $D(p^\lambda)$ で収束し，λ は有理数であるとする．このとき $\max_{x \in D(p^\lambda)} |f(x)|_p$ は $|x|_p = p^\lambda$ のとき，すなわち「円周」上でとり，この $f(x)$ の最大値の p 進位数は
$$\min_{i=0,1,\ldots} (\mathrm{ord}_p a_i - i\lambda)$$
と一致することを示せ．すなわち，点 $(i, \mathrm{ord}_p a_i)$ と $(0,0)$ を通り，勾配 λ の直線との最小距離（負かもしれない）であることを示せ．

9. $f(X) = \sum_{i=0}^{\infty} a_i X^i \in \mathbb{Z}_p[\![X]\!]$ とする．$f(X)$ は**閉単位円板** $D(1)$ で収束すると仮定する．さらに a_i たちの中で少なくとも 2 つが，p で割り切れないとする．このとき $f(X)$ は $D(1)$ で零点をもつことを証明せよ．

10. $f(X)$ を $D(r)$ で収束し，$D(r)$ に無限個の零点をもつような，べき級数とする．$f(X)$ は恒等的に 0 であることを示せ．

11. $E_p(X)$ は（$D(1)$ ではなく）$D(1^-)$ でのみ収束することを証明せよ．

12. $g(X) = h(X)/f(X)$ とする．ここで $g(X) \in 1 + X\Omega[\![X]\!]$ は，すべての係数が $D(1)$ に

あり，$h(X)$ と $f(X) \in 1 + \Omega[X]$ は，共通根をもたないような多項式とする．$h(X)$ と $f(X)$ の係数は，すべて $D(1)$ に入ることを証明せよ．

13. $f(X) \in 1 + X\Omega[\![X]\!]$ は，Ω 全体で収束すると仮定する．任意の λ に対して，$h_\lambda(X)$ を定理 14 にある $h(X)$ とする．$\lambda \to \infty$ のとき，$h_\lambda \to f$ となること（すなわち，h_λ の各係数は，対応する f の係数に近づく）を示せ．f は，もしそれが多項式でなければ，無限個の零点（しかし，可算無限個の零点 $r_1, r_2, \ldots$）をもち，$f(X) = \prod_{i=1}^{\infty}(1 - X/r_i)$ となることを証明せよ．とくに，収束して，どこにおいても零とならない非定数のべき級数は存在しない（実数や複素数の場合は，対照的で，$h(X)$ をいたるところで収束する任意のべき級数とするとき，べき級数 $e^{h(X)}$ は，いたるところで収束し，零でないべき級数である）．

第 V 章　有限体上の方程式の集合に対するゼータ関数の有理性

1. 超曲面とそのゼータ関数

F を体とする．「F 上の n 次元アフィン空間」，すなわち，F の元 x_i の n 組 $(x_1,\ldots,x_n)$ の集合を $\mathbb{A}_F^n$ で表す．$f(X_1,\ldots,X_n) \in F[X_1,\ldots,X_n]$ を n 変数 $X_1,\ldots,X_n$ の多項式とする．$\mathbb{A}_F^n$ 内の f により定義される**アフィン超曲面**とは

$$H_f \stackrel{\text{定義}}{=} \{(x_1,\ldots,x_n) \in \mathbb{A}_F^n \mid f(x_1,\ldots,x_n) = 0\}$$

によって定義されるものである．数 $n-1$ は H_f の**次元**と呼ばれる．$n=2$ のとき，すなわち，1 次元のとき，H_f は**アフィン曲線**と呼ばれる．

アフィン空間と対になる概念が**射影空間**である．F 上の n 次元射影空間とは

$$\mathbb{A}_F^{n+1} - \{(0,0,\ldots,0)\}$$

の元に

$$(x_0,x_1,\ldots,x_n) \sim (x_0',x_1',\ldots,x_n') \iff$$
$$x_i' = \lambda x_i \quad (i=0,\ldots,n) \text{ となる } \lambda \in F^\times \text{ が存在する}$$

で同値関係を定義したときの同値類の集合で，$\mathbb{P}_F^n$ で表される．言い換えれば，集合として $\mathbb{P}_F^n$ は，$\mathbb{A}_F^{n+1}$ 内の原点を通る直線全体の集合である．

$\mathbb{A}_F^n$ は，写像 $(x_1,\ldots,x_n) \mapsto (1,x_1,\ldots,x_n)$ により，集合 $\mathbb{P}_F^n$ の中に埋め込むことができる．$\mathbb{A}_F^n$ の像は，x_0 座標が 0 となる $(n+1)$ 組の同値類，すなわち「無限遠における超平面」を取り除いたものになっている．その超平面は，1 対 1 対応

$$(0, x_1, \ldots, x_n) \text{ の同値類} \longmapsto (x_1, \ldots, x_n) \text{ の同値類}$$

により，$\mathbb{P}_F^{n-1}$ のコピーと見ることができる．(たとえば，$n=2$ のときは，$\mathbb{P}_F^2$ はアフィン平面に「無限遠直線」を付け加えたものと考えることができる．) この方法を続けて，$\mathbb{P}_F^n$ を共通部分のない和集合

$$\mathbb{A}_F^n \cup \mathbb{A}_F^{n-1} \cup \mathbb{A}_F^{n-2} \cup \cdots \cup \mathbb{A}_F^1 \cup \text{点}$$

として書くことができる．

次数 d の**斉次多項式** $\widetilde{f}(X_0, \ldots, X_n) \in F[X_0, \ldots, X_n]$ とは**同じ総次数** d をもつ単項式の一次結合となっているものである．たとえば，$X_0^3 + X_0^2 X_1 - 3X_1 X_2 X_3 + X_3^3$ は，次数 3 の斉次多項式である．次数 d の多項式 $f(X_1, \ldots, X_n) \in F[X_1, \ldots, X_n]$ が与えられたとき，その**斉次化** (homogeneous completion) $\widetilde{f}(X_0, X_1, \ldots, X_n)$ とは，多項式

$$X_0^d f(X_1/X_0, \ldots, X_n/X_0)$$

のことであり，明らかに，次数 d の斉次多項式となっている．たとえば，多項式 $X_3^3 - 3X_1 X_2 X_3 + X_1 + 1$ の斉次化は，上に挙げた 3 次の斉次多項式になっている．

$\widetilde{f}(X_0, \ldots, X_n)$ を斉次多項式とする．もし，$\widetilde{f}(x_0, \ldots, x_n) = 0$ なら $\lambda \in F^\times$ に対して $\widetilde{f}(\lambda x_0, \ldots, \lambda x_n) = 0$ となる．したがって，$\widetilde{f}$ が 0 となる $\mathbb{P}_F^n$ の点の集合 (($n+1$) 組の同値類) ということが意味をもつ．その点集合 $\widetilde{H}_{\widetilde{f}}$ は $\widetilde{f}$ で定義された $\mathbb{P}_F^n$ 内の**射影超曲面**と呼ばれる．

$\widetilde{f}(X_0, \ldots, X_n)$ が $f(X_1, \ldots, X_n)$ の斉次化としたとき，$\widetilde{H}_{\widetilde{f}}$ は H_f の**射影完備化** (projective completion) と呼ばれる．直観的には，$\widetilde{H}_{\widetilde{f}}$ は，H_f に「H_f が向かっている無限遠の点を投入する」ことによって得られる．例として，($F = \mathbb{R}$ として) H_f を，双曲線

$$\frac{X_1^2}{a^2} - \frac{X_2^2}{b^2} = 1$$

とする．すると $\widetilde{f}(X_0, X_1, X_2) = X_1^2/a^2 - X_2^2/b^2 - X_0^2$ であり，$\widetilde{H}_{\widetilde{f}}$ は

$$\{(1, X_1, X_2) \mid X_1^2/a^2 - X_2^2/b^2 = 1\} \cup \{(0, 1, X_2) \mid X_2 = \pm b/a\}$$

となる．すなわち，H_f にその漸近線の傾きに対応する無限遠の直線上の点を付け加えたものである．

1. 超曲面とそのゼータ関数

K は F を含む任意の体とする．もし多項式の係数が F に入っていれば，それらはまた K に入っているから，H_f の「K-点 (K-points)」が考えられる．すなわち

$$H_f(K) \stackrel{\text{定義}}{=} \{(x_1,\ldots,x_n) \in \mathbb{A}_K^n \mid f(x_1,\ldots,x_n) = 0\}$$

が考えられる．もし $\widetilde{f}(X_0,\ldots,X_n)$ が斉次であれば，同様に，$\widetilde{H}_{\widetilde{f}}(K)$ も定義される．

ここでは，有限体 $F = \mathbb{F}_q$ と，その有限次拡大体 $K = \mathbb{F}_{q^s}$ を扱う．その場合 $H_f(K)$ と $\widetilde{H}_{\widetilde{f}}(K)$ は，有限個の点からなる．それは，$\mathbb{A}_K^n$ の中の n 組全体が有限個（すなわち，q^{sn} 個）しかないからである（$\mathbb{P}_K^n$ の点も有限個しかない）．以下の議論では，H_f（または $\widetilde{H}_{\widetilde{f}}$）を固定して考える．その場合，数列 $N_1, N_2, N_3, \ldots$ を H_f（または $\widetilde{H}_{\widetilde{f}}$）の $\mathbb{F}_q$-点，$\mathbb{F}_{q^2}$-点，$\mathbb{F}_{q^3}$-点，……の個数として定義する．すなわち

$$N_s \stackrel{\text{定義}}{=} \#(H_f(\mathbb{F}_{q^s}))$$

と定義する．

$\{N_s\}$ のような幾何学的，あるいは数論的に重要な整数列があれば，その数列 $\{N_s\}$ が伝えるすべての情報を，べき級数で表現する，いわゆる「生成関数」を構成することができる．これは，次の形式的べき級数で定義される「ゼータ関数」である[1]：

$$\exp\left(\sum_{s=1}^{\infty} N_s T^s/s\right) \in \mathbb{Q}[\![T]\!].$$

われわれは，この関数を $Z(H_f/\mathbb{F}_q; T)$ と書く．ここで $\mathbb{F}_q$ は，元来の体 F を表す．べき級数 $Z(H_f/\mathbb{F}_q; T)$ は，定数項 1 をもつことに注意せよ．

例を挙げる前に，いくつかの初等的な補題を証明する．

補題 1. $Z(H_f/\mathbb{F}_q; T)$ は $\mathbb{Z}$ に係数をもつ．

証明． H_f の K-点 $P = (x_1,\ldots,x_n)$ を考える（K は $\mathbb{F}_q$ の有限次拡大）．まず，すべての x_i が，$x_i \in \mathbb{F}_{q^{s_0}}$ となる最小の $s = s_0$ をとる．$P_j = (x_{1j},\ldots,x_{nj})$ ($j = 1,\ldots,s_0$) を P の「共役」とする．すなわち，$x_{i1}, \ldots, x_{is_0}$ は $x_i = x_{i1}$ の $\mathbb{F}_q$ 上の

---

[1] 合同ゼータ関数とも呼ばれる．

共役とする．すると，P_j はすべて異なる．なぜなら，もし x_i が $\mathbb{F}_q$ 上の $\mathbb{F}_{q^{s_0}}$ のある自己同型 σ で固定されたままであれば，x_i は $\mathbb{F}_{q^{s_0}}$ より小さな体（すなわち，σ の「固定体」$\{x \in \mathbb{F}_{q^{s_0}} \mid \sigma(x) = x\}$）に入ってしまうからである．

$P_1, \ldots, P_{s_0}$ の $Z(H_f/\mathbb{F}_q; T)$ への寄与を数えよう．これらの点は，上の s_0 に対して，$\mathbb{F}_{q^s} \supset \mathbb{F}_{q^{s_0}}$ のとき，すなわち $s_0 \mid s$ のときに限り，H_f の $\mathbb{F}_{q^s}$-点となる（第 III 章，§1 の練習問題 1）．したがって，P は $N_{s_0}, N_{2s_0}, N_{3s_0}, \ldots$ の中で s_0 個分寄与しているので，$Z(H_f/\mathbb{F}_q; T)$ に対しては

$$\exp\left(\sum_{j=1}^{\infty} s_0 T^{js_0}/js_0\right) = \exp(-\log(1 - T^{s_0})) = \frac{1}{1 - T^{s_0}} = \sum_{j=0}^{\infty} T^{js_0}$$

の寄与となる．ゼータ関数全体は，このタイプの級数（次数 $\leq s_0$ の T-項をもつものは有限個）の積であり，整係数をもつ． □

注意．証明の系として得られることとして，係数は**負ではない整数**となることに注意せよ．

補題 2．$Z(H_f/\mathbb{F}_q; T)$ の T^j の係数は $\leq q^{nj}$ である．

証明．N_s の最大値は $q^{ns} = \#\mathbb{A}^n_{\mathbb{F}_{q^s}}$ である．$Z(H_f/\mathbb{F}_q; T)$ の係数は，N_s を q^{ns} で置き換えた級数の係数以下である．しかし

$$\exp\left(\sum_{s=1}^{\infty} q^{ns} T^s/s\right) = \exp(-\log(1 - q^n T)) = 1/(1 - q^n T) = \sum_{j=0}^{\infty} q^{nj} T^j$$

となる． □

単純な例として，アフィン直線 $L = H_{X_1} \subset \mathbb{A}^2_{\mathbb{F}_q}$ のゼータ関数を計算してみよう．この場合 $N_s = q^s$ であるから

$$Z(L/\mathbb{F}_q; T) = \exp\left(\sum q^s T^s/s\right) = \exp(-\log(1 - qT)) = \frac{1}{1 - qT}$$

となる．

射影超曲面に対しても，ゼータ関数が同様に定義される．その場合，ゼータ関数 $Z(\widetilde{H}_{\tilde{f}}/\mathbb{F}_q; T)$ は

$$\widetilde{N}_s \overset{\text{定義}}{=} \#\left(\widetilde{H}_{\tilde{f}}(\mathbb{F}_{q^s})\right)$$

を用いて定義される. 例として, 射影直線 $\widetilde{L}$ に対して, ゼータ関数 $Z(\widetilde{L}/\mathbb{F}_q; T)$ を計算する. この場合, $\widetilde{N}_s = q^s + 1$ であるから

$$Z(\widetilde{L}/\mathbb{F}_q; T) = \exp\left(\sum (q^s T^s/s + T^s/s)\right) = \exp(-\log(1 - qT) - \log(1 - T))$$
$$= \frac{1}{(1 - T)(1 - qT)}$$

となる. 射影超曲面を扱うのは, アフィン超曲面を扱うより, ずっと自然であることがわかる.

たとえば, 単位円 $X_1^2 + X_2^2 = 1$ をとる. その射影完備化は $\widetilde{H}_{\widetilde{f}}: \widetilde{f} = X_1^2 + X_2^2 - X_0^2$ である. $Z(\widetilde{H}_{\widetilde{f}}/\mathbb{F}_q; T)$ を計算することは, $Z(H_f/\mathbb{F}_q; T)$ を計算するよりも容易である. (われわれは, $p = \mathrm{char}\,\mathbb{F}_q \neq 2$ と仮定する.) なぜ容易であるのか？ それは $\widetilde{H}_{\widetilde{f}}(K)$ と $\widetilde{L}(K)$ ($\widetilde{L}$ は射影直線) の間に 1 対 1 対応が存在するからである. この写像を構成するために, 図 V.1 にあるように, 単位円上の点を, その南極から直線 $X_2 = 1$ に射影してみる. 単純な計算により, $x_1 = 4t/(4 + t^2)$, $x_2 = (4 - t^2)/(4 + t^2)$, $t = 2x_1/(x_2 + 1)$ となる. この写像を考えるとき, 2 つのうまくいかない (goes bad) 状況が起きる. 一つは, $t^2 = -4$ となる場合である. これは実際, $q^s \equiv 1 \pmod{4}$ のときは, これを満たす t は 2 個あり, $q^s \equiv 3 \pmod{4}$ のときは, このような t は存在しない (第 III 章, §1 の練習問題 8 を見よ). もう

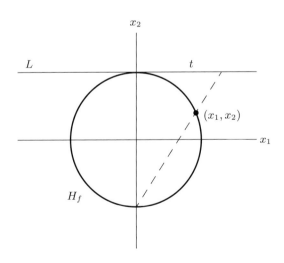

図 **V.1** 単位円の射影.

一つのうまくいかない状況は，$x_2 = -1, x_1 = 0$ の場合に起きる．しかし射影完備化をとり，(X_0, X_1, X_2) を完備化した円の座標とし，(X'_0, X'_1) を完備化した直線の座標とすると，次の対応が，完全な1対1対応を与えることが容易に確かめられる：

$$(x'_0, x'_1) \longmapsto (4x'^2_0 + x'^2_1, 4x'_0 x'_1, 4x'^2_0 - x'^2_1);$$

$$(x_0, x_1, x_2) \longmapsto \begin{cases} (x_2 + x_0, 2x_1), & (x_2 + x_0, 2x_1) \neq (0, 0) \text{ のとき}, \\ (0, 1), & \text{その他の場合}. \end{cases}$$

読者は，この対応が実際に，射影直線と $x_1^2 + x_2^2 - x_0^2 = 0$ を満たす3つ組 (x_0, x_1, x_2) の同値類の集合の間の1対1対応を与えることを，注意深く確かめるべきである．このようにして，N_s は，$\widetilde{H}_{\tilde{f}}$ に対しても，$\widetilde{L}$ に対しても同じであることがわかり

$$Z(\widetilde{H}_{\tilde{f}}/\mathbb{F}_q; T) = Z(\widetilde{L}/\mathbb{F}_q; T) = \frac{1}{(1-T)(1-qT)}$$

となる．

$Z(H_f/\mathbb{F}_q; T), f = X_1^2 + X_2^2 - 1$（アフィンの場合）を知りたければ，$\widetilde{N}_s$ から $\widetilde{H}_{\tilde{f}}$ 上の「無限遠」にある点，すなわち $x_1^2 + x_2^2 = x_0^2$ かつ $x_0 = 0$ となる点を引き算しなければならない．これらの点は -1 が $\mathbb{F}_{q^s}$ で平方根をもてば，2個あり，平方根をもたなければ存在しない．

ケース (1)．$q \equiv 1 \pmod 4$．この場合 -1 は $\mathbb{F}_{q^s}$ で平方根をもち（第 III 章, §1 の練習問題 8)，

$$N_s = \widetilde{N}_s - 2.$$

よって

$$Z(H_f/\mathbb{F}_q; T) = \frac{Z(\widetilde{H}_{\tilde{f}}/\mathbb{F}_q; T)}{\exp\left(\sum_{s=1}^{\infty} 2T^s/s\right)} = \frac{1/[(1-T)(1-qT)]}{1/(1-T)^2} = \frac{1-T}{1-qT}$$

となる．

ケース (2)．$q \equiv 3 \pmod 4$．この場合，s が奇数なら $N_s = \widetilde{N}_s$．s が偶数なら，$N_s = \widetilde{N}_s - 2$ となるから

1. 超曲面とそのゼータ関数　**151**

$$Z(H_f/\mathbb{F}_q;T) = \frac{Z(\widetilde{H}_{\tilde{f}}/\mathbb{F}_q;T)}{\exp\left(\sum_{s=1}^{\infty} 2T^{2s}/2s\right)} = \frac{1/[(1-T)(1-qT)]}{1/(1-T^2)} = \frac{1+T}{1-qT}$$

となる.

これらのすべての例, および以下の練習問題の例では, ゼータ関数はすべて有理関数, すなわち多項式の比となっていることが確かめられる. この事実は, 一般的に成り立つ重要な事実であり, 1960 年にドゥオークにより, p 進解析学の画期的な応用としてはじめて証明された.

定理（ドゥオーク）. 任意のアフィン（または射影）超曲面のゼータ関数は, $\mathbb{Q}$ 係数の多項式の比である（練習問題 5 を見よ. 上の多項式は実際は, $\mathbb{Z}$ 係数で定数項 1 にとれる. 練習問題 13 も見よ）.

この章の残りは, ドゥオークによる, この定理の証明に費やされる.

超曲面のゼータ関数は, アフィンや射影的な「代数多様体」を含む, より広いクラスの対象に対して一般化される. この場合, 代数多様体について考えるということは, 2 つ以上の連立多項式によって定義されるという点を除けば, 超曲面の場合と同様である. ドゥオークの定理は, 代数多様体についても成立する（練習問題 4）.

ドゥオークの定理は, 有限体上の多項式方程式系を解く際, 実用的に深い意味をもつ. これは, 複素数 $\alpha_1, \ldots, \alpha_t, \beta_1, \ldots, \beta_u$ からなる有限集合が存在し, **すべて**の $s = 1, 2, 3, \ldots$ について, $N_s = \sum_{i=1}^{t} \alpha_i^s - \sum_{i=1}^{u} \beta_i^s$ となることを意味する（練習問題 6 を見よ）. 言い換えれば, ある有限のデータ（α_i と β_i）が, すでに有限個の N_s によって決定されていれば, 残りの N_s を**すべて**予測する簡単な公式が得られることになる. 確かに, これを実際に使うには, 有理関数 $Z(H/\mathbb{F}_q;T)$ の分子と分母の次数の限界を知らなければならない（より詳細については, 練習問題 7–9 を見よ）. 実際, 重要なすべての場合において, ゼータ関数に関する分子と分母の次数, および多くの追加の知見が知られている. この知見は, 有名なヴェイユ予想[2]（現在では証明されているが, その証明については, 最も単純な場合であっても, 本書の範囲をはるかに超えている）に含まれている.

---

[2] A. Weil (1906–1998). フランスの数学者. 20 世紀を代表する数学者の一人. 数論, 代数幾何学に著しい業績を残した. この本の主題の一つであるヴェイユ予想（その一部, 後述の (iii)）は, 本文にもあるように, 本来のリーマン仮説の類似と見ることができる.

ゼータ関数の有理性は，ヴェイユが1949年に発表した一連の予想の一部である．有理性に関するドゥオークの証明は，ヴェイユ予想の証明に向けた最初の大きな一歩であった．最終段階として，ドゥリーニュ[3]が，代数多様体に関する，いわゆる「リーマン仮説」を証明したことは，四半世紀にわたるこの予想に関する精力的な研究の集大成であった．

n 次元射影超曲面 $\widetilde{H}_{\tilde{f}}$ が滑らか（すなわち，$\tilde{f}$ のすべての変数に関する偏微分が同時に零とはならない）である場合，ヴェイユ予想は，次を主張する：

(i)
$$Z(\widetilde{H}_{\tilde{f}}/\mathbb{F}_q;T) = P(T)^{\pm 1}/((1-T)(1-qT)(1-q^2T)\cdots(1-q^{n-1}T))$$

である．ここで $P(T) \in 1 + T\mathbb{Z}[T]$ は，次数 β で，β は超曲面の「トポロジー」に関係するものである（「ベッチ数」と呼ばれるもの．$\widetilde{H}_{\tilde{f}}$ が曲線の場合は，これは種数，または対応するリーマン面の把手 (handle) の個数の2倍である）．また ± 1 は，n が偶数のときは，$P(T)$，n が奇数のときは，$1/P(T)$ をとることを意味する．

(ii) α を $P(T)$ の逆根とすると，q^{n-1}/α もそうである．

(iii) $P(T)$ の逆根のそれぞれの複素絶対値は $q^{(n-1)/2}$ である．（これは，ヴェイユ予想の「リーマン仮説」部分と呼ばれ，リーマンのゼータ関数に関する古典的なリーマン仮説の類似である．練習問題15を見よ．）

練習問題

1. 点のゼータ関数はどのようなものか？ $Z(\mathbb{A}^n_{\mathbb{F}_q}/\mathbb{F}_q;T)$ はどうなるか？
2. $Z(\mathbb{P}^n_{\mathbb{F}_q}/\mathbb{F}_q;T)$ を計算せよ．
3. $f(X_1,\ldots,X_n) = X_n + g(X_1,\ldots,X_{n-1})$ とする．ここで $g \in \mathbb{F}_q[X_1,\ldots,X_{n-1}]$ である．このとき
$$Z(H_f/\mathbb{F}_q;T) = Z(\mathbb{A}^{n-1}_{\mathbb{F}_q}/\mathbb{F}_q;T)$$
を証明せよ．
4. $f_1(X_1,\ldots,X_n), f_2(X_1,\ldots,X_n),\ldots,f_r(X_1,\ldots,X_n) \in \mathbb{F}_q[X_1,\ldots,X_n]$ とし，$H_{\{f_1,\ldots,f_r\}}(\mathbb{F}_{q^s}) \subset \mathbb{A}^n_{\mathbb{F}_{q^s}}$ を $\mathbb{F}_{q^s}$ の元の n 組の集合で，すべての方程式 $f_i = 0$, $i = 1, 2, \ldots, r$ を満たすものとする：

---

[3] P. Deligne (1944–). ベルギーの数学者．グロタンディエクに師事．本文にもあるように，1974年にヴェイユ予想を解決した（その結果として，数論におけるラマヌジャン予想も解決された）．代数幾何学，数論などを含む広範囲の分野で業績を挙げた．1978年にフィールズ賞を受賞．

$H_{\{f_1,\ldots,f_r\}}(\mathbb{F}_{q^s})$
$\stackrel{\text{定義}}{=} \{(x_1,\ldots,x_n) \in \mathbb{A}_{\mathbb{F}_{q^s}}^n \mid f_1(x_1,\ldots,x_n) = \cdots = f_r(x_1,\ldots,x_n) = 0\}.$

このような H は（アフィン）代数多様体と呼ばれる．$N_s = \#H(\mathbb{F}_{q^s})$ とする（ここで H は $H_{\{f_1,\ldots,f_r\}}$ を略記したもの）．前のようにゼータ関数を $Z(H/\mathbb{F}_q;T) \stackrel{\text{定義}}{=} \exp(\sum_{s=1}^{\infty} N_s T^s/s)$ で定義する．アフィン超曲面に対するドゥオークの定理から，アフィン代数多様体に対するドゥオークの定理が導かれることを証明せよ．

5. アフィン超曲面に対するドゥオークの定理が成立すれば，射影超曲面に対しても成り立つことを証明せよ．

6. ドゥオークの定理は，次と同値であることを証明せよ：代数的複素数 $\alpha_1, \ldots, \alpha_t, \beta_1, \ldots, \beta_u$ で，各 α の共役はある α，各 β の共役はある β であり
$$N_s = \sum_{i=1}^{t} \alpha_i^s - \sum_{i=1}^{u} \beta_i^s \quad (s = 1, 2, 3, \ldots)$$
が成り立つものが存在する．

7. 滑らかな 3 次元射影曲線 $\widetilde{E} = \widetilde{H}_{\tilde{f}}$ を考える（したがって，$\dim \widetilde{E} = 1$，$\deg \tilde{f} = 3$ で，$\widetilde{E}$ は「楕円曲線」と呼ばれる）．$\widetilde{E}$ のゼータ関数は，つねに，ある $a \in \mathbb{Z}$ により $(1 + aT + qT^2)/[(1-T)(1-qT)]$ と書けることが知られている．$\widetilde{E}(\mathbb{F}_q)$ の個数がわかれば，次が決定できることを示せ．(1) a の値．(2) 任意の s に対する $\#\widetilde{E}(\mathbb{F}_{q^s})$．

8. 前問で述べた事実を用いて，$f(X_1, X_2)$ が次で与えられたものであるとき，$Z(\widetilde{H}_{\tilde{f}}/\mathbb{F}_q; T)$ を求めよ．
   (i) $X_2^3 - X_1^3 - 1$ で $q \equiv 2 \pmod{3}$．
   (ii) $X_2^2 - X_1^3 + X_1$ で $q \equiv 3 \pmod 4$ または $q = 5, 13, 9$．

9. $Z(H/\mathbb{F}_q; T)$ が有理関数で，その分子の次数が m，その分母の次数が n であるものとする．このとき，もし $N_s = \#H(\mathbb{F}_{q^s})$ が，$s = 1, 2, 3, \ldots, m+n$ に対して与えられれば，他のすべての N_s が決定されることを証明せよ．

10. H_f が
$$X_1 X_4 - X_2 X_3 = 1$$
で定義される 3 次元超曲面であるとき，$Z(H_f/\mathbb{F}_q; T)$ を計算せよ．

11. H_f が次で定義される曲線であるとき，$Z(H_f/\mathbb{F}_q; T)$ と $Z(\widetilde{H}_{\tilde{f}}/\mathbb{F}_q; T)$（$\tilde{f}$ は f の斉次化）を計算せよ．
   (i) $X_1 X_2 = 0$ (ii) $X_1 X_2 (X_1 + X_2 + 1) = 0$ (iii) $X_2^2 - X_1^2 = 1$
   (iv) $X_2^2 = X_1^3$ (v) $X_2^2 = X_1^3 + X_1^2$

12. $\mathbb{P}^3$ 内の直線は，相異なる 2 つの超平面の交差として得られる．すなわち，2 つの線形斉次多項式を同時に満たすような元の 4 つ組の同値類として定義される．N_s を $\mathbb{P}_{q^s}^3$ 内の直線の個数とする．前のような N_s によるゼータ関数の定義を用いて，3 次元射影空間内の直線の集合のゼータ関数を計算せよ．

13. 第 IV 章 §4 の練習問題 12 を用いて，次の事実が導かれることを示せ．ドゥオークの定理と補題 1 から，ドゥオークの定理が，その主張の中の「$\mathbb{Q}$ に係数をもつ」という部分を「$\mathbb{Z}$ に係数をもち，定数項が 1」に置き換えても成立する．

14. H_f を $X_2^2 = X_1^5 + 1$ で与えられるものとし，p を $p \equiv 3$ または 7 $\pmod{10}$ となるものとする．種数 2 の曲線 H_f に対するヴェイユ予想を仮定し，次を証明せよ．

$$Z(\widetilde{H}_{\bar{f}}/\mathbb{F}_p; T) = \frac{1+p^2 T^4}{(1-T)(1-pT)}.$$

15. $\widetilde{H}_{\bar{f}}$ を滑らかな射影曲線とする．$Z(\widetilde{H}_{\bar{f}}/\mathbb{F}_q; T)$ に対するヴェイユ予想（曲線については，一般的な場合よりずっと以前に証明されていた）を仮定して，次の事実を示せ．複素変数 s の複素関数

$$F(s) \stackrel{\text{定義}}{=} Z(\widetilde{H}_{\bar{f}}/\mathbb{F}_q; q^{-s})$$

の零点は，すべて直線 $\operatorname{Re} s = \frac{1}{2}$ 上にある．この事実は，ヴェイユ予想の (iii) 部分に対する「リーマン仮説」という名前の由来を説明している．

2. 指標とその持ち上げ

有限群 G の **Ω-値指標**とは，群 G から乗法群 $\Omega^\times$ への準同型写像のことである．ここで $\Omega^\times$ は，Ω の零元以外の元がなす乗法群である．任意の $g \in G$ に対して $g^{g\text{の位数}} = 1$ であるから，一つの指標に関する G の像は Ω 内の 1 のべき根でなければならない．たとえば，G を加法群 $\mathbb{F}_p$ とし，ε を Ω の一つの p 乗根，$\tilde{a}$ を $a \in \mathbb{F}_p$ の 0 でない最小剰余としたとき，写像 $a \mapsto \varepsilon^{\tilde{a}}$ は $\mathbb{F}_p$ の指標となる．以下では，波線を省略して $a \mapsto \varepsilon^a$ と書くことにする．$\varepsilon \neq 1$ のとき，指標は「非自明」である，すなわち，その像は 1 だけではない．

$\mathbb{F}_q$ を $q = p^s$ 個の元をもつ有限体とする．すると，$a \in \mathbb{F}_q$ に対して，$\sigma_i(a) = a^{p^i}$ で定義される $s = [\mathbb{F}_q : \mathbb{F}_p]$ 個の $\mathbb{F}_q$ の自己同型写像 $\sigma_0, \ldots, \sigma_{s-1}$ が存在することを，われわれは知っている（第 III 章，§1 の練習問題 6）．$a \in \mathbb{F}_q$ に対して，a の**トレース** (trace) $\operatorname{Tr} a$ とは

$$\operatorname{Tr} a \stackrel{\text{定義}}{=} \sum_{i=0}^{s-1} \sigma_i(a) = a + a^p + a^{p^2} + \cdots + a^{p^{s-1}}$$

を意味するものとする．$(\operatorname{Tr} a)^p = \operatorname{Tr} a$，すなわち $\operatorname{Tr} a \in \mathbb{F}_p$ なること，また $\operatorname{Tr}(a+b) = \operatorname{Tr} a + \operatorname{Tr} b$ となることは容易にわかる．したがって，

$$a \longmapsto \varepsilon^{\operatorname{Tr} a}$$

で定義される写像が，加法群 $\mathbb{F}_q$ の Ω-値指標となることが導かれる．

以下の事実を思い出そう．任意の $a \in \mathbb{F}_q$ に対して，ただ一つのタイヒミュラー代表元 $t \in \Omega$ で，1 の $(q-1)$ 乗根で生成される $\mathbb{Q}_p$ の不分岐拡大体 K に含まれ，

$t^q = t$ かつ t を mod p で還元したものが a となるようなものが存在する．この節の目的は，p 進べき級数 $\Theta(T)$ で，$T = t$ における値が $\varepsilon^{\mathrm{Tr}\, a}$ となるものを見つけることである．(より正確に述べれば，$\Theta(T)\Theta(T^p)\Theta(T^{p^2})\cdots\Theta(T^{p^{s-1}})$ の値であって，$T = t$ における値が，$\varepsilon^{\mathrm{Tr}\, a}$ となるものである．)

そこで $a \in \mathbb{F}_q^\times$ を固定し，$t \in K$ を対応するタイヒミュラー代表元とする．Tr_K を $\mathbb{Q}_p$ 上の K の元のトレースを表すものとする．すなわち，その共役の和とする．すると，われわれのタイヒミュラー代表元 t に対し

$$\mathrm{Tr}_K\, t = t + t^p + t^{p^2} + \cdots + t^{p^{s-1}} \in \mathbb{Z}_p$$

となり (§4 の練習問題 1 を見よ)，$\mathrm{Tr}_K\, t$ の mod p の還元は

$$a + a^p + a^{p^2} + \cdots + a^{p^{s-1}} = \mathrm{Tr}\, a \in \mathbb{F}_p$$

となる．$\mathbb{Z}_p$ でべき乗した ε は，mod p の剰余類にのみ依存するので $\varepsilon^{\mathrm{Tr}\, a} = \varepsilon^{\mathrm{Tr}_K\, t}$ と書くことができる．

$\lambda = \varepsilon - 1$ とおく．$\mathrm{ord}_p\, \lambda = 1/(p-1)$ となることがわかっている (第 III 章，§4 の練習問題 7)．

$$(1 + \lambda)^{t + t^p + t^{p^2} + \cdots + t^{p^{s-1}}} = \varepsilon^{\mathrm{Tr}\, a}$$

に対する p 進表示を求めたい．素朴な方法は

$$g(T) = (1 + \lambda)^T = \sum_{i=0}^\infty \frac{T(T-1)\cdots(T-i+1)}{i!} \lambda^i$$

とおき，級数 $g(T)g(T^p)g(T^{p^2})\cdots g(T^{p^{s-1}})$ をとることであろう．しかし問題は，われわれの関心事である $T = t$ という値に対する無限和 $g(T)$ を，どのように理解するかである．$t \notin \mathbb{Z}_p$ とすると，すなわち，その剰余 a が $\mathbb{F}_p$ に入らないとすると，明らかに，すべての $i \in \mathbb{Z}$ に対して，$|t - i|_p = 1$ となり，

$$\mathrm{ord}_p\, \frac{t(t-1)\cdots(t-i+1)}{i!} \lambda^i = i\, \mathrm{ord}_p\, \lambda - \frac{i - S_i}{p-1} = \frac{S_i}{p-1}$$

であり，これは $\to \infty$ とはならない．

われわれがしなければならないことは，第 IV 章 §2 の最後で導入した，よい振舞いをする級数 $F(X, Y)$ を用いることである：

$$F(X,Y) = (1+Y)^X(1+Y^p)^{(X^p-X)/p}(1+Y^{p^2})^{(X^{p^2}-X^p)/p^2}\cdots$$
$$\times (1+Y^{p^n})^{(X^{p^n}-X^{p^{n-1}})/p^n}\cdots.$$

ここで，右辺の各項は，対応する $\mathbb{Q}[\![X,Y]\!]$ 内の 2 項級数として理解することを思い出そう．$F(X,Y)$ を固定された X に対する Y の級数と考える：

$$F(X,Y) = \sum_{n=0}^{\infty}\left(X^n \sum_{m=n}^{\infty} a_{m,n} Y^m\right), \quad a_{m,n} \in \mathbb{Z}_p.$$

この表示では，$a_{m,n}$ について，$m \geq n$ のときに限り $a_{m,n} \neq 0$ であるという事実を用いている．この事実は級数 $B_{(X^{p^n}-X^{p^{n-1}})/p^n,p}(Y^{p^n})$ の各項，すなわち

$$\frac{X^{p^n}-X^{p^{n-1}}}{p^n}\left(\frac{X^{p^n}-X^{p^{n-1}}}{p^n}-1\right)\cdots\left(\frac{X^{p^n}-X^{p^{n-1}}}{p^n}-i+1\right)\frac{Y^{ip^n}}{i!}$$

の X のべきは，そのべき指数が，Y のべき Y^{ip^n} のべき指数以下のものしか出てこないことから導かれる．

$\lambda = \varepsilon - 1$, $\mathrm{ord}_p \lambda = 1/(p-1)$ を思い出そう．

$$\Theta(T) = F(T,\lambda) = \sum_{n=0}^{\infty} a_n T^n$$

とおく．ここで $a_n = \sum_{m=n}^{\infty} a_{m,n} \lambda^m$ である．明らかに，$\mathrm{ord}_p a_n \geq n/(p-1)$ となる．なぜなら，a_n の各項は λ^n で割り切れるからである．また，体 $\mathbb{Q}_p(\varepsilon) = \mathbb{Q}_p(\lambda)$ は完備であるから，$a_n \in \mathbb{Q}_p(\varepsilon)$ となり，$\Theta(T) \in \mathbb{Q}_p(\varepsilon)[\![T]\!]$ が導かれる．$\mathrm{ord}_p a_n \geq n/(p-1)$ であるから，$\Theta(T)$ は $t \in D(p^{1/(p-1)-})$ で収束する．

固定した，われわれの t に対して，次の級数を考える：

$$(1+Y)^{t+t^p+\cdots+t^{p^{s-1}}} \stackrel{\text{定義}}{=} B_{t+t^p+\cdots+t^{p^{s-1}},p}(Y).$$

$\Omega[\![Y]\!]$ 内の，次の形式的等式は，容易に証明される：

$$(1+Y)^{t+t^p+\cdots+t^{p^{s-1}}} = F(t,Y)F(t^p,Y)\cdots F(t^{p^{s-1}},Y).$$

右辺を計算すると，べき指数の消去などにより

$$(1+Y)^{t+t^p+\cdots+t^{p^{s-1}}}(1+Y^p)^{(t^{p^s}-t)/p}(1+Y^{p^2})^{(t^{p^{s+1}}-t^p)/p^2}$$
$$\times (1+Y^{p^3})^{(t^{p^{s+2}}-t^{p^2})/p^3}\cdots$$

となる．ここで $t^{p^s} = t$ であるから，求めている等式が得られる．

このようにして，$\Theta(T)\Theta(T^p)\cdots\Theta(T^{p^{s-1}})$ において，T に t を代入することにより，

$$F(t,\lambda)F(t^p,\lambda)\cdots F(t^{p^{s-1}},\lambda) = (1+\lambda)^{t+t^p+\cdots+t^{p^{s-1}}}$$
$$= \varepsilon^{\operatorname{Tr} a}$$

が得られる．

結果をまとめると，よい性質をもつ p 進べき級数 $\Theta(T) = \sum a_n T^n \in \mathbb{Q}_p(\varepsilon)[\![T]\!]$ で次のようなものが見つけられた．$\operatorname{ord}_p a_n \geq n/(p-1)$ を満たし，$\mathbb{F}_q$ の指標 $a \mapsto \varepsilon^{\operatorname{Tr} a}$ を $\Theta(T)\cdot\Theta(T^p)\cdots\Theta(T^{p^{s-1}})$ の，a のタイヒミュラー持ち上げにおいて評価できる．Θ は，$\mathbb{F}_q$ の指標を Ω 上（より正確には，Ω 内のある円板で，閉単位円板を含み，したがって，すべてのタイヒミュラー代表元を含むもの）の関数に「持ち上げた」ものと考えられる．

解析学の概念は，直接的には，有限体ではなく p 進体に適用されるので，Θ のような持ち上げは重要である．有限体上で定義された超曲面のゼータ関数のような，有限体に関係する状況を，p 進体に持ち上げることができれば，それを用いた解析が可能になる．この持ち上げ Θ が，（たとえば，開単位円板だけでなく）少なくとも閉単位円板上で収束することが，いかに重要であるかに注目してほしい．実際，われわれが興味をもつタイヒミュラー代表元は，半径 1 の円周上にある．

3. べき級数のなすベクトル空間上のある線形写像

R を Ω 上で n 個の不定元をもつ形式的べき級数環とする：

$$R \stackrel{\text{定義}}{=} \Omega[\![X_1, X_2, \ldots, X_n]\!].$$

単項式 $X_1^{u_1} X_2^{u_2} \cdots X_n^{u_n}$ を X^u で表そう．ここで u は，非負整数の n 組 $(u_1, \ldots, u_n)$ を表す．R の元は，$\sum a_u X^u$ と書かれる．ここで u は，順序付けられた非負整数の n 組の全体の集合 U にわたり，$a_u \in \Omega$ である．

R は，Ω 上の無限次元ベクトル空間となることに注意せよ．各 $G \in R$ に対して，

158 第 V 章 有限体上の方程式の集合に対するゼータ関数の有理性

$$r \longmapsto Gr$$

によって，R から R への線形写像が定義される．すなわち，R 内で，固定されたべき級数 G を掛けることによって定義される線形写像で，この写像も G で表すことにする．

次に，任意の正の整数 q（応用上は，q は素数 p のべき）に対して，線形写像 $T_q: R \to R$ を

$$r = \sum a_u X^u \longmapsto T_q(r) = \sum a_{qu} X^u$$

により定義する．ここで qu は $(qu_1, qu_2, \ldots, qu_n)$ で定義される n 組を表す．たとえば，$n = 1$ のときは，項 X^j で，q で割り切れないような j に対する X^j を取り去り，$q \mid j$ となる X^j については，それを $X^{j/q}$ で置き換えたものになる．

ここで $\Psi_{q,G} \stackrel{\text{定義}}{=} T_q \circ G : R \to R$ とする．もし $G = \sum_{w \in U} g_w X^w$ であれば，$\Psi_{q,G}$ は，元 X^u に対しては

$$\Psi_{q,G}(X^u) = T_q \left(\sum_{w \in U} g_w X^{w+u} \right) = \sum_{v \in U} g_{qv-u} X^v$$

で定義される線形写像である．（ここで，n 組 $qv - u$ が，U に入っていなければ，すなわち，負成分をもてば，g_{qv-u} は 0 とする．）

$G_q(X)$ をべき級数 $G(X^q) = \sum_{w \in U} g_w X^{qw}$ を表すものとする．次の関係式は容易に確かめられる（練習問題 7）：

$$G \circ T_q = T_q \circ G_q = \Psi_{q,G_q}.$$

U 上の関数 $|\ |$ を，$|u| = \sum_{i=1}^n u_i$ で定義する．

$$R_0 \stackrel{\text{定義}}{=} \left\{ G = \sum_{w \in U} g_w X^w \in R \ \middle| \ \begin{array}{l} M > 0 \text{ が存在し，} \\ \text{すべての } w \in U \text{ について } \mathrm{ord}_p\, g_w > M|w| \end{array} \right\}$$

とおく．R_0 が乗法と写像 $G \mapsto G_q$ で閉じていることを，確かめることは容易である．R_0 に含まれるべき級数は，すべての変数が $D(1)$ より真に大きな円板に入っているとき，収束しなければならないという事実に注意せよ．R_0 に入る重要な例は，$\Theta(aX^w)$ である．ただし，ここで X^w は，$X_1, \ldots, X_n$ に関する任意の単項式で，a は $D(1)$ 内の元である（練習問題 2）．

V を体 F 上の有限次ベクトル空間とし，(a_{ij}) を線形写像 $A\colon V \to V$ のある基に関する行列とするとき，A の**トレース** (trace) は

$$\operatorname{Tr} A \stackrel{\text{定義}}{=} \sum a_{ii},$$

すなわち，主対角成分の和として定義される（この和が，基の取り方によらないことや，他の基本的事実については，Herstein, *Topics in Algebra* の第 6 章を参照）．($\mathbb{F}_q$ 内の元のトレースと同じ記号 Tr を使用しても，混乱は生じないはずである．なぜなら文脈から何を意味しているかがつねに明らかだからである．）F が距離をもてば，**無限行列** A のトレースを，対応する和 $\sum_{i=1}^{\infty} a_{ii}$ が収束する，という仮定のもとで考えることができる．

補題 3. $G \in R_0$, $\Psi = \Psi_{q,G}$ とする．すると $\operatorname{Tr}(\Psi^s)$ は $s = 1, 2, 3, \ldots$ に対して収束し，

$$(q^s - 1)^n \operatorname{Tr}(\Psi^s) = \sum_{\substack{x \in \Omega^n \\ x^{q^s-1}=1}} G(x) \cdot G(x^q) \cdot G(x^{q^2}) \cdots G(x^{q^{s-1}})$$

が成り立つ．ここで，$x = (x_1, \ldots, x_n)$, $x^{q^i} = (x_1^{q^i}, \ldots, x_n^{q^i})$ で，$x^{q^s-1} = 1$ は，$j = 1, 2, \ldots, n$ について $x_j^{q^s-1} = 1$ を意味する．

証明．まず，補題を $s = 1$ のときに証明し，一般の場合を，この特別な場合に帰着させる．$\Psi(X^u) = \sum_{v \in U} g_{qv-u} X^v$ であるから

$$\operatorname{Tr} \Psi = \sum_{u \in U} g_{(q-1)u}$$

が得られ，R_0 の定義より，明らかに収束する．

次に，補題の等式の右辺を考える．第一に，$i = 1, 2, \ldots, n$ に対して

$$\sum_{\substack{x_i \in \Omega \\ x_i^{q-1}=1}} x_i^{w_i} = \begin{cases} q-1, & q-1 \text{ が } w_i \text{ を割り切るとき}; \\ 0, & \text{その他の場合}, \end{cases}$$

が得られる（練習問題 6）．よって

$$\sum_{\substack{x \in \Omega^n \\ x^{q-1}=1}} x^w = \prod_i \left(\sum_{\substack{x_i^{q-1}=1}} x_i^{w_i} \right) = \begin{cases} (q-1)^n, & q-1 \text{ が } w \text{ を割り切るとき}; \\ 0, & \text{その他の場合}. \end{cases}$$

したがって

$$\sum_{x^{q-1}=1} G(x) = \sum_{w \in U} g_w \sum_{x^{q-1}=1} x^w = (q-1)^n \sum_{u \in U} g_{(q-1)u} = (q-1)^n \operatorname{Tr} \Psi$$

で, これは, 補題を $s=1$ のときに証明している.

そこで, $s>1$ と仮定する. 次が得られる:

$$\begin{aligned}\Psi^s &= T_q \circ G \circ T_q \circ G \circ \Psi^{s-2} = T_q \circ T_q \circ G_q \circ G \circ \Psi^{s-2} \\ &= T_{q^2} \circ G \cdot G_q \circ \Psi^{s-2} = T_{q^2} \circ T_q \circ (G \cdot G_q)_q G \circ \Psi^{s-3} \\ &= T_{q^3} \circ G \cdot G_q \cdot G_{q^2} \circ \Psi^{s-3} = \cdots = T_{q^s} \circ G \cdot G_q \cdot G_{q^2} \cdots G_{q^{s-1}} \\ &= \Psi_{q^s, G \cdot G_q \cdot G_{q^2} \cdots G_{q^{s-1}}}.\end{aligned}$$

q を q^s で, G を $G \cdot G_q \cdot G_{q^2} \cdots G_{q^{s-1}}$ で置き換えれば, 一般な場合の補題が得られる. □

A を体 F に成分をもつ $r \times r$ 行列とし, T を不定元としたとき, 行列 $(1-AT)$ は, $F[T]$ の元を成分にもつ $r \times r$ 行列である (ここで, 1 は r 次単位行列を表す). これは, A で定義される F^r 上の線形写像を考える際に, 一つの役割を果たす. 任意に T に具体的な値 $t \in F$ を考えたとき, $\det(1-At)$ が 0 となることと, $0=(1-At)v = v - tAv$ となる零ベクトルでない $v \in F^r$ が存在することとが同値であり, これはまた, $Av = (1/t)v$ であること, すなわち $1/t$ が, A の固有値であることとが同値である. $A = (a_{ij})$ なら

$$\det(1-AT) = \sum_{m=0}^{r} b_m T^m$$

となる. ただし

$$b_m = (-1)^m \sum_{\substack{1 \le u_1 < \cdots < u_m \le r \\ \sigma \text{ は } u_i \text{ たちの置換}}} \operatorname{sgn}(\sigma) a_{u_1, \sigma(u_1)} a_{u_2, \sigma(u_2)} \cdots a_{u_m, \sigma(u_m)}.$$

(ここで, $\operatorname{sgn}(\sigma)$ は $+1$ または -1 で, 置換 σ が偶数個の互換の積で表示されれば $+1$, 奇数個の積で表されれば -1 として定義されるものである[4].)

ここで, $A = (a_{ij})_{i,j=1}^{\infty}$ を, 無限「正方」行列とし, $F = \Omega$ とする. 上で述べた $\det(1-AT)$ に対する表示は, この場合 b_m を与える式 (これは, u_i の条件から

---

[4] sgn は, 置換の「符号」と呼ばれているものである.

「$\leq r$」を取り除いて定義される．したがって無限級数になる）が収束する限り，$\Omega[\![T]\!]$ 内の形式的べき級数として意味をもつ．

われわれは，以上の概念を，$A = (g_{qv-u})_{v,u \in U}$ が，$\Psi = T_q \circ G$ ($G \in R_0$, すなわち $\mathrm{ord}_p g_w \geq M|w|$) の「行列」の場合に適用する．すると，$b_m$ に対する表示の項の，p 進位数に関する次の評価が得られる．

$$\mathrm{ord}_p[g_{q\sigma(u_1)-u_1} \cdot g_{q\sigma(u_2)-u_2} \cdots g_{q\sigma(u_m)-u_m}]$$
$$\geq M[|q\sigma(u_1)-u_1| + |q\sigma(u_2)-u_2| + \cdots + |q\sigma(u_m)-u_m|]$$
$$\geq M[\sum q|\sigma(u_i)| - \sum |u_i|] = M(q-1)\sum |u_i|.$$

(G が n 個の不定元の級数とするとき，各 u_i は非負整数の n 組 $u_i = (u_{i1}, \ldots, u_{in})$ で，$|u_i| = \sum_{j=1}^n u_{ij}$ であることに注意．）これは

$$m \longrightarrow \infty \text{ のとき}, \quad \mathrm{ord}_p b_m \longrightarrow \infty$$

を示し，また

$$m \longrightarrow \infty \text{ のとき}, \quad \frac{1}{m}\mathrm{ord}_p b_m \longrightarrow \infty$$

も示している．後半の関係が成り立つ理由は，次の通りである．すなわち，与えられた値 $|u|$ をもつ u が有限個であることを考慮に入れると，**異なる** u_i の集合上を動かしたときの $|u|$ の平均，すなわち $(1/m)\sum_{i=1}^m |u_i|$ が無限大に近づくことがわかるからである．

これは

$$\det(1-AT) = \sum_{m=0}^\infty b_m T^m$$

が矛盾なく定義されること（すなわち，各 b_m が収束すること），さらに，これが無限大の収束半径をもつことを示している．

ここで，われわれは，もう一つの重要な補助的結果を証明する．すなわち，$\Omega[\![T]\!]$ 内の形式的べき級数に関する等式

$$\det(1-AT) = \exp_p\left(-\sum_{s=1}^\infty \mathrm{Tr}(A^s)T^s/s\right)$$

が成立するという事実である．これは，最初に有限行列 A に対して，次に (g_{qv-u}) に対して示される．

これを示すために，まず，行列式やトレースが，可逆行列で共役をとること：$A \mapsto CAC^{-1}$，すなわち，基の変換に関して不変であることを思い出そう（Hernstein の本の第 6 章）．さらに Ω のような代数閉体上では，A が上半三角行列（主対角成分の下の成分がすべて 0）となるような基の変換がとれる（たとえば，ジョルダン標準形）．したがって，一般性を失わずに，$A = (a_{ij})_{i,j=1}^{r}$ は，上半三角行列と仮定してよい．すると上記の等式の左辺は $\prod_{i=1}^{r}(1 - a_{ii}T)$ の形をとる．一方では $\mathrm{Tr}(A^s) = \sum_{i=1}^{r} a_{ii}^s$ だから，右辺は

$$\exp_p\left(-\sum_{s=1}^{\infty}\sum_{i=1}^{r} a_{ii}^s T^s \big/ s\right) = \prod_{i=1}^{r} \exp_p\left(-\sum_{s=1}^{\infty}(a_{ii}T)^s\big/s\right)$$
$$= \prod_{i=1}^{r} \exp_p(\log_p(1 - a_{ii}T)) = \prod_{i=1}^{r}(1 - a_{ii}T)$$

となり，A が有限行列のとき，等式が証明された．

A が無限行列の場合は，練習問題として残しておこう（練習問題 8）．

要約すると，次の補題が得られた．

補題 4. $G(X) = \sum_{w \in U} g_w X^w \in R_0, \Psi = T_q \circ G$ とし，Ψ は，行列 $A = (g_{qv-u})_{v,u \in U}$ をもつとする．すると $\det(1 - AT)$ は矛盾なく定義された，収束半径無限の $\Omega[\![T]\!]$ の元となり，

$$\exp_p\left\{-\sum_{s=1}^{\infty} \mathrm{Tr}(A^s)T^s\big/s\right\}$$

と一致する．

4. ゼータ関数についての p 進解析的表示

ここで，$f(X_1, \ldots, X_n) \in \mathbb{F}_q[X_1, \ldots, X_n]$ で定義される任意の超曲面 H_f に対するゼータ関数

$$Z(H_f/\mathbb{F}_q; T) \in \mathbb{Z}[\![T]\!] \subset \Omega[\![T]\!]$$

4. ゼータ関数についての p 進解析的表示　163

が，無限の収束半径をもつ $\Omega[\![T]\!]$ 内の 2 つのべき級数の商であることを示そう．(代替用語：**p 進有理型** (p-adic meromorphic) 関数とは，2 つの p 進整関数の商として表せる関数とする.)

われわれは，上の事実を変数の個数 n (すなわち，超曲面 H_f の次元 $n-1$) に関する帰納法で示す．主張は $n=0$ ならば，明らかである（すなわち，H_f は空集合）．$1, 2, \ldots, n-1$ 変数に関しては，主張は成り立つと仮定する．われわれは，

$$Z(H_f/\mathbb{F}_q; T) = \exp\left(\sum N_s T^s/s\right)$$

に対する主張を証明する代わりに，次で定義されるものに対して証明すれば，十分であることを示そう：

$$Z'(H_f/\mathbb{F}_q; T) \stackrel{\text{定義}}{=} \exp\left(\sum_{s=1}^{\infty} N'_s T^s/s\right).$$

ここで

$$N'_s \stackrel{\text{定義}}{=} f(x_1, \ldots, x_n) = 0 \text{ を満たす } (x_1, \ldots, x_n) \in \mathbb{F}_{q^s}^n \text{ で}$$
$$\text{すべての } x_i \text{ が零ではないものの個数}$$
$$= f(x_1, \ldots, x_n) = 0 \text{ を満たす } (x_1, \ldots, x_n) \in \mathbb{F}_{q^s}^n \text{ で}$$
$$x_i^{q^s-1} = 1, (i=1,\ldots,n) \text{ となるものの個数.}$$

$Z'(H_f/\mathbb{F}_q; T)$ と $Z(H_f/\mathbb{F}_q; T)$ はどれだけ異なっているのであろうか？　実際

$$Z(H_f/\mathbb{F}_q; T) = Z'(H_f/\mathbb{F}_q; T) \cdot \exp\left(\sum (N_s - N'_s) T^s/s\right)$$

であり，右辺の exp 因子は，$f(x_1,\ldots,x_n)=0$, $x_i=0$ で定義される n 個の超曲面 H_i ($i=1,\ldots,n$) の和 (union) に対する超曲面のゼータ関数である．H_i は $\mathbb{A}_{\mathbb{F}_q}^n$ において，$x_i=0$ という方程式で与えられる $(n-1)$ 次元アフィン空間のコピーであるか (これは，$f(x_1,\ldots,x_n)$ で割り切れる場合)，そうでなければ，低次元 ($(n-2)$ 次元) の超曲面であることに注意せよ．最初に述べた場合は，そのゼータ関数は，具体的に知られている (§1 の練習問題 1)．後で述べた場合は，(次元に関する) 帰納法の仮定より，そのゼータ関数が有理型であることがわかる．H_i の和に対するゼータ関数については，H_i それぞれのゼータ関数の積を，H_i と H_j ($i \neq j$) の重複 (すなわち，$X_i = X_j = 0$ で定義された $\mathbb{A}_{\mathbb{F}_q}^n$ のコピーと $f(x_1,\ldots,x_n)=0$

で定義された超曲面) のゼータ関数で割り，次に3重に重複したゼータ関数の積を掛け算し，さらに4重に重複したゼータ関数の積で割る．しかし，ここに現れるゼータ関数は，帰納法の仮定と，アフィン空間のゼータ関数の具体的公式より，すべて p 進有理型関数である．よって，もし Z' が p 進有理型関数であることが示されれば，Z も同様に p 進有理型関数であることが証明されたことになる．同様の議論については，§1 の練習問題 4–5 を見よ．

整数 $s \geq 1$ を固定する．$q = p^r$ とする．t を $a \in \mathbb{F}_{q^s}$ のタイヒミュラー代表元とすれば，$\varepsilon^{\mathrm{Tr}\,a}$ で与えられる 1 の p 乗根は，t による次の p 進解析的公式をもつことを思い出そう：

$$\varepsilon^{\mathrm{Tr}\,a} = \Theta(t)\Theta(t^p)\Theta(t^{p^2})\cdots\Theta(t^{p^{rs-1}}).$$

次の式は，指標に関する基本的な事実であり，容易に証明できるものである (練習問題 3–5 を見よ)．

$$\sum_{x_0 \in \mathbb{F}_{q^s}} \varepsilon^{\mathrm{Tr}(x_0 u)} = \begin{cases} 0, & u \in \mathbb{F}_{q^s}^\times \text{ のとき}, \\ q^s, & u = 0 \text{ のとき}. \end{cases}$$

これから，$x_0 = 0$ の項を引き算すれば

$$\sum_{x_0 \in \mathbb{F}_{q^s}^\times} \varepsilon^{\mathrm{Tr}(x_0 u)} = \begin{cases} -1, & u \in \mathbb{F}_{q^s}^\times \text{ のとき}, \\ q^s - 1, & u = 0 \text{ のとき} \end{cases}$$

が得られる．

これを $u = f(x_1, \ldots, x_n)$ に適用し，$x_1, \ldots, x_n \in \mathbb{F}_{q^s}^\times$ 全体で和をとれば

$$\sum_{x_0, x_1, \ldots, x_n \in \mathbb{F}_{q^s}^\times} \varepsilon^{\mathrm{Tr}(x_0 f(x_1, \ldots, x_n))} = q^s N'_s - (q^s - 1)^n$$

が得られる．

そこで，$X_0 f(X_1, \ldots, X_n) \in \mathbb{F}_q[X_0, X_1, \ldots, X_n]$ の係数をタイヒミュラー代表元で置き換えて得られる $\Omega[X_0, X_1, \ldots, X_n]$ の元を

$$F(X_0, X_1, \ldots, X_n) = \sum_{i=1}^{N} a_i X^{w_i} \in \Omega[X_0, X_1, \ldots, X_n]$$

とする．ここで X^{w_i} は，$w_i = (w_{i0}, w_{i1}, \ldots, w_{in})$ としたとき，$X_0^{w_{i0}} X_1^{w_{i1}} \cdots$

$X_n^{w_{in}}$ を表す．

次が得られる．

$$q^s N_s' = (q^s - 1)^n + \sum_{x_0, x_1, \ldots, x_n \in \mathbb{F}_q^\times} \varepsilon^{\mathrm{Tr}(x_0 f(x_1, \ldots, x_n))}$$

$$= (q^s - 1)^n + \sum_{\substack{x_0, x_1, \ldots, x_n \in \Omega \\ x_0^{q^s-1} = \cdots = x_n^{q^s-1} = 1}} \prod_{i=1}^N \Theta(a_i x^{w_i}) \Theta(a_i^p x^{pw_i}) \cdots \Theta(a_i^{p^{rs-1}} x^{p^{rs-1} w_i}).$$

$f(X_1, \ldots, X_n)$ は $\mathbb{F}_q$, $(q = p^r)$ に係数をもつから，$a_i^{p^r} = a_i$ となる．ここで

$$G(X_0, \ldots, X_n) \stackrel{\text{定義}}{=} \prod_{i=1}^N \Theta(a_i X^{w_i}) \Theta(a_i^p X^{pw_i}) \cdots \Theta(a_i^{p^{r-1}} X^{p^{r-1} w_i})$$

とおく．すると

$$q^s N_s' = (q^s - 1)^n + \sum_{\substack{x_0, x_1, \ldots, x_n \in \Omega \\ x_0^{q^s-1} = \cdots = x_n^{q^s-1} = 1}} G(x) \cdot G(x^q) \cdot G(x^{q^2}) \cdots G(x^{q^{s-1}})$$

となる．

$\Theta(a_i^{p^j} X^{p^j w_i})$ は，それぞれ R_0 に入るから（練習問題 2 を見よ），G もそうである：

$$G(X_0, \ldots, X_n) \in R_0 \subset \Omega[\![X_0, \ldots, X_n]\!].$$

よって，補題 3 より[5]

$$q^s N_s' = (q^s - 1)^n + (q^s - 1)^{n+1} \mathrm{Tr}(\Psi^s).$$

すなわち

$$N_s' = \sum_{i=0}^n (-1)^i \binom{n}{i} q^{s(n-i-1)} + \sum_{i=0}^{n+1} (-1)^i \binom{n+1}{i} q^{s(n-i)} \mathrm{Tr}(\Psi^s).$$

が得られる．A が Ψ の行列であることを思い出して

---

[5] 補題 3 を適用するには，条件「$G \in R_0$」が必要である．

$$\Delta(T) \stackrel{\text{定義}}{=} \det(1 - AT) = \exp_p\left\{-\sum_{s=1}^{\infty} \text{Tr}(\Psi^s) T^s \big/ s\right\}$$

とおくと，次が結論付けられる．

$$\begin{aligned}
Z'(H_f/\mathbb{F}_q;T) &= \exp_p\left\{\sum_{s=1}^{\infty} N'_s T^s \big/ s\right\} \\
&= \prod_{i=0}^{n} \left[\exp_p\left\{\sum_{s=1}^{\infty} q^{s(n-i-1)} T^s \big/ s\right\}\right]^{(-1)^i \binom{n}{i}} \\
&\quad \times \prod_{i=0}^{n+1} \left[\exp_p\left\{\sum_{s=1}^{\infty} q^{s(n-i)} \text{Tr}(\Psi^s) T^s \big/ s\right\}\right]^{(-1)^i \binom{n+1}{i}} \\
&= \prod_{i=0}^{n} (1 - q^{n-i-1} T)^{(-1)^{i+1} \binom{n}{i}} \prod_{i=0}^{n+1} \Delta(q^{n-i} T)^{(-1)^{i+1} \binom{n+1}{i}}.
\end{aligned}$$

補題 4 より，この「交代積」の各項は p 進整関数となる．

これより，ゼータ関数が，p 進有理型関数であることの証明が完了した．この結果は，ドゥオークの定理の証明の核心である．次の節において，ゼータ関数が 2 つの多項式の商であることの証明を完了しよう．

練習問題

1. $t \in \Omega$ を 1 の原始 $(p^s - 1)$ 乗根とする．t の $\mathbb{Q}_p$ 上の共役は，きっちりと $t, t^p, t^{p^2}, \ldots, t^{p^{s-1}}$ であることを証明せよ．言い換えると，$a \in \mathbb{F}_q$ のタイヒミュラー代表元の共役は，a の $\mathbb{F}_p$ 上の共役のタイヒミュラー代表元である．
2. $X^w = X_1^{w_1} \cdots X_n^{w_n}$ とし，$a \in D(1)$ とする．$\Theta(aX^w) \in R_0$ となることを証明せよ．
3. $\sigma_1, \ldots, \sigma_s$ を体 K の相異なる自己同型写像とする．すべての $x \in K$ について $\sum a_i \sigma_i(x) = 0$ となるような零でない一次結合 $\sum a_i \sigma_i$ は存在しないことを証明せよ．
4. $\varepsilon \in \Omega$ を 1 の原始 p 乗根とする．$\sum_{x \in \mathbb{F}_q} \varepsilon^{\text{Tr}\, x} = 0$ を証明せよ．
5. 次を証明せよ．
$$\sum_{x \in \mathbb{F}_{q^s}^{\times}} \varepsilon^{\text{Tr}(ux)} = \begin{cases} -1, & u \in \mathbb{F}_{q^s}^{\times} \text{ のとき}, \\ q^s - 1, & u = 0 \text{ のとき}. \end{cases}$$
6. 任意の正の整数 n と a に対して，次が成り立つことを示せ．
$$\sum_{\substack{\zeta \in \Omega \\ \zeta^n = 1}} \zeta^a = \begin{cases} n, & n \text{ が } a \text{ を割り切るとき}, \\ 0, & \text{その他のとき}. \end{cases}$$
7. §3 の記号のもとで，$G \circ T_q = T_q \circ G_q$ が成り立つことを証明せよ．

8. 等式
$$\det(1 - AT) = \exp_p\left(-\sum_{s=1}^{\infty} \mathrm{Tr}(A^s) T^s / s\right)$$
を Tr の収束に関する適当な条件のもとで，無限行列 A に対して拡張せよ．

9. 復習問題．$q = p^r$ とする．$f(X) = \sum_{i=0}^{n} a_i X^i \in \mathbb{F}_q[X]$ を，$\mathbb{F}_q$ に係数をもち，定数項が 0 でない 1 変数多項式とする．各 $i = 0, 1, \ldots, n$ に対して，A_i を a_i のタイヒミューラー代表元とする．$\varepsilon = 1 + \lambda$ を，Ω 内の固定された 1 の原始 p 乗根とし，$\Theta(T)$ を §2 で与えられたものとする．

$$G(X, Y) = \prod_{i=0}^{n} \prod_{j=0}^{r-1} \Theta(A_i^{p^j} X^{ip^j} Y^{p^j})$$

とする．次を証明せよ．
$$N = \frac{q-1}{q} + \frac{1}{q} \sum_{\substack{x, y \in \Omega \\ x^{q-1} = y^{q-1} = 1}} G(x, y).$$

5. 証明の終結

べき級数が有理関数となるための，次の規準を証明すれば，ドゥオークの定理は，それから簡単に導かれる．

補題 5. K を任意の体とし，$F(T) = \sum_{i=0}^{\infty} a_i T^i \in K[\![T]\!]$ とする．$m, s \geq 0$ に対して，$A_{s,m}$ を行列 $(a_{s+i+j})_{0 \leq i, j \leq m}$，すなわち

$$A_{s,m} = \begin{pmatrix} a_s & a_{s+1} & a_{s+2} & \cdots & a_{s+m} \\ a_{s+1} & a_{s+2} & a_{s+3} & \cdots & a_{s+m+1} \\ a_{s+2} & a_{s+3} & a_{s+4} & \cdots & a_{s+m+2} \\ \vdots & \vdots & \vdots & & \vdots \\ a_{s+m} & a_{s+m+1} & a_{s+m+2} & \cdots & a_{s+2m} \end{pmatrix}$$

とし，$N_{s,m} \overset{\text{定義}}{=} \det(A_{s,m})$ とおく．すると，$F(T)$ が 2 つの多項式の商

$$F(T) = \frac{P(T)}{Q(T)}, \quad P(T), Q(T) \in K[T]$$

で表されることと，整数 $m \geq 0$ と S が存在して，$s \geq S$ であれば，$N_{s,m} = 0$ となることとは同値である．

証明． まず，$F(T)$ がそのような商で表されるとし，$P(T) = \sum_{i=0}^{M} b_i T^i$，$Q(T) = \sum_{i=0}^{N} c_i T^i$ とする．すると $F(T) \cdot Q(T) = P(T)$ より $i > \max(M, N)$ となる T^i の

係数を見ることにより

$$\sum_{j=0}^{N} a_{i-N+j} c_{N-j} = 0$$

が導かれる. $S = \max(M - N + 1, 1)$, $m = N$ とおく. $s \geq S$ なら，この方程式は $i = s + N, s + N + 1, \ldots, s + 2N$ に対して

$$a_s c_N + a_{s+1} c_{N-1} + \cdots + a_{s+N} c_0 = 0$$
$$a_{s+1} c_N + a_{s+2} c_{N-1} + \cdots + a_{s+N+1} c_0 = 0$$
$$\vdots$$
$$a_{s+N} c_N + a_{s+N+1} c_{N-1} + \cdots + a_{s+2N} c_0 = 0$$

となる. よって c_i の係数として現れる行列，すなわち $A_{s,N}$ の行列式は 0 であり，$s \geq S$ のとき

$$N_{s,m} = N_{s,N} = 0$$

となる.

逆に, $s \geq S$ に対して $N_{s,m} = 0$ とする. ここで m は，ある S より大きなすべての s に対して $N_{s,m} = 0$ となるような最小のものを選んでおく. **すべての $s \geq S$ に対して，$N_{s,m-1} \neq 0$ となることを示す.**

そうでないと仮定する. すると $A_{s,m}$ の最初の m 行 $r_0, r_1, \ldots, r_{m-1}$ のある一次結合で，最後の列の部分を除いて，すべて 0 となるものが存在する. r_{i_0} を一次結合の最初の 0 でない係数の行とする. すなわち, i_0 番目の行 r_{i_0} は，最後の列の部分を除いて

$$\alpha_1 r_{i_0+1} + \alpha_2 r_{i_0+2} + \cdots + \alpha_{m-i_0-1} r_{m-1}$$

となる. $A_{s,m}$ において, r_{i_0} を $r_{i_0} - (\alpha_1 r_{i_0+1} + \cdots + \alpha_{m-i_0-1} r_{m-1})$ で置き換え, 次の 2 つの場合を考える:

(1) $i_0 > 0$ の場合. 次の形の行列が得られる.

$$\begin{pmatrix} a_s & a_{s+1} & \cdots & & a_{s+m} \\ a_{s+1} & a_{s+2} & \cdots & & a_{s+m+1} \\ \vdots & \vdots & & & \vdots \\ 0 & 0 & \cdots & 0 & \beta \\ \vdots & \vdots & & & \vdots \\ a_{s+m} & a_{s+m+1} & \cdots & & a_{s+2m} \end{pmatrix}$$

で,枠内の行列の行列式 $N_{s+1,m-1} = 0$.

(2) $i_0 = 0$ の場合.次を得る.

$$\begin{pmatrix} 0 & 0 & \cdots & 0 & \beta \\ a_{s+1} & a_{s+2} & \cdots & & a_{s+m+1} \\ \vdots & \vdots & & & \vdots \\ a_{s+m} & a_{s+m+1} & \cdots & & a_{s+2m} \end{pmatrix}$$

$N_{s+1,m-1}$ は,枠で囲まれた行列のどちらかの行列式である.全体の行列式 $N_{s,m}$ は 0 であるから,左下の枠内の行列式が 0 であるか,または $\beta = 0$ である.したがって $N_{s+1,m-1} = 0$ となる.

以上のいずれの場合においても,$N_{s+1,m-1} = 0$ であることがわかり,帰納法の仮定より,$s' \geq S$ であるすべての s' に対して,$N_{s',m-1} = 0$ が得られる.これは m の取り方,すなわち最小性に矛盾する.

$s \geq S$ に対して $N_{s,m} = 0$ かつ $N_{s,m-1} \neq 0$ となることが導かれた.よって,$A_{s,m}$ の行の一次結合で,零を表すもので,**最後の行の係数が 0 とならない**ものが存在する.したがって,任意の $s \geq S$ に対して,$A_{s,m}$ の最後の行は,その前の行の一次結合で表せることがわかる.よって連立方程式

$$\begin{aligned} a_S u_m \quad &+ a_{S+1} u_{m-1} + \cdots + a_{S+m} u_0 \quad = 0 \\ &\vdots \qquad\qquad\qquad \vdots \qquad\qquad\qquad \vdots \\ a_{S+m-1} u_m &+ a_{S+m} u_{m-1} + \cdots + a_{S+2m-1} u_0 = 0 \end{aligned}$$

の解は,また

$$a_{S+m} u_m + a_{S+m+1} u_{m-1} + \cdots + a_{S+2m} u_0 = 0$$

の解となる.したがって,帰納法により,すべての $s \geq S$ に対して

$$a_s u_m + a_{s+1} u_{m-1} + \cdots + a_{s+m} u_0 = 0$$

の解になる．これから明らかに

$$\left(\sum_{i=0}^{m} u_i X^i\right) \cdot \left(\sum_{i=0}^{\infty} a_i X^i\right)$$

が（次数 $< S + m$ の）多項式となることが導かれる． □

ここで定理を証明するために，補題 5 を用いる．われわれはさらに，「p 進ワイエルシュトラス準備定理」（第 IV 章 §4, 定理 14）を用いなければならない．それをわれわれの必要な形で述べれば，次のようになる：$F(T)$ を p 進整関数とする．すると任意の R に対して，多項式 $P(T)$ と，p 進べき級数 $F_0(T) \in 1 + T\Omega[\![T]\!]$ で，$F_0(T)$ とその逆べき級数 $G(T)$ がともに半径 R の円板 $D(R)$ 上収束するようなものが存在して，$F(T) = P(T) \cdot F_0(T)$ と書ける．すなわち，定理 14 において，$p^\lambda = R$ とおけば，F は整関数だから，それは $D(p^\lambda)$ で収束する．

簡単化のために，$Z(T) = Z(H_f/\mathbb{F}_q; T)$ とおく．§4 の結果より，p 進整関数 $A(T), B(T)$ が存在して，$Z(T) = A(T)/B(T)$ と書ける．R を $R > q^n$ となるように選ぶ．簡単のために $R = q^{2n}$ とする．前段落の事実を $B(T)$ に適用すれば，$D(R)$ で収束する $G(T)$ が存在して $B(T) = P(T)/G(T)$ と書けるとしてよい．$F(T) = A(T) \cdot G(T)$ とすると，これは $D(R)$ で収束する．すると

$$F(T) = P(T) \cdot Z(T)$$

となる．$F(T) = \sum_{i=0}^{\infty} b_i T^i \in 1 + T\Omega[\![T]\!]$, $P(T) = \sum_{i=0}^{e} c_i T^i \in 1 + T\Omega[T]$, $Z(T) = \sum_{i=0}^{\infty} a_i T^i \in 1 + T\mathbb{Z}[\![T]\!]$ とおく．§1 の補題 2 より

$$|a_i|_\infty \leq q^{in}$$

となる．$F(T)$ は $D(R)$ 上収束するから，十分大きい i に対して

$$|b_i|_p \leq R^{-i} = q^{-2ni}$$

となる．

$m > 2e$ （e は P の次数）となる m を選び，固定する．前のように $A_{s,m} = (a_{s+i+j})_{0 \leq i,j \leq m}$ とし，$N_{s,m} = \det(A_{s,m})$ とおく．この m について，十分大きい s

に対して $N_{s,m} = 0$ となることを示そう．補題 5 より，この主張から $Z(T)$ が有理関数であることが導かれる．

$F(T) = P(T)Z(T)$ の両辺の係数を比較することにより

$$b_{j+e} = a_{j+e} + c_1 a_{j+e-1} + c_2 a_{j+e-2} + \cdots + c_e a_j$$

となる．行列 $A_{s,m}$ において，$(j+e)$ 番目の列に，$(j+e-k)$ 番目の列の c_k 倍を加えた行列を考える．この行列は上の等式より，最初の e 列は $A_{s,m}$ と同じで，残りの列は a たちを b たちに置き換えたものとなり，その行列式は $N_{s,m}$ のままである．われわれは，この表示を用いて $|N_{s,m}|_p$ を評価しよう．

$a_i \in \mathbb{Z}$ であるから，$|a_i|_p \leq 1$ である．したがって，十分大きい s に対して

$$|N_{s,m}|_p \leq \left(\max_{j \geq s+e} |b_j|_p \right)^{m+1-e} < R^{-s(m+1-e)}$$

となる．$R = q^{2n}$ と $m > 2e$ より，これから $|N_{s,m}|_p < q^{-ns(m+2)}$ が得られる．

一方，$A_{s,m}$ から直接得られる粗い評価として

$$|N_{s,m}|_\infty \leq (m+1)! \, q^{n(s+2m)(m+1)} = (m+1)! \, q^{2nm(m+1)} q^{ns(m+1)}$$

が得られる．2 つの評価を掛け合わせると，p 進ノルムと通常の絶対値の積の値の評価が得られ，それは十分大きな s について，1 より小さいことがわかる：

$$|N_{s,m}|_p \cdot |N_{s,m}|_\infty < q^{-ns(m+2)} \cdot (m+1)! \, q^{2nm(m+1)} q^{q^{ns(m+1)}}$$
$$= \frac{(m+1)! \, q^{2nm(m+1)}}{q^{ns}} < 1.$$

しかし，$N_{s,m} \in \mathbb{Z}$ であり，$|n| \cdot |n|_p < 1$ となる整数 n は $n = 0$ だけである．よって，十分大きな s について，$N_{s,m} = 0$ が導かれる．

ゆえに $Z(T)$ は有理関数となり，ドゥオークの定理は，証明された． □

文　献

　各セクションにおいては，おおよそ難易度の高い順に並べてある．本や長い論文の場合，これは非常に大まかなもので，第 I 章から第 V 章までの内容に関連する部分を理解する上で，必要となる予備知識に基づいて挙げてある．

(a) 予備知識
 1. G. Simmons, *Introduction to Topology and Modern Analysis*, McGraw-Hill, 1963.
 2. I. Herstein, *Topics in Algebra*, John Wiley and Sons, 1975.
 3. S. Lang, *Algebra*, Addison-Wesley, 1965.
 4. W. Rudin, *Principles of Mathematical Analysis*, McGraw-Hill, 1976.

(b) 一般
 1. Z. I. Borevich and I. R. Shafarevich, *Number Theory* (translated from Russian), Academic Press, 1966.
 2. S. Lang, *Algebraic Number Theory*, Addison-Wesley, 1970.
 3. J.-P. Serre, *A Course in Arithmetic* (translated from French), Springer-Verlag, 1973.
 4. K. Ireland and M. Rosen, *A Classical Introduction to Modern Number Theory*, Springer-Verlag, 1982.
 5. E. B. Dynkin and V. A. Uspenskii, *Problems in the Theory of Numbers*. Part Two of *Mathematical Conversations* (translated from Russian), D. C. Heath and Co., 1963.
 6. L. Washington, *Introduction to Cyclotomic Fields*, Springer-Verlag, 1982.
 7. N. Koblitz, *p-adic Analysis: a Short Course on Recent Work*, Cambridge University Press, 1980.
 8. K. Mahler, *Introduction to p-adic Numbers and Their Functions*, Cambridge University Press, 1973.
 9. G. Bachman, *Introduction to p-adic Numbers and Valuation Theory*, Academic Press, 1964.
10. A. F. Monna, *Analyse non-archimédienne*, Springer-Verlag, 1970.
11. S. Lang, *Cyclotomic Fields*, Vols. 1 and 2, Springer-Verlag, 1978 and 1980.

(c) 第 II 章
 1. K. Iwasawa, *Lectures on p-adic L-Functions*, Princeton University Press, 1972.
 2. T. Kubota and H. W. Leopoldt, Eine *p*-adische Theorie der Zetawerte I, *J. Reine*

Angew. Math., **214/215** (1964), 328–339.
3. N. Katz, p-adic L-functions via moduli of elliptic curves, *Proceedings A.M.S. Summer Institute of Alg. Geom. at Arcata, Calif.*, 1974.
4. S. Lang, *Introduction to Modular Forms*, Springer-Verlag, 1976.
5. J.-P. Serre, Formes modulaires et fonction zêta p-adiques, *Modular Functions of One Variable III* (Lecture Notes in Math. 350), Springer-Verlag, 1973.
6. Ju. I. Manin, Periods of cusp forms and p-adic Hecke series, translated in *Math. USSR-Sb.*, **21** (1973), 371–393. (とくに, §8 に注意.)
7. M. M. Višik, Non-Archimedean measures connected with Dirichlet series, translated in *Math. USSR-Sb.*, **28** (1976).
8. Y. Amice and J. Vélu, Distributions p-adiques associées aux séries de Hecke, *Journées arithmétiques*, 1974.
9. N. Katz, p-adic properties of modular schemes and modular forms, *Modular Functions of One Variable III* (Lecture Notes in Math. 350), Springer-Verlag, 1973.
10. N. Katz, The Eisenstein measure and p-adic interpolation, *Amer. J. Math.*, **99** (1977), 238–311.
11. N. Katz, p-adic interpolation of real analytic Eisenstein series, *Ann. of Math.*, **104** (1976), 459–571.
12. B. Mazur and P. Swinnerton-Dyer, Arithmetic of Weil curves, *Invent. Math.*, **25** (1974), 1–61.

(d) 第 IV 章

1. G. Overholzer, Sum functions in elementary p-adic analysis. *Amer. J. Math.*, **74** (1952), 332–346.
2. Y. Morita, A p-adic analogue of the Γ-function, *J. Fac. Sci. Univ. Tokyo*, **22** (1975), 255–266.
3. J. Diamond, The p-adic log gamma function and p-adic Euler constants, *Trans. A.M.S.*, **233** (1977), 321–337.
4. B. Dwork, On the zeta function of a hypersurface の §1, *Publ. Math. I.H.E.S.*, **12** (1962), 7–17.
5. Y. Amice, *Les nombres p-adiques*, Presses Universitaires de France, 1975.
6. B. H. Gross and N. Koblitz, Gauss sums and the p-adic Γ-function, *Annals of Math.*, **109** (1979), 569–581.
7. B. Ferrero and R. Greenberg, On the behavior of p-adic L-functions at $s = 0$, *Invent. Math.*, **50** (1978), 91–102.

(e) 第 V 章

1. A. Weil, Number of solutions of equations in finite fields, *Bull. Amer. Math. Soc.*, **55** (1949), 497–508.
2. J.-P. Serre, Rationalité des fonctions ζ des variétés algébriques (d'après Bernard Dwork), *Séminaire Bourbaki*, No. 198, February 1960.
3. B. Dwork, On the rationality of the zeta function of an algebraic variety, *Amer. J. Math.*, **82** (1960), 631–648.
4. P. Monsky, *p-adic Analysis and Zeta Functions*, Lectures at Kyoto University, Kinokuniya Book Store, Tokyo, or Brandeis Univ. Math. Dept., 1970.

5. N. Katz, Une formule de congruence pour la fonction ζ, *S.G.A. 7 II* (Lecture Notes in Math. 340), Springer-Verlag, 1973.
6. B. Dwork, On the zeta function of a hypersurface, *Publ. Math. I.H.E.S.*, **12** (1962), 5–68.
7. B. Dwork, On the zeta function of a hypersurface II, *Ann. of Math.*, **80** (1964), 227–299.
8. B. Dwork, A deformation theory for the zeta function of a hypersurface, *Proc. Int. Cong. Math. 1962 Stockholm*, 247–259.
9. N. Katz, Travaux de Dwork, *Séminaire Bourbaki*, No. 409 (Lecture Notes in Math. 317), Springer-Verlag, 1973.

練習問題の解答とヒント

第 I 章 §2

3. $\|x+y\|^N = \|(x+y)^N\|$ と書いて，2 項展開とノルムの性質の (3) を使って，$\|x+y\|^N$ を $\max(\|x\|,\|y\|)$ で評価し，$N \to \infty$ をとる．

4. $x \in F$ が，性質 $\|x\| < 1$ と $\|x-1\| < 1$ をもち，$\|\ \|$ が，非アルキメデス的ならば，$1 = \|1-x+x\| \leq \max(\|x-1\|,\|x\|) < 1$ となり矛盾する．逆に，$\|\ \|$ をアルキメデス的とする．すると定義より，$x, y \in F$ で $\|x+y\| > \max(\|x\|,\|y\|)$ となるものが存在する．$\alpha = x/(x+y)$ とおいて，$\|\alpha\| < 1$ かつ $\|\alpha - 1\| < 1$ を示せ．

5. $\|\ \|_1 \sim \|\ \|_2$ とする．$a \in F$ を $\|a\|_2 \neq 1$ となる，たとえば $\|a\|_2 > 1$ となる零でない元とする．すると $\|a\|_1 = \|a\|_2^\alpha$ となる α がただ一つ存在する．**主張**：すべての $x \in F$ に対して，$\|x\|_1 = \|x\|_2^\alpha$：もし，たとえば $\|x\|_1 > \|x\|_2^\alpha$ となる x があったとする（$\|x\|_1 > 1$ と仮定する）．十分大きなべき x^m と a^n をとって，$\|x^m/a^n\|_1$ が 1 に近づくが，$\|x^m/a^n\|_2$ が 0 に近づくことを示す．よって 2 つのノルムが同値でなくなる．最後に $\alpha > 0$ に注意せよ．そうでないと $\|\ \|_1 \sim \|\ \|_2$ でなくなる．（逆向きは容易に示すことができる．）

6. $\rho = 1$ とすると，自明なノルムが得られる．$\rho > 1$ のときは，ノルムが得られない．実際，N を十分大きくとって，$\rho^N > 2$ となるようにし，$x = 1, y = p^N - 1$ とする．すると $\rho^{\mathrm{ord}_p(x+y)} > \rho^{\mathrm{ord}_p x} + \rho^{\mathrm{ord}_p y}$ がチェックできる．

7. 列 $\{p_1^n\}$ は $|\ |_{p_1}$ では 0 に近づくが，$|\ |_{p_2}$ ではそうではない．

8. 一番難しい部分は，$|\ |^\alpha, \alpha \leq 1$ に対して，三角不等式を示す部分であろう．$|x| \geq |y|$ と仮定し，$u = y/x$ とおき，次を示すことに帰着する：
$$-1 \leq u \leq 1 \quad \text{ならば} \quad |1+u|^\alpha \leq 1 + |u|^\alpha.$$
これは
$$0 \leq u \leq 1 \quad \text{ならば} \quad f(u) = 1 + u^\alpha - (1+u)^\alpha \geq 0$$
を示せばよい．$f(0) = 0$ かつ $f(1) \geq 0$ だから，これは $(0,1)$ 上で，$f'(u) \neq 0$ を示すことより導かれる．

9. 練習問題 2 と 3 を使う：$\|n\|_{\mathrm{アルキメデス}} > 1$ ならば，$\{1/n^i\}$ は，$\|\ \|_{\mathrm{アルキメデス}}$ に関して 0 に近づくが，$\|\ \|_{\mathrm{非アルキメデス}}$ に関しては，そうではない．

10. $nN + mM$ の形の最小の正の整数が，N と M の公約数でなければならないことを

11. (i) 3 (ii) 7 (iii) 1 (iv) 1 (v) 7
(vi) -2 (vii) 0 (viii) 0 (ix) 3 (x) 2
(xi) -2 (xii) 0 (xiii) -1 (xiv) -1 (xv) 4

12–14. 次の補題を証明せよ：$\mathrm{ord}_p(n!) = \sum [n/p^j]$, ここで [ ] は最大整数関数で, 和は整数 $j \geq 1$ にわたる（この和は, 有限和であることに注意せよ）.

15. (i) 1/25 (ii) 25 (iii) 1 (iv) 1/25 (v) 1/243
(vi) 1/243 (vii) 243 (viii) 1/13 (ix) 1/7 (x) 1/2
(xi) 182 (xii) 1/81 (xiii) 3 (xiv) 2^{N-2^N} (xv) 1/2

16. x を既約分数で表したとき, p がその分母を割り切らない.

17. 練習問題 14 を使う.

19. 次に述べる「対角論法」を用いる. まず, 最初の桁が同じ整数の無限部分列を選び, 次に最初の 2 桁が同じ整数の無限部分列を選んで, 以下同様にする. そこで最初の元を, 最初にとった部分列からとり, 2 番目の元を 2 番目にとった部分列からとり, i 番目の元を, i 番目にとった部分列からとって部分列を選ぶ.

第 I 章 §5

1.
$$(p - a_{-m})p^{-m} + (p - 1 - a_{-m+1})p^{-m+1} + \cdots$$
$$+ (p - 1 - a_0) + (p - 1 - a_1)p + \cdots$$

2. (i) $4 + 0 \cdot 7 + 1 \cdot 7^2 + 5 \cdot 7^3$ (ii) $2 + 0 \cdot 5 + 1 \cdot 5^2 + 3 \cdot 5^3$
(iii) $8 \cdot 11^{-1} + 8 + 9 \cdot 11 + 5 \cdot 11^2$ (iv) $1 \cdot 2 + \overline{1 \cdot 2^2 + 0 \cdot 2^3}$ (バーは桁の繰り返し)
(v) $1 + 1 \cdot 7 + \overline{1 \cdot 7^2}$ (vi) $10 + 9 \cdot 11 + \overline{9 \cdot 11^2}$
(vii) $\overline{10 + 0 \cdot 13 + 4 \cdot 13^2 + 7 \cdot 13^3}$ (viii) $2 \cdot 5^{-3} + \overline{4 \cdot 5^{-2} + 1 \cdot 5^{-1}}$
(ix) $2 \cdot 3^2 + 2 \cdot 3^3 + 2 \cdot 3^4 + 2 \cdot 3^5$ (x) $2 \cdot 3^{-1} + 1 + \overline{1 \cdot 3}$
(xi) $1 \cdot 2^{-3} + \overline{1 \cdot 2^{-2} + 0 \cdot 2^{-1}}$ (xii) $4 \cdot 5^{-1} + \overline{4 + 3 \cdot 5}$

4. $a/b \in \mathbb{Q}$ が, その p 進展開で, 桁が繰り返すことを示すために, まず, $p \nmid b$ の場合を考える. a/b が 0 と -1 の間にある場合をはじめに考える. a/b の分母, 分子にある c を掛け, 分母が, ある r について $cb = p^r - 1$ となるようにする[1]. $d = -ac$ とおくと, $0 < d < p^r - 1$ である. $a/b = d/(1-p^r)$ を等比数列として展開する. これより a/b が, 循環する展開（「純循環」展開）をもつことがわかる. a/b が 0 と -1 の間にない場合は, 純循環の展開に正の整数を加えたり減じたものを考えれば, その結果, 最初の数桁を超えると, やはり循環の展開になる. 別の証明として, 「長い割り算」においては, 最終的に, 余りに繰り返しが生じるという事実を示すことによっても証明できる.

5. 連続体濃度をもつ. $\mathbb{Z}_p$ と実数の区間 $[0,1]$ の間の 1 対 1 対応 f を次のように構成できる：p を底とした $\mathbb{Z}_p$ の元の展開に対して $f(a_0 + a_1 p + \cdots + a_n p^n + \cdots) = a_0/p + a_1/p^2 + \cdots + a_n/p^{n+1} + \cdots$. ($f$ は完全には, 1 対 1 対応ではない. なぜなら, $(0,1)$ の実数で, p 進展開で有限桁数をもつものは, 2 つの原像 (preimage) をもつ. たとえば, $f(1) = f(-p) = 1/p$.)

7. $1 + 0 \cdot 2 + 1 \cdot 2^2 + 0 \cdot 2^3 + 1 \cdot 2^4 + \cdots$.

8. (i), (iii), (iv), (v), (ix).

---

[1] このような, r はフェルマーの小定理から存在する.

練習問題の解答とヒント **179**

9. $$\sqrt{-1} = 2 + 1 \cdot 5 + 2 \cdot 5^2 + 1 \cdot 5^3 + \cdots, \quad -\sqrt{-1} = 3 + 3 \cdot 5 + 2 \cdot 5^2 + 3 \cdot 5^3 + \cdots;$$
    $$\sqrt{-3} = 2 + 5 \cdot 7 + 0 \cdot 7^2 + 6 \cdot 7^3 + \cdots, \quad -\sqrt{-3} = 5 + 1 \cdot 7 + 6 \cdot 7^2 + 0 \cdot 7^3 + \cdots.$$

10. 5, 13, 17.

11. $\alpha_1 \in \mathbb{Z}_p^\times$ を mod p で平方となっている任意の数，$\alpha_2 \in \mathbb{Z}_p^\times$ を mod p で平方でない任意の数とし，$\alpha_3 = p\alpha_1$, $\alpha_4 = p\alpha_2$ とせよ．

12. たとえば，1, 3, 5, 7, 2, 6, 10, 14 をとってみよ．

13. $\mathbb{Q}_5$ においては，± 1 と練習問題9で求めた -1 の2つの平方根がある．一般的事実を示すには，$F(x) = x^p - x$ と，各 $a_0 = 0, 1, \ldots, p-1$ にヘンゼルの補題を適用せよ．

14. Herstein の *Topics in Algebra* の160ページを見よ（そこでは，整係数多項式について示されているが，p 進整数係数の場合も証明は同じ）．

15. もし，そのような p 乗根が存在するとすれば，多項式 $(x^p-1)/(x-1)$ は，1次の項をもつ．$y = x+1$ を代入すれば，練習問題14より，既約なアイゼンシュタイン多項式が得られる．2番目の証明については，$(1+p^r x')^p = 1 + p^{r+1} x' + (p^{2r+1}$ で割り切れる項) に注意せよ．これは1にはならない．

16. $1/(1-p) - (1 + p + p^2 + \cdots + p^N) = p^{N+1}/(1-p)$ に注意せよ．他の2つの級数は，$1/(1+p), (p^2-p+1)/(1-p^2)$ に収束する．

17. (a) より一般的に，p^i の代わりに，列 $p_i \in \mathbb{Z}_p$ で $\operatorname{ord}_p(p_i) = i$ となるものがとれる．すなわち，mod p^n で還元して得られる写像
    $$\left\{\begin{array}{c}\text{桁の数 } a_i \text{ を動かしたときの和} \\ a_0 p_0 + \cdots + a_{n-1} p_{n-1} \text{ の全体}\end{array}\right\} \longrightarrow \{0, 1, 2, \ldots, p^n - 1\}$$
    が1対1写像となることを，n に関する帰納法で示せ．
    (b) 次が得られる．
    $$-(p-1)\sum_{\substack{i<n \\ i:\text{奇数}}} p^i \le a_0 + \cdots + a_{n-1}(-p)^{n-1} \le (p-1)\sum_{\substack{i<n \\ i:\text{偶数}}} p^i.$$
    なぜなら，この区間には $1 + (p-1)\sum_{i<n} p^i = p^n$ 個の整数があるからであり，(a) より，そのような整数は，それぞれ $a_0 + \cdots + a_{n-1}(-p)^{n-1}$ の形の表示を，ちょうど一つもつからである．

18. 前半の部分は，$F(x) = x^n - \alpha$（$n < 0$ のときは $\alpha x^{-n} - 1$）と $a_0 = 1$ にヘンゼルの補題を適用せよ．$1+p$ は p 乗根をもたない．次に $\alpha = 1 + a_2 p^2 + \cdots$ とし，p 乗根を見つけるために $a_0 = 1 + a_2 p$ とし，練習問題6を $M = 1$, $F(x) = x^p - \alpha$ に適用せよ．

19. M に関する帰納法により，合同式を示す．ある β について $\alpha^{p^{M-1}} = \alpha^{p^{M-2}} + p^{M-1}\beta$ とする（これは，帰納法の仮定）．両辺の p 乗をとれば，求める合同式が得られる．$M \to \infty$ として，極限をとれば，その極限値は，次を満たす：(1) その p 乗はそれ自身．(2) それは，mod p で α と合同．

20. §2の練習問題19と同じアイデアを用いよ．

21. $X = A_0 + pA_1 + p^2 A_2 + \cdots$ として見つける．ここで A_i は，$r \times r$ 行列で，その成分は p 進の桁の数が $0, 1, \ldots, p-1$ となるものである．$X_n = A_0 + \cdots + p^n A_n$ とおく．X_n が $X^2 - AX + B \equiv 0 \pmod{p^{n+1}}$ を満たすようにしたい（行列に対する合同の記

号は，成分ごとの合同を意味する）．n に関する帰納法で示す．$n=0$ のとき，$A_0 \equiv A \pmod{p}$ と選ぶ．帰納法のステップは
$$(X_{n-1}+p^n A_n)^2 - A(X_{n-1}+p^n A_n) + B$$
$$\equiv (X_{n-1}^2 - AX_{n-1}+B) + p^n(A_n X_{n-1}+X_{n-1}A_n - AA_n)$$
$$\equiv (X_{n-1}^2 - AX_{n-1}+B) + p^n A_n A \pmod{p^{n+1}}$$
である．なぜなら，$X_{n-1} \equiv A \pmod{p}$ だからである．ここで A_n を mod p で
$$-(X_{n-1}^2 - AX_{n-1}+B)p^{-n}A^{-1}$$
となるように選ぶ．行列の乗法が非可換であるために，高次多項式では，この議論は破綻することに注意せよ．

第 II 章 §2

1. $1/(1-q^{-s})$ を幾何級数（等比級数）として展開する．そして，正の整数 n が，$n = q_1^{\alpha_1} \cdots q_r^{\alpha_r}$ の形に，一意的に書ける事実[2]を使う．

4. $f(t) = \frac{1}{2}t + t/(e^t-1)$ と定義し，$f(t)$ が偶関数，すなわち $f(t) = f(-t)$ であることを示す．

5. 大きな k については，$\zeta(2k)$ は 1 に近い．答え：$4\sqrt{\pi k}(k/\pi e)^{2k}$．

6. (i) mod 5^5 で
$$(1+2\cdot 5)^{1/(625+1-25)} \equiv (1+2\cdot 5)^{1+5^2} = 11 \cdot (1+2\cdot 5)^{5^2}$$
$$\equiv 1 + 2\cdot 5 + 0\cdot 5^2 + 2\cdot 5^3 + 2\cdot 5^4.$$

(ii) mod 3^5 で
$$(1+3^2)^{-1/2} \equiv (1+3^2)^{1+3+3^2}$$
$$\equiv 1 + 0\cdot 3 + 1\cdot 3^2 + 1\cdot 3^3 + 1\cdot 3^4.$$

(iii) $1 + 5\cdot 7 + 3\cdot 7^2 + 2\cdot 7^3 + 2\cdot 7^4 + \cdots$．

7. 任意の N に対して，$p^N \equiv 1 \pmod{p-1}$ に注意せよ．与えられた p 進整数を，その p 進展開の最初の N 位から得られる非負整数で近似する．次に p^N の適当な倍数を加えて，s_0 に mod $p-1$ で合同な正整数を得ることができ，それは同様によい近似となる．

9. $L_\chi(1) = \pi/4$, $L_\chi(s) = \prod 1/(1-\chi(q)/q^s)$．

第 II 章 §3

2. 例として，1 点の補集合．

5. これを $U = a + (p^n)$ に対して，証明すれば十分である．なぜなら，任意の U は，このような集合の共通部分のない和集合として表されるからである．a' を，αa の mod p^n の最小剰余とする．すると，$|\alpha|_p = 1$ だから $\alpha U = a' + (p^n)$ で，U と αU は同じハール測度 p^{-n} をもつ．

6. (1) α の最初の位．(2) $(p-1)/2$．(3) $\sum_{a=0}^{p-1} a(a/p - 1/2) = (p^2 - 3p+2)/12$．

---

[2] 素因数分解の一意性．

第 II 章 §5

1. 最初の主張について：$te^{tx}/(e^t-1) = (\sum B_k t^k/k!) \cdot (\sum (tx)^j/j!)$ の両辺の t^k の係数を比較せよ．2 番目の主張について：等式 $\sum B_k(x) t^k/k! = te^{tx}/(e^t-1)$ において，両辺の $\int_0^1 \cdots dx$ をとり，t^k の係数を比較せよ．3 番目の主張を得るには，上の等式に対して，両辺の $(1/t)(d/dx)$ をとる．

2. 主張：もし，μ がこの性質をもてば，任意の U に対して $\mu(U) = 0$．U は，任意の大きさの N に対して，$a+(p^N)$ の形の集合の和集合であるから，そのような N について，$|\mu(U)|_p \leq \max_a |\mu(a+(p^N))|_p$．そこで $N \to \infty$ とすればよい．

3. $B_k,\ p^{k-1}B_k,\ (1-p^{k-1})B_k$.

5. $(1-\alpha^{-k})B_k,\ (1-\alpha^{-k})(1-p^{k-1})B_k,\ \sum_{i=0}^n a_i(1-\alpha^{-i-1})(1-p^i)B_{i+1}/(i+1)$.

7. §5 の最後にある系を $g(x) = 1/(x \text{ の最初の位の数})$ として使う．$f(x) \equiv g(x) \pmod{p}$ で，$g(x)$ は局所定数関数となる．

9.
$$\lim_{\substack{N \to \infty \\ N = 2M+1}} \sum_{\substack{0 \leq a < p^N \\ a = a_0 + a_2 p^2 + \cdots + a_{2M} p^{2M}}} a/p^{M+1}$$
$$= \lim_{M \to \infty} \frac{1}{p^{M+1}} \left(p^M \sum_{a_0=0}^{p-1} a_0 + p^M \sum_{a_2=0}^{p-1} a_2 p^2 + \cdots + p^M \sum_{a_{2M}=0}^{p-1} a_{2M} p^{2M} \right)$$
$$= \frac{p-1}{2}(1 + p^2 + p^4 + \cdots) = -\frac{1}{2(p+1)}.$$

第 II 章 §7

2. (i) $\mod 5^3$ でのクンマーの合同式
$$(1-5^{2-1})\left(-\frac{B_2}{2}\right) \equiv (1-5^{102-1})\left(-\frac{B_{102}}{102}\right) \pmod{5^3}$$
を使うと
$$\frac{1}{3} \equiv -\frac{B_{102}}{102} \pmod{5^3}.$$
よって $B_{102} = 1 + 3\cdot 5 + 3\cdot 5^2 + \cdots$．

(ii) 合同式
$$(1-7^{2-1})\left(-\frac{B_2}{2}\right) \equiv (1-7^{296-1})\left(-\frac{B_{296}}{296}\right) \pmod{7^3}$$
より，$B_{296} = 6 + 6\cdot 7 + 3\cdot 7^2 + \cdots$．

(iii) 合同式
$$(1-7^{4-1})\left(-\frac{B_4}{4}\right) \equiv (1-7^{592-1})\left(-\frac{B_{592}}{592}\right) \pmod{7^3}$$
より，$B_{592} = 3 + 4\cdot 7 + 3\cdot 7^2 + \cdots$．

3. 一つの有理数が $\mathbb{Z}$ に入ることと，それが任意の p について $\mathbb{Z}_p$ に入ることとが同値であることを思い出そう．そして定理 7 の (1) と (3) の部分を用いよ．

6. $\alpha = 1 + 2^2 = 5$ とし，$g(x) = (a_0 + 2a_1)^{-1}$ とおく．ここで，a_0, a_1 は，x の 2 進展開の第 1, 2 位の数．すると，奇素数 p の証明に従う．$p = 2$ のときの，クラウゼン–フォン・シュタウトの定理は，次を主張する：B_1 から始まる，0 でないベルヌーイ数の分母は，因子として 2 の 1 乗（= 2）をちょうど一つもつ．

第 III 章 §1

1. $X^{p^{f'}-1} - 1$ のすべての根が $X^{p^f - 1} - 1$ の根であることと，$X^{p^{f'}-1} - 1$ が $X^{p^f - 1} - 1$ を割り切ることとが同値で，これが成り立つことと，$p^{f'} - 1$ が $p^f - 1$ を割り切ることとは同値で，これはまた，f' が f を割り切ることと同値．

2. $\mathbb{F}_p^\times$ の可能なすべての生成元 a の表．

p	2	3	5	7	11	13
可能な a	1	2	2, 3	3, 5	2, 6, 7, 8	2, 6, 7, 11

3. $(1+j)^{\text{任意の奇数べき}}$ は一つの生成元である．

4. それぞれ，$X^2 + X + 1 = 0$, $X^3 + X + 1 = 0$ の根を添加したもの．たとえば，$\mathbb{F}_8$ での乗法は，次の通りである：
$$(a + bj + cj^2)(d + ej + fj^2)$$
$$= (ad + bf + ce) + (ae + bd + bf + ce + cf)j + (af + be + cd + cf)j^2.$$

最後に，$q - 1$ が素数ならば，$\mathbb{F}_q^\times$ の（1 でない）任意の元は，生成元となる[3]ことに注意せよ．

5. 明らかに $\mathbb{F}_p(a) = \mathbb{F}_q$．

6. もし σ_i たちのうちの 2 つが同じであれば，q より小さい次数の多項式が q 個の根をもつことになる．

7. $P(X)$ が $\mathbb{F}_p$ 上因数分解されるとする．すなわち，$P(X) = P_1(X) P_2(X)$ で，$\deg P_1 = d < p$ とすると，$P_1(X)$ の X^{d-1} の係数は，d 個の根 $a + i$ の和をマイナスしたもので，$\mathbb{F}_p$ に入る．すると $da \in \mathbb{F}_p$ で $a \in \mathbb{F}_p$ となる．ところが，$\mathbb{F}_p$ の元は，すべて $X^p - X$ の根だから $P(X)$ の根にはなりえない．

8. $p = 2$ のとき，$-1 = 1$ だから明らか．$p \neq 2$ のとき，$\mathbb{F}_q$ が -1 の平方根を含むことと $\mathbb{F}_q$ が 1 の原始 4 乗根を含むこととが同値で，これはまた，4 が $q - 1$ を割り切ることと同値である．

9. そうでないと仮定して，第 I 章 §2 の練習問題 19，第 I 章 §5 の練習問題 20 と同様のアプローチを使う．

10. 最初に，極限を使わずに，任意の体上の多項式の形式微分が，積の法則に従うことを示す．これは，微分の線形性を利用して，X の 2 乗の積の場合に帰着することにより，直ちにできる．

第 III 章 §2

これらの練習問題（とくに練習問題 2, 6, 7, 8）を解くアイデアに関する好適な文献は，Simmons の教科書（文献表参照）の第 IV 章である．

3. $v_2 \cdot v_2 = pv_1$ であるが，$\|v_2\|_{\sup} \cdot \|v_2\|_{\sup} = 1$, $\|pv_1\|_{\sup} = |p|_p = 1/p$.

---

[3] $q = 4, 8$ は，この場合に該当する．

練習問題の解答とヒント **183**

4. $\mathbb{F}_q = A/M$ を K の剰余体とする．ここで $q = p^f$．これは，$\mathbb{Q}_p$ の剰余体 $\mathbb{F}_p$ の f 次拡大体である．最後の命題の証明において，$f \leq n = [K : \mathbb{Q}_p]$ であることを見た．（次節で，f が n を割り切ることがわかり，$e = n/f$ は**分岐指数**と呼ばれる．）まず，K が**不分岐**と仮定する．すなわち，$f = n$．剰余写像 $A \to \mathbb{F}_q$ における x の像を $\overline{x}$ とすれば，$\mathbb{Q}_p$ の K の基 $\{v_1, \ldots, v_n\}$ で $\{\overline{v}_1, \ldots, \overline{v}_n\}$ が $\mathbb{F}_q$ の $\mathbb{F}_p$ 上の基となるものが存在する．このような基に関する上限ノルムが，求めている乗法的性質をもつことをチェックせよ．すなわち，はじめに，$x \in K$ について，$\|x\|_{\sup} \leq 1$ と $x \in A$ が同値，つまり，$\|x\|_{\sup} < 1$ と $x \in M$ が同値であることを示す．すると，$\|xy\|_{\sup} = \|x\|_{\sup} \cdot \|y\|_{\sup}$ を示すことは，$\|x\|_{\sup} = \|y\|_{\sup} = 1$ の場合，すなわち，$x, y \in A - M$ の場合に帰着される．しかし，$xy \in A - M$ である．逆に，もし K が分岐する場合，上限ノルムは，**体ノルムにはならない**．すなわち，体ノルムに関して，ノルムが p の分数べきとなる元をもつことを示すことができる．

5. 任意の元 $x \in \mathbb{Z}_p$ は $x = p^n u$（u は単元）の形に書ける．

第 III 章 §4

1. Ω 上の $|\ |_p$ の値は，$\overline{\mathbb{Q}}_p$ 上と同じである．なぜなら，任意の元が，$\overline{\mathbb{Q}}_p$ の元で近似できるからである．後半の部分：たとえば，$\overline{\mathbb{Q}}_p$ 内の単位球が，点列コンパクトでないことを示すために，位数が p と素な，異なる 1 の根の任意の列をとると，それは収束部分列をもたないことを示す．

2. $r_0 = |b - a|_p$ とする．r が p の有理数乗（または 0）の 2 つの和 $r_1 + r_2$ でない限り，空集合が得られる．次に，r_0, r_1, r_2 の相対的な大きさによる場合を考える．たとえば，$r_0 = r_1 > r_2$ の場合，a と b を中心とする半径 r_2 の 2 つの異なる円が得られる．「双曲線」の場合も，まったく同じ可能性がある．今度は，$r = r_1 - r_2$ は，p の 2 つの有理数乗の差でなければならない．

3. $C_1 = \max(1, C_0)$ とする．β を $|\beta|_p > C_1$ となる根とする．すると，$\beta = -b_{n-1} - b_{n-2}/\beta - \cdots - b_0/\beta^{n-1}$ で $|\beta|_p \leq \max(|b_{n-i-1}/\beta^i|_p) \leq \max(|b_i|_p) = C_0$ となり矛盾する．

4. $\delta = \min|\alpha - \alpha_i|_p$ とおく．ここで min は，f の根 $\alpha_i \neq \alpha$ 全体にわたる．この節の最後の命題の δ と ε の役割を逆にしたものを使って，$|\alpha - \beta|_p < \delta$ となる根 β を見つける．クラスナーの補題より，$K(\alpha) \subset K(\beta)$ である．f は既約だから，$[K(\alpha) : K] = \deg f = \deg g \geq [K(\beta) : K]$ で $K(\alpha) = K(\beta)$．f がもはや既約でないときの反例としては，$K = \mathbb{Q}_p, f(X) = X^2, \alpha = 0, g(X) = X^2 - p^{2N+1}$（$N$ は十分大きい）をとれ．

5. α を素元，すなわち $K = \mathbb{Q}_p(\alpha)$ とする．$f(X) \in \mathbb{Q}_p[X]$ を，そのモニック既約多項式とする．ε は，練習問題 4 にあるものを選び，$|f - g|_p < \varepsilon$ となる $g(X) \in \mathbb{Q}[X]$ を見つける．（たとえば，g の係数を，対応する f の係数の p 進展開の部分和としてとったものとする．）すると，g は根 β で，$K = \mathbb{Q}_p(\beta) \supset \mathbb{Q}(\beta)$ となるものをもち，$F = \mathbb{Q}(\beta)$ が K で稠密となること，$\mathbb{Q}$ 上の次数として $n = [K : \mathbb{Q}_p]$ をもつことが容易にわかる．

6. $\alpha = \sqrt{-1}, \beta = \sqrt{-a}$（任意の平方根を選択）とおく．$|\beta - \alpha|_p$ か $|\beta - (-\alpha)|_p$ のどちらかが $|\alpha - (-\alpha)|_p$（これは，$p \neq 2$ なら 1, $p = 2$ なら 1/2）より小さければ，クラスナーの補題が使える．

$$|a - 1|_p = |-a - (-1)|_p = |\beta - \alpha|_p |\beta + \alpha|_p$$

だからこれは，$p \neq 2$ のとき $|a - 1|_p < 1$, $p = 2$ のとき $< 1/4$ ならば成立する．次の部分を考えるためには，$\alpha = \sqrt{p}, \beta = \sqrt{a}$ とおく．$|\beta - \alpha|_p$ か $|\beta - (-\alpha)|_p$ のどちら

184　練習問題の解答とヒント

かが，$|2\sqrt{p}|_p$ より小さくなれば十分である．$|a-p|_p = |\beta-\alpha|_p \cdot |\beta+\alpha|_p$ だから，これは $|a-p|_p < |4p|_p$ であれば成り立つ．したがって，$p \neq 2$ のときは $\varepsilon = 1/p$ と選び，$p = 2$ のときは $\varepsilon = 1/8$ と選ぶ．

7. 最初に，a は，モニック既約多項式 $(X^{p^n}-1)/(X^{p^{n-1}}-1)$ を満たすことに注意せよ．($n=1$ のときは，第 I 章 §5 の練習問題 15 を見よ．) $\beta = (-p)^{1/(p-1)}$ とおく．すなわち，β は $X^{p-1} + p = 0$ の固定された根である．$\alpha_1 = a - 1$, $\alpha_2 = a^2 - 1$, $\ldots$, $\alpha_{p-1} = a^{p-1} - 1$ を $a-1$ の共役とする．任意の $i \neq j$ に対して $|\alpha_i - \alpha_j|_p = p^{-1/(p-1)}$ をチェックせよ．クラスナーの補題より，ある i について，$|\beta - \alpha_i|_p < p^{-1/(p-1)}$ を示せば十分である．もしそうでなければ，$\prod(X - \alpha_i) = ((X+1)^p - 1)/X$ であるから $p^{-1} \leq \prod_{i=1}^{p-1}|\beta - \alpha_i|_p = |((\beta+1)^p - 1)/\beta|_p$ となる．ここで関係 $\beta^{p-1} + p = 0$ を使えば，$((\beta+1)^p - 1)/\beta = \beta \cdot \sum_{i=2}^{p-1} \binom{p}{i} \beta^{i-2}$．しかし，この p 進ノルムは，$|p\beta|_p < p^{-1}$ で抑えられる．練習問題の最後の主張を示すために，m を p のべきではないとしたとき，a を 1 の m 乗根とし，$|a-1|_p < 1$ とする．すると，任意の i について $|a^i - 1|_p < 1$ となる．$\ell \neq p$ を m の一つの素因子とし，$b = a^{m/\ell}$ とすると，これは 1 の原始 ℓ 乗根となる．すると $\beta = b - 1$ は $|\beta|_p < 1$ を満たし，同時に $0 = ((\beta+1)^\ell - 1)/\beta = \sum_{i=2}^{\ell} \binom{\ell}{i} \beta^{i-1} + \ell$．しかし，$|\ell|_p = |\beta(-\sum_{i=2}^{\ell} \binom{\ell}{i} \beta^{i-2})|_p < 1$ で矛盾する．

8. $\pi \in K$ を $\mathrm{ord}_p \pi = 1/e$ となる元とする．ここで e は K の分岐指数である．すると $\{\pi^i\}_{i=0,1,\ldots,m-1}$ は $(K^\times)^m$ を法とする異なる乗法同値類に入る．そして $K^\times$ の任意の元は $\pi^{i+mj} u$ ($0 \leq i < m$, $j \in \mathbb{Z}$, $u \in K$ は $|u|_p = 1$) の形に一意的に表せる．ここで，u がある元の m 乗であることを示す．すなわち，その剰余体 $\mathbb{F}_q$ の像が m 乗であるから，$\alpha = u/u_0^m - 1$ が $|\alpha|_p < 1$ なるような u_0 を見つけることができる．最後に，p 進展開 $1/m = a_0 + a_1 p + a_2 p^2 + \cdots$ を書くと
$$u = u_0^m(1+\alpha) = (u_0(1+\alpha)^{a_0+a_1 p + a_2 p^2 + \cdots})^m$$
が得られる．

10. そうでないとすると，K は剰余次数 $f > 1$ をもつことになる．なぜなら，K は，位数が p と素な 1 の根が $p-1$ 個以上あり，そのような 2 個の根が，$\mathbb{F}_{p^f}^\times$ で異なる剰余をもつからである．

11. 3 つの集合とも連続体濃度をもつ．

12. $y_1, \ldots, y_f$ を K の元で，$|y_i|_p = 1$ かつ y_i の剰余体への像が $\mathbb{F}_p$ 上の基となるものとする．$y_i \pi^j$, $1 \leq i \leq f$, $0 \leq j \leq e-1$ が，K の $\mathbb{Q}_p$ 上の基となることを示せ．ただし，$\mathrm{ord}_p \pi = 1/e$ とする．

13. β がアイゼンシュタイン多項式 $X^e + a_{e-1}X^{e-1} + \cdots + a_0$ を満たすとし，$\alpha = -a_0$ とおく．すると $\alpha \in \mathbb{Z}_p$, $\mathrm{ord}_p \alpha = 1$ で，$\beta^e - \alpha = \beta^e + a_0 = -a_{e-1}\beta^{e-1} - \cdots - a_1 \beta$ の p 進ノルムは $< 1/p$ となる．

14. 第 I 章の定理 3（ヘンゼルの補題）の証明の議論に従うが，β を p の役割とし，体 K 上で実行する（$\mathrm{ord}_p \beta = 1/e$ を思い出そう）．$\mathrm{ord}_p(\beta^e - \alpha) \geq 1 + 1/e$ に注意せよ．$\beta + a_2 \beta^2$ ($a_2 \in \{0, 1, \ldots, p-1\}$) で，$\mathrm{ord}_p((\beta + a_2 \beta^2)^e - \alpha) \geq 1 + 2/e$ となるものを探す．以下同様．別の方法としては，$|\alpha/\beta^e - 1|_p < 1$ に注意し，$1/e \in \mathbb{Z}_p$ についての p 進展開を書き，$\beta(\alpha/\beta^e)^{1/e} \in K$ を計算する．これは α の e 乗根となるであろう．最後に，$K = \mathbb{Q}_p(\beta)$ が得られる．これは β が e 次だからである．

15. $V \subset \mathbb{Z}_p[X]$ を次数 n のモニック多項式の集合とする．$f, g \in V$ に対して，$|f-g|_p$ を上限ノルムで定義する．V は $\mathbb{Z}_p^n$ と見ることができ，上限ノルムに関してコンパクトと

なることに注意せよ．$S \subset V$ を既約多項式からなる部分集合とする．そのような多項式は，たかだか n 個の，$\overline{\mathbb{Q}}_p$ 内 $\mathbb{Q}_p$ 上の異なる n 次拡大体を与える．固定された $f \in S$ に対して，§3 にある最後の 2 つの命題は，ある $\delta > 0$ が存在して，$|f - g|_p < \delta$ となる任意の $g \in S$ が，f ときっちり同じ，次数 n の拡大体の集合を与えることを示している．コンパクト性より，集合 S はそれぞれの多項式が同じ拡張を与える部分集合の有限被覆をもつ．したがって，次数 n の拡大は有限個しかない．

16. 次の論文を参照のこと：D. Lampert, "Algebraic p-adic expansion", *Journal of Number Theory*, **23** (1986), 279–284.

第 IV 章 §1

1. (i) $D(p^{1/(p-1)-})$ (ii) $D(\infty) = \Omega$ 全体 (iii) $D(p^-)$ (iv) $D(1)$
(v) $D(1)$ (vi) $D(1^-)$ (vii) $D(1^-)$

3. 最後の問いに関する反例：j が 2 のべきのとき，$f_j = 1 + pX$．その他の場合，$f_j = 1$ とする．$f(X) = \prod_{k=0}^{\infty}(1 + pX^{2^k}) = \sum_{j=0}^{\infty} p^{S_j} X^j$．ここで S_j は j の 2 進展開の桁の数の和である．これは $D(1)$ 上で収束しない．

4. $d(x, \mathbb{Z}_p) = \min\{|x - y|_p \mid y \in \mathbb{Z}_p\}$ とおく．すなわち，x から $\mathbb{Z}_p$ への「距離」である．はじめに，もし $d(x, \mathbb{Z}_p) \geq 1$ ならば，級数は収束することを示そう．実際には，$|a_n|_p$ に関するより弱い条件で収束する．ここで $d(x, \mathbb{Z}_p) = r < 1$ と仮定する．M を $p^{-(M+1)} \leq r < p^{-M}$ となるように選ぶ．そして，$n = p^N$ ($N > M$) とおき，次を示そう．第 n 項の分母の因子のうち，ノルムが 1 であるものは，$(p^N - p^{N-1})$ 個，ノルムが $1/p$ であるものは，$(p^{N-1} - p^{N-2})$ 個，ノルムが $1/p^2$ であるものは，$(p^{N-2} - p^{N-3})$ 個，以下同様に，ノルムが $1/p^M$ であるものは，$(p^{N-M} - p^{N-M-1})$ 個，残りは，ノルムが r であるものは，p^{N-M-1} 個．これを使って，n 番目の項の ord_p に対する下からの制限を与える．

$$\text{ord}_p \, a_n + \text{ord}_p \, n! - (p^{N-1} - p^{N-2}) - 2(p^{N-2} - p^{N-3}) - \cdots$$
$$- M(p^{N-M} - p^{N-M-1}) - (M+1)p^{N-M-1}$$
$$= \text{ord}_p \, a_n + \text{ord}_p \, n! - n(p^{-1} + p^{-2} + \cdots + p^{-M-1})$$
$$= \text{ord}_p \, a_n + (n/p^{M+1} - 1)/(p - 1).$$

n が，p のべきではない一般の場合も，同じような評価ができる．すべての場合において，n 番目の項の ord_p は無限大に近づく．

6. $p > 2$ のとき，合同式を $((1+1)^p - 2)/p \equiv 0 \pmod{p}$ の形に書く．$(1+1)^p$ に 2 項展開を使えば，$\sum_{j=1}^{p-1}(p-1)(p-2)\cdots(p-j+1)/j!$ が与えられるが，各項の $\text{mod } p$ を考えてみよ．

7. $a = \log_2(1-2) = -\lim_{n \to \infty} \sum_{i=1}^{n} 2^i/i$ とおく．すると $2a = \log_2((1-2)^2) = \log_2 1 = 0$ で，$a = 0$．したがって，$\text{ord}_2 \sum_{i=1}^{n} 2^i/i = \text{ord}_2 \sum_{i=n+1}^{\infty} 2^i/i \geq \min_{i \geq n+1}(i - \text{ord}_2 \, i)$．たとえば，$n = 2^m$ の場合，この最小値は $n + 1$ である．

8–9.「偽定理 1」が使われている．

10. (a) 平方根の級数は，実級数として，正平方根 $(m + p)/m$ に収束する．p 進級数は，$\text{mod } p$ で 1 と合同となる平方根に収束する．ここで両方とも同じ値に収束する．
(b) 実級数では，正の平方根 $(p+1)/2n = (p+1)/(p-1)$ であるが，p 進では，平方根の**負**であり，$\equiv 1 \pmod{p}$ である．

11. (d)–(e) については，次の場合に分けて考えよ．
ケース (i)：$a-b$ が，ある奇素数 p で割り切れる場合．a, b は正で，互いに素，ともに 1 ではないから，$a+b \geq 3$ は，4 で割り切れるか，ある奇素数 $p_1 \neq p$ で割り切れる．すると $(1+\alpha)^{1/2}$ は，p 進的には a/b に，2 進的 ($a+b$ が 4 で割り切れる) か，p_1 進的 ($a+b$ が p_1 で割り切れる) の場合は，$-a/b$ に収束する．
ケース (ii)：$a-b = \pm 2^r, r \geq 2$ の場合．この場合，$a+b$ を割り切る奇素数 p が存在する．すると $(1+\alpha)^{1/2}$ は 2 進的には a/b に，p 進的には $-a/b$ に収束する．
ケース (iii)：$a-b = \pm 2$ の場合．$\alpha = (a/b)^2 - 1 = 4(\pm b+1)/b^2$．$a, b$ はともに奇数であることに注意．すると $(1+\alpha)^{1/2}$ は 2 進的には，$-a/b$ に，実数では，$-1 < \alpha < 1$ の仮定のもとで，a/b に収束．後者の不等式は，$b = 1$, $\alpha = 8$ か $b = 3$, $\alpha = 16/9$ でない限り成立する．
ケース (iv)：$a-b = \pm 1$ の場合．$\alpha = (\pm 2b+1)/b^2$．すると $(1+\alpha)^{1/2}$ は，$\pm 2b+1$ を割る p については，p 進的に $-a/b$ に，実数では，$b = 1$, $\alpha = 3$ か $b = 2$, $\alpha = 5/4$ でない限り，a/b に収束する．

12. 級数 $(x\, d/dx)^k 1/(x-1) = \sum n^k x^n$ は，収束円板の上で，実の場合も p 進的にも $\mathbb{Z}[X]$ の多項式を $(1-X)^{k+1}$ で割ったもので表せる．とくに，$x = p$ とすれば，整数を $(p-1)^{k+1}$ で割ったものになっている．

13. 左辺は $-\log_3(1+\frac{9}{16}) = -\log_3(\frac{25}{36})$．右辺は $-2\log_3(1-\frac{9}{4}) = -\log_3((-\frac{5}{4})^2) = -\log_3(\frac{25}{16})$．

14. 収束領域が異なる一つの例として，$f(X) = \sum X^{p^n}$ をとる．$f(X)$ は $D(1^-)$ 上で収束し，$f'(X)$ は $D(1)$ 上で収束．

15. (a) 例として，$\sum_{i=1}^{\infty} i!/p_i^i$．ここで p_i は，i 番目の素数．(b) 著者はその例を知らないが，それが不可能であるという証明も知らない．

17. 有理数 $r = a/b \in \mathbb{Q}$ に対して，$p^r \in \Omega$ を決める，すなわち $x^b - p^a = 0$ の一つの根を選んで，それを p^r で表す．そこで例として，$f(x) = p^{(\operatorname{ord}_p x)^2}$ が挙げられる．

18. 成立しない．

20. 各係数を j 位にしたい場合は，$p^N > Mp^{j-1}$ となるように N を選ぶ．$a/b \in \mathbb{Z}_p \bmod p^N$ を，$a_0 + a_1 p + \cdots + a_{N-1} p^{N-1}$ の形に書く．そして，
$$(1+X)^{a_0+a_1p+\cdots+a_{N-1}p^{N-1}} \bmod p^j$$
の係数を計算せよ．

21. (6) まず収束の仮定が，項の並べ替えを可能にすることを証明する．$[-\varepsilon', \varepsilon']$ の変数の値に対して零となる $\mathbb{R}[\![X]\!]$ の元が，べき級数として零とならなければならないという事実に，すべてを帰着させる．この事実を n に関する帰納法で示せ．

第 IV 章 §2

1. $6 \cdot 7 + 2 \cdot 7^2 + 5 \cdot 7^3, \quad 2^4 + 2^5 + 2^6 + 2^8 + 2^9 + 2^{10} + 2^{11}$．

2. 1 の根を取り除くことにより，$\mathbb{Z}_p$ の像が，$p > 2$ については $1+p\mathbb{Z}_p$, $p = 2$ のときは，$1 + 4\mathbb{Z}_2$ の像と同じであることを示す．

3. $p^2 | \log_p a \Leftrightarrow p^2 | (p-1)\log_p a = \log_p(a^{p-1})$ で，後者は，$a^{p-1} \equiv 1 \pmod{p^2}$ と同値である．なぜなら，一般に $x \in p\mathbb{Z}_p$ に対して，$\log_p(1+x) \equiv x \pmod{p^2}$ だからである．

4. $\log_p x$ (驚くにはあたらない！)

5. $c = f(p)$ とおき，$f(x) - c \operatorname{ord}_p x$ が，$\log_p x$ を特徴付ける 3 つの性質をすべて満たすことを示せ．
8. $|f(1+p^N) - f(1)|_p = |-1-1|_p = 1$.
9. $j^2 - 1 = (j+1)(j-1)$ で，$p > 2$ に対して，2 つの因子のちょうど一方が p で割り切れ，したがって，p^N で割り切れる．$p = 2$ のときは，$j \equiv \pm 1 \pmod{2^{N-1}}$．
10. $1/2$ を $(p^N+1)/2$ で近似し，$(\prod_{j<(p^N+1)/2, p \nmid j} j)^2$ を $\prod_{j<p^N, p \nmid j} j$ と比較せよ．後者は，すでに示したように $\equiv -1 \pmod{p^N}$ である．
12. 最初の等式は，両辺とも $1 + 3 \cdot 5 + 2 \cdot 5^2 + 3 \cdot 5^3 + \cdots$．2 番目の等式は，両辺とも $1 + 6 \cdot 7 + 5 \cdot 7^2 + 4 \cdot 7^3 + \cdots$．
13. 本文の Γ_p の基本的な性質 (3) の右辺において，$s_0 = p - r$, $s_1 = (p-1-r)/(1-p)$ を得る．表現が $\bmod p$ で，m^{1-s_0} と合同であることに注意すれば，$(p-1)$ 乗が 1 となることを示すことが残されている．$(p-1)s_1 = 1 - p + r = 1 - s_0$ を用いよ．
14. いずれの場合においても，関数の像が，1 を中心とした単位開円板上にあることを示せ．
15. $1 + X + X^2 + \frac{2}{3} X^3 + \frac{2}{3} X^4$, $1 + X + \frac{1}{2} X^2 + \frac{1}{2} X^3 + \frac{3}{8} X^4$.
16. X^p の係数は $((p-1)!+1)/p!$. ウイルソンの定理．
17. $E_p(X^p)/E_p(X)^p = e^{-pX} \in 1 + pX \mathbb{Z}_p[\![X]\!]$.
18. $f(X^p)/f(X)^p = \exp(\sum_{i=0}^\infty (b_{i-1} - pb_i) X^{p^i})$. もしすべての i について，$c_i \stackrel{\text{定義}}{=} b_{i-1} - pb_i \in p\mathbb{Z}_p$ とすれば，$c \in p\mathbb{Z}_p$ に対して $e^{cX} \in 1 + pX\mathbb{Z}_p[\![X]\!]$ となるから
$$\prod e^{c_i X^{p^i}} \in 1 + pX\mathbb{Z}_p[\![X]\!]$$
が導かれる．逆に，c_{i_0} を $p\mathbb{Z}_p$ に入らない最初の c_i とせよ．すると $\prod e^{c_i X^{p^i}}$ の $X^{p^{i_0}}$ の係数は，$\bmod p$ で $c_{i_0} \not\equiv 0 \pmod p$ と合同となり，ドゥオークの補題より，$f(X) \notin 1 + X\mathbb{Z}_p[\![X]\!]$．

第 IV 章 §4

1. (i) $(0,0)$ から $(1,0)$，$(1,0)$ から $(2,1)$ を結ぶ．
   (ii) $(0,0)$ から $(3,-2)$ を結ぶ．
   (iii) $(0,0)$ から $(2,0)$，$(2,0)$ から $(4,1)$，$(4,1)$ から $(6,3)$ を結ぶ．
   (iv) $(0,0)$ から $(p-2,0)$，$(p-2,0)$ から $(p-1,1)$ を結ぶ．
   (v) $(0,0)$ から $(1,0)$，$(1,0)$ から $(2,1)$，$(2,1)$ から $(3,4)$ を結ぶ．
   (vi) $(0,0)$ から $(p^2-p, 0)$，$(p^2-p, 0)$ から $(p^2-1, p-1)$，$(p^2-1, p-1)$ から $(p^2, p+1)$ を結ぶ．

2. (a) $f(X)$ の根 α が，d 次以下の多項式を満たす場合，$\operatorname{ord}_p \alpha$ は，分母が，たかだか d の分数に等しくなる．しかし，補題 4 より，$\operatorname{ord}_p \alpha = -m/n$．
   (b) $f(X) = a_0 + a_1 X + \cdots + a_n X^n$ が，アイゼンシュタイン多項式ならば，$a_n^{-1} X^n f(1/X) = 1 + a_{n-1}/a_n X + \cdots + a_0/a_n X^n$ は，$(0,0)$ と $(n,1)$ を結ぶニュートン多角形をもつ．
   (c) 反例：$1 + pX + ap^2 X^2$, ここで $a \in \mathbb{Z}_p^\times$ は，$1 - 4a$ が $\mathbb{Z}_p$ で，平方とならないように選ぶ．

3. すべての勾配は，0 と 1 の間にあり，勾配 λ の線分に対して，それと同じ水平方向の長さをもつ勾配 $1 - \lambda$ の線分が存在する．このタイプのニュートン多角形の可能な個数

は，$n=1$ のとき 2, $n=2$ のとき 3, $n=3$ のとき 5, $n=4$ のとき 8 である．

4. (i) $j=0,1,2,\ldots$ について，$(p^j-1,-j)$ と $(p^{j+1}-1,-(j+1))$ を結ぶ．
   (ii) $(0,0)$ からの水平線．
   (iii) $j=0,1,2,\ldots$ について，$(p^j-1,1+p+\cdots+p^{j-1}-j)$ と $(p^{j+1}-1,1+p+\cdots+p^{j-1}+p^j-(j+1))$ を結ぶ．
   (iv) $(0,0)$ から始まる勾配 $-1/(p-1)$ の半直線．
   (v) $(0,0)$ と $(2,1)$ を結ぶ線分と $(2,1)$ から始まる勾配 1 の半直線．
   (vi) $(0,0)$ から始まる勾配 1 の半直線．
   (vii) $j=0,1,2,\ldots$ について，$(j,1+2+\cdots+(j-1))$ と $(j+1,1+2+\cdots+(j-1)+j)$ を結ぶ．
   (viii) $(0,0)$ から $(2,2)$ への線分から始まり，勾配が $\sqrt{2}$ に向かって増加する無限個の線分がある．これらの線分の詳細は，$\sqrt{2}$ の有理数近似に依存する．

5. $1+\sum_{i=1}^{\infty} p^{1+[i\sqrt{2}]}X^i$ のニュートン多角形は $(0,0)$ から始まる勾配 $\sqrt{2}$ の半直線．

6. たとえば，$\sum_{i=0}^{\infty} p^i X^{p^i-1}$ は $D(1)$ 上で収束し，ニュートン多角形は，$(0,0)$ から始まる水平線であり，$D(1)$ 内で零点をもたない．

8. $f(X)$ を $f(p^{-\lambda}X)$ で置き換えて，$\lambda=0$ の場合に帰着させる．ここで p^λ は，Ω 内の p の分数べきを一つとったもの．スカラーを掛けることにより
$$\min \mathrm{ord}_p\, a_i = 0$$
の場合に帰着される．$x\in D(1)$ に対して，明らかに $|f(x)|_p\leq 1$. $|f(x)|_p=1$ となる x を得るためには，Ω の極大イデアルを法とする，すなわち $\tilde{f}(X)\in \overline{\mathbb{F}}_p[X]$ を考えることに帰着される．($\tilde{f}$ は，$\mathrm{ord}_p\, a_i \to \infty$ より，有限個の項しかもたない．）そこで，$\overline{\mathbb{F}}_p$ 内で $\tilde{f}(\tilde{x})\neq 0$ となる任意の x を選ぶ．

9. ワイエルシュトラスの準備定理を，$f(X)$ の先頭項 a_nX^n で割って得られる級数 $f_1(X)=f(X)/a_nX^n\in 1+X\Omega[\![X]\!]$ に適用せよ．$\lambda=0$ ととる．

10. 練習問題 9 のように，先頭項で割った場合，すなわち $f(X)\in 1+X\Omega[\![X]\!]$ の場合に帰着させる．ワイエルシュトラスの準備定理を使って，$h(X)=f(X)g(X)$ と書く．しかし，$f(x)=0$ から $h(x)=0$ が導かれ，$h(X)$ は多項式である．

11. 練習問題 9 と 10 を使い，E_p がもし一つの零点をもてば，無限個の零点をもつことになることを示す．これを実行するには，x を E_p の零点の p 乗根とし，関係式 $E_p(X)^p=E_p(X^p)e^{pX}$ を使う．

12. $f(X)g(X)=h(X)$ と書く．もし，$f(X)$ が，$\mathrm{ord}_p\, a_i<0$ となる係数 a_i をもてば，補題 4 より，$f(X)$ は $D(1^-)$ に根 α をもち，$h(\alpha)=0$ となる．しかしながら，f と h は共通根をもたないから矛盾する．もし，$h(X)$ が $\mathrm{ord}_p\, a_i<0$ となる係数 a_i をもてば，h は $D(1^-)$ に根 α をもつ．$g(\alpha)\neq 0$ だから，$f(\alpha)=0$ で再び矛盾する．

第 V 章 §1

1. $1/(1-T)$, $1/(1-q^nT)$.
2. $1/(1-T)(1-qT)\cdots(1-q^nT)$.
3. $(n-1)$ 次元アフィン空間の点の集合と H_f の間に
$$(x_1,\ldots,x_{n-1})\longmapsto (x_1,\ldots,x_{n-1},-g(x_1,\ldots,x_{n-1}))$$
で与えられる 1 対 1 対応がある．

練習問題の解答とヒント　**189**

4. たとえば，$r = 2$ と仮定する．そして $\#H_{\{f_1,f_2\}}(\mathbb{F}_{q^s}) = \#H_{f_1}(\mathbb{F}_{q^s}) + \#H_{f_2}(\mathbb{F}_{q^s}) - \#H_{f_1 f_2}(\mathbb{F}_{q^s})$ を示せ．ここで，$H_{f_1 f_2}$ は 2 つの多項式の**積**で定義される超曲面である．

5. n 次射影超曲面を（それぞれの次元が $n, n-1, n-2, \ldots$ の）アフィン超曲面の共通部分のない和集合として書け．

6. $Q(T) = \prod(1 - \alpha_i T)$, $P(T) = \prod(1 - \beta_i T)$ とする．これらは，ともに $\mathbb{Q}[T]$ に入り，$\exp(\sum N_s T^s/s) = P(T)/Q(T)$．逆は，逆の手続きにより示せる．

7. T の係数を比較することにより，$a = N_1 - 1 - q$．ここで，$N_1 = \#\widetilde{E}(\mathbb{F}_q)$．練習問題 6 により，$N_s = 1 + q^s - \alpha_1^s - \alpha_2^s$．ここで α_1, α_2 は，$1 + aT + qT^2 = (1 - \alpha_1 T)(1 - \alpha_2 T)$ で与えられる．

8.　(i) $q \equiv 2 \pmod{3}$ については，$\mathbb{F}_q$ のすべての元は，ただ一つの 3 乗根をもつ．$N_1 = q + 1$ で $a = 0$．ゼータ関数は $(1 + qT^2)/(1 - T)(1 - qT)$ で与えられる．

　　(ii) $q \equiv 3 \pmod{4}$ のとき，-1 は平方根をもたない．すると，各組 $x_1 = a, x_1 = -a$ からちょうど一つの解 $x_2 = \pm\sqrt{x_1^3 - x_1}$ が得られる．これは $a \in \mathbb{F}_q$ とアフィン曲線上の点 (x_1, x_2) の間の 1 対 1 対応を与える．無限遠における点を数えて，(i) のように，$N = q + 1$ を得る．ゼータ関数は，$(1 + qT^2)/(1 - T)(1 - qT)$ である．次に，$q = 9 = 3^2$ については，$N_1 = (q = 3$ のとき $N_2) = 16$, $a = 6$ で，$Z(T) = (1 + 3T)^2/(1 - T)(1 - 9T)$．$q = 5$ のときは，$Z(T) = (1 + 2T + 5T^2)/(1 - T)(1 - 5T)$．$q = 13$ のときは，$Z(T) = (1 - 6T + 13T^2)/(1 - T)(1 - 13T)$．

9. 2 つの有理関数 $f(T)/g(T)$ と $u(T)/v(T)$ で，ともに，分子は m 次，n 次であるものが与えられたとする．ここで最初の方は $\exp(\sum_{s=1}^{\infty} N_s T^s/s)$ で，2 番目の方は $\exp(\sum_{s=1}^{\infty} N'_s T^s/s)$ で，$s = 1, 2, \ldots, m + n$ については，$N_s = N'_s$ と仮定する．$f(T)/g(T) = u(T)/v(T)$，すなわち，すべての s に対して，$N_s = N'_s$ となることを示す．しかし

$$f(T)v(T) = g(T)u(T)\exp(\sum_{s=1}^{\infty}(N_s - N'_s)T^s/s)$$
$$= g(T)u(T)\exp(\sum_{s=m+n+1}^{\infty}(N_s - N'_s)T^s/s)$$

で，多項式の等式は，T のべきの係数を T^{m+n} まで比較することから得られる．

10. 0 ではない x_3 に対して $(q-1)q^2$ 個の 4 つ組があり，x_3 が 0 であるとき，$(q-1)q$ 個の 4 つ組があることを示せ．ゼータ関数は，$(1 - qT)/(1 - q^3 T)$ となる．

11. 最初は，アフィン曲線についてのゼータ関数，次に射影完備化のゼータ関数が挙げられている．
　　(i) $(1 - T)/(1 - qT)^2$; $1/(1 - T)(1 - qT)^2$．
　　(ii) $(1 - T)^3/(1 - qT)^3$; $1/(1 - qT)^3$．
　　(iii) $p \neq 2$ のとき $(1 - T)/(1 - qT)$ （$p = 2$ のとき $1/(1 - qT)$); $1/(1 - T)(1 - qT)$．
　　(iv) $1/(1 - qT)$; $1/(1 - T)(1 - qT)$．
　　(v) $p \neq 2$ のとき $(1 - T)/(1 - qT)$; $1/(1 - qT)$, $p = 2$ のとき $1/(1 - qT)$; $1/(1 - T)(1 - qT)$．

12. $1/(1 - T)(1 - qT)(1 - q^2 T)^2(1 - q^3 T)(1 - q^4 T)$．

13. 任意の素数 p に対して，係数（これは，先験的 (a priori) に $\mathbb{Q}$ の中にある）が，$\mathbb{Z}_p$ の中にあることを示せば十分である．

14. 分子を $1 + a_1T + a_2T^2 + a_3T^3 + p^2T^4$ の形に書く．$a_1 = a_2 = a_3 = 0$, すなわちゼータ関数が射影直線のゼータ関数と T^3 まで一致することを示すために，$s = 1, 2, 3$ に対して，$\tilde{N}_s = p^s + 1$ を示す．しかし，$p^s \not\equiv 1 \pmod 5$ だから，$\mathbb{F}_{q^s}$ のすべての元はただ一つの 5 乗根をもつ．(これは練習問題 8 の (i) と同じ手続きである．)

第 V 章 §4

1. 第 III 章 §3 における 2 番目の命題の証明を見よ．
2. $\Theta(T) = \sum a_j T^j$, $\mathrm{ord}_p\, a_j \geq j/(p-1)$ だから $\Theta(aX_1^{w_1} \cdots X_n^{w_n}) = \sum_{v=jw} g_v X^v$ で，$\mathrm{ord}_p\, g_v \geq |v|/(|w|(p-1))$．そこで $M = 1/(|w|(p-1))$ とおけば，$\mathrm{ord}_p\, g_v \geq M|v|$．
3. 零でない a_i たちの個数に関する帰納法を使う．困難な場合は，Lang の *Algebra* の 209 ページを見よ．
4. 変数変換 $x \mapsto x + x_0$ を行え．ここで，$x_0 \in \mathbb{F}_q$ は，トレースが零にならないものとする．
5. $u \neq 0$ について，練習問題 4 で，変数変換 $x \mapsto ux$ を行え．

訳者あとがき

　本著は，N. コブリッツ著の *p-adic Numbers, p-adic Analysis, and Zeta-Functions, Second Edition* の翻訳であり，p 進数とゼータ関数の初等理論に関する入門書である．内容としては，まず p 進数の定義から始まり，p 進解析の理論，とくに p 進解析関数の理論を展開し，最終的には，いわゆる合同ゼータ関数の有理性に関するドゥオークの定理（ヴェイユ予想の一部）の証明まで扱われている．p 進数の理論は，数論において重要な役割を果たす．たとえばこの本では，第 II 章において，ゼータ関数の p 進的性質に関する久保田–レオポルトの p 進ゼータ関数の理論が紹介されている．

　この本の前半（第 I 章，第 II 章）の内容は初等的で，位相の概念や解析学の初歩の知識があれば，十分に通読可能である．また，この本の特色のひとつとして，初学者の内容理解に対する配慮が挙げられる．初学者にとって，演習が必要と思われる箇所には，練習問題が配置され，さらに巻末には，これらの問題に対するヒントや解答がまとめられている．著者であるコブリッツ氏は，いくつかの分野で定評のある教科書を執筆している（たとえば，『楕円曲線と保型形式』（上田勝・浜畑芳紀訳，丸善出版），『数論アルゴリズムと楕円暗号理論入門』（櫻井幸一訳，丸善出版））．いずれも本書と同様に，初学者の内容理解に対する配慮が処々にうかがえる好著である．

　訳者が p 進数の概念を学ぶ際に，初めて手にした文献は，J.-P. セールの数論の教科書 *A Course in Arithmetic*（本文の「文献」(b) の 3）であった．そこでは，p 進整数環 $\mathbb{Z}_p$ は，射影系 $\{\mathbb{Z}/p^n\mathbb{Z}\}_{n=1}^{\infty}$ の射影極限として定義されており，当時初学者であった訳者にとっては，その説明が洗練されすぎており，理解に時間がかかるものであった．近年では，p 進数について解説された優れた邦書も出版されてい

るが，p 進数に関連する分野を学ぶうえで，初学者に優しい本書が，その習得の一助となれば訳者にとっても幸いである．

2024 年 10 月

長岡昇勇

索　引

●記号・欧字
Ω-値指標, 154
p 進
　——2 項級数, 109
　——ガンマ関数, 119
　——三角関数, 109
　——指数関数, 106
　——序数, 2
　——数体, 12
　——整数, 17
　——ゼータ関数, 55
　——対数関数, 104
　——単数, 18
　——分布, 41
　——補間, 33
　——有理型関数, 163
　——ワイエルシュトラス準備定理, 138

●あ行
アイゼンシュタイン
　——級数, 66
　——の既約判定規準, 26
アフィン超曲面, 145
アルティン–ハッセ指数関数, 124
イデアル
　極大——, 85
　素——, 85
ヴェイユ予想, 152
円板
　開——, 8
　閉——, 8

オイラー
　——因子, 36
　——の公式, 37
オストロウスキの定理, 4

●か行
ガウス–ルジャンドル乗法公式, 121
ガウス和, 39
拡大体, 69
カジュダン, 82
ガロア拡大, 71
完全
　——体, 70
　——不連結位相空間, 103
　——分岐, 89
偽定理, 111
局所
　——解析的関数, 117
　——コンパクト, 76
　——定数関数, 40
距離
　——関数, 1
　——空間, 1
久保田–レオポルト, 37
クラウゼン–フォン・シュタウトの合同式, 59
クラスナーの補題, 93
クンマーの合同式, 37, 59
形式的べき級数環, 102
原始元, 70
コーシー列, 4
固定体, 72

コンパクト-開, 40

●さ行
指標
 導手, 38
射影
 ――完備化, 146
 ――空間, 145
 ――超曲面, 146
従順分岐, 89
上限ノルム, 77
剰余体, 73
 ――次数, 89
スターリング, 37
整域, 84
斉次化, 146
双曲線関数, 29
測度, 47

●た行
代数
 ――拡大, 69
 ――閉包, 71
代数多様体に関するリーマン仮説, 152
タイヒミュラー代表元, 19
楕円曲線, 153
超曲面のゼータ関数, 147
ディラック分布, 43
ドゥオーク
 ――の定理, 151
 ――の補題, 125
ドゥリーニュ, 152
トレース（行列の）, 159

●な行
二等辺三角形原理, 8

ニュートンの方法, 23
ニュートン多角形
 多項式の――, 129
 べき級数の――, 131
ノルム
 ――の同値, 4
 アルキメデス的, 4
 体の――, 2
 非アルキメデス的, 3

●は行
ハール分布, 42
標数, 69
フェルマーの小定理, 34
不分岐拡大, 88
分岐指数, 88
ベッチ数, 152
ベルヌーイ
 ――数, 28
 ――多項式, 44
 ――分布, 45
ヘンゼルの補題, 21
ボンビエリ, 112

●ま行・や行・ら行
マニン, 54
メイザー分布, 43
メイザー=メリン変換, 55
メリン変換, 63
モニック既約多項式, 70
野性分岐, 89
有限体, 69
リーマンのゼータ関数, 27, 35
リプシッツ, 54

著 者
ニール・コブリッツ (Neal Koblitz)

訳 者
長岡　昇勇（ながおか　しょうゆう）
近畿大学名誉教授

p 進解析入門
p 進数からゼータ関数まで

　　　　　　　　　　　令和 7 年 1 月 30 日　発　行

訳　者　　長　岡　昇　勇

発行者　　池　田　和　博

発行所　　丸善出版株式会社
　　　　〒101-0051 東京都千代田区神田神保町二丁目 17 番
　　　　編集・電話 (03) 3512-3266／FAX (03) 3512-3272
　　　　営業・電話 (03) 3512-3256／FAX (03) 3512-3270
　　　　https://www.maruzen-publishing.co.jp

Ⓒ Shoyu Nagaoka, 2025

組版印刷・製本／大日本法令印刷株式会社

ISBN 978-4-621-31068-7　C 3041　　　　Printed in Japan

本書の無断複写は著作権法上での例外を除き禁じられています。